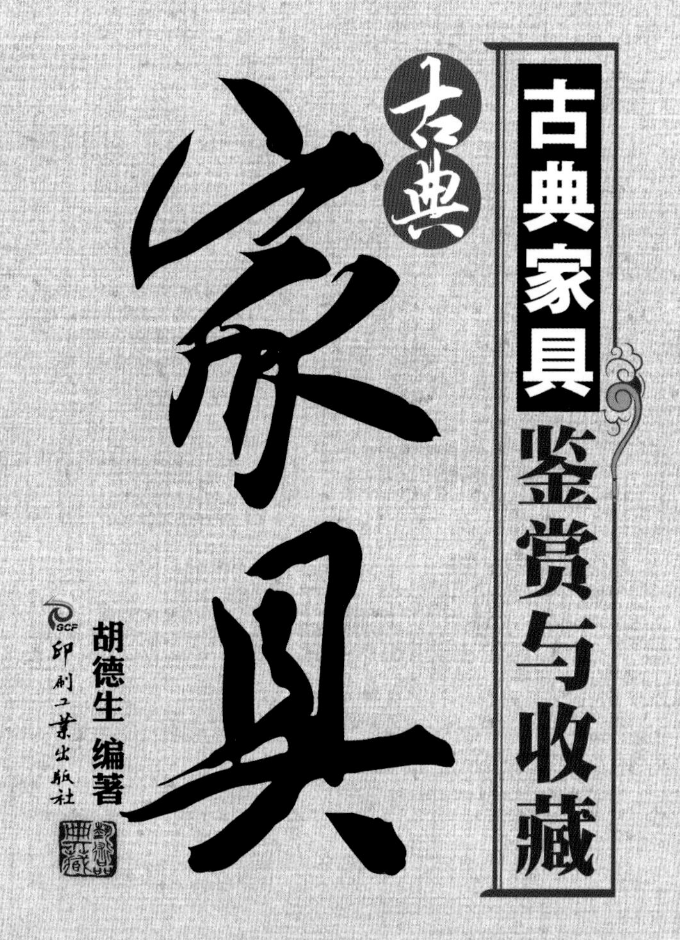

中国艺术品典藏大系

SERIES OF CHINESE ART COLLECTION

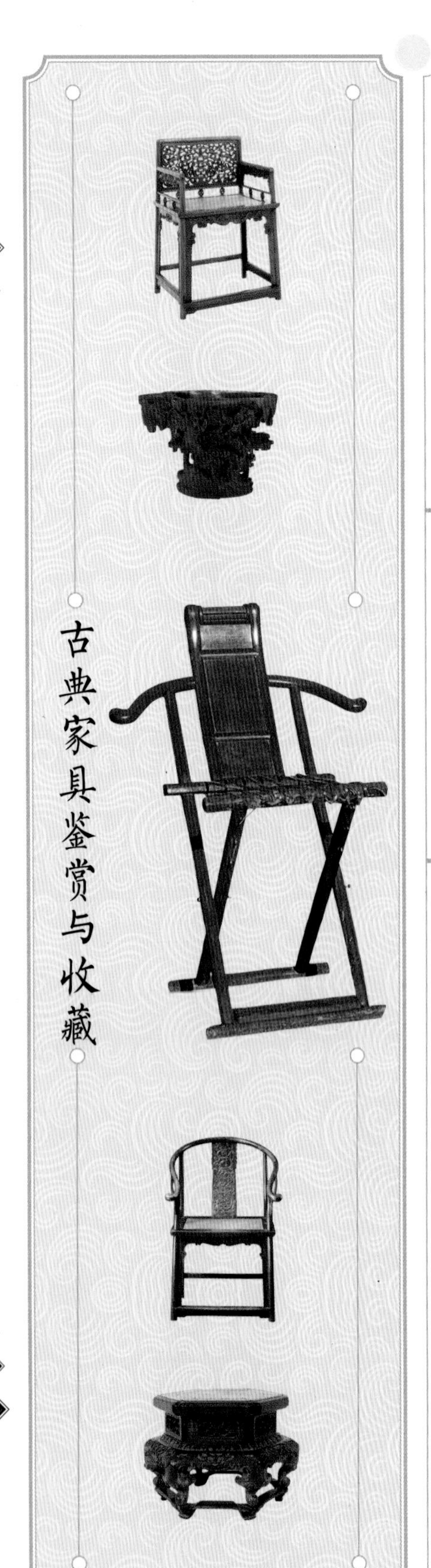

图书在版编目（CIP）数据

古典家具鉴赏与收藏 / 胡德生编著 . —北京：印刷工业出版社，2013.4

（中国艺术品典藏大系 . 第 1 辑）

ISBN 978-7-5142-0814-6

Ⅰ . ①古… Ⅱ . ①胡… Ⅲ . ①家具－鉴赏－中国－古代②家具－收藏－中国－古代 Ⅳ . ① TS666.202 ② G894

中国版本图书馆 CIP 数据核字（2013）第 059996 号

编著：胡德生（北京故宫博物院研究员）

出版策划：陈　彦
责任编辑：赵英著
执行编辑：冯小伟
责任印制：张利君
责任校对：岳智勇
文图编辑：肖贵平
装帧设计：阮剑锋
美术编辑：李树香

出版发行：印刷工业出版社
（北京市翠微路2号 邮编：100036）
网　　址：www.keyin.cn　www.pprint.cn
网　　店：pprint.taobao.com　www.yinmart.cn
制　　作：日知图书（www.rzbook.com）
印　　刷：北京汇林印务有限公司
开　　本：889mm × 1194mm　1/16
印　　张：24
字　　数：350千字
印　　次：2013年4月第1版　2013年4月第1次印刷
定　　价：258.00元

ISBN：978-7-5142-0814-6

前言

“盛世古董，乱世黄金”，中国人对古董的偏爱和收藏自古至今已经延续了数千年。在中国历史上，曾经出现过四次“收藏热”，分别是：北宋时期、明朝晚期、康乾盛世和清末民初时期。如今，伴随着中国经济快速发展，建设文化强国的高潮即将到来，在这样的时代背景下，民众的文化素质、鉴赏水平和收藏水平不断提高，全民收藏将成为一种正常社会文化形态，这种情形已不是一个“热”字就能简单概括得了的。在西方发达国家，收藏已经成为继金融、房地产之后的第三大私人理财品种。

古典家具是中国悠久灿烂艺术文化历程中的一颗璀璨明珠。中国古典家具源远流长，有文字可考、实物可证的历史已有3000多年，中国古典家具的发展共经历了史前夏商西周时期、春秋战国秦汉时期、魏晋南北朝时期、隋唐五代时期、宋辽金元时期、明代、清代、民国时期，共八个阶段。明清时期是中国家具史上的黄金时代。明代家具在造型、装饰、工艺、材料、审美等各个方面，都已达到了尽善尽美的境地，具有典雅、简洁的时代特征，被后世誉为“明式家具”，影响至今不衰。而清代家具在继承明代家具的基础上，更以设计巧妙、装饰华丽、做工精细、富于变化为特点，形成了独步一时的“清式家具”。尤其是乾隆时期的宫廷家具，材质之优，工艺之精，制作之细，达到了无以复加的地步。明清家具作为古典家具的代表，成为收藏界的宠儿，创造了一个又一个传奇。

在拍卖市场上，古典家具以其深厚的历史文化内涵和卓越的材质工艺，成为投资收藏界的热点，屡屡拍出天价，像黄花梨、紫檀等高档明清家具一经出现就会被“抢”走。在2012年5月13日中国嘉德拍卖会上，一张黄花梨独板大翘头案以3220万元人民币高价成交，而清早期紫檀三屏风攒接围子罗汉床则以2070万元人民币成交。紧接着，在6月5日北京保利拍卖会上，一对清乾隆时期的紫檀嵌桦木龙凤扶手椅，以713万元人民币成交；11月28日在香港佳士得拍卖会上，一对清初黄花梨圈口栏杆亮格柜以2306万港元成交……在全球金融危机的影响下，经济状况低迷，而古玩拍卖领域，尤其是古典家具拍卖市场上，“佳绩”傲人，这足以证明古典家具新一轮快速上涨势头已经来临。

《古典家具鉴赏与收藏》一书正是以古典家具收藏为着眼点，以鉴赏为辅助点，由北京故宫博物院研究员胡德生先生倾心编写。书中介绍了从远古时期家具的萌芽到明清时期家具的鼎盛，从最初的低矮型家具到后来的高型家具，直观鲜明地向我们讲述了中国古典家具的发展历程。古典家具精致的榫卯结构、美丽的色泽纹理、典雅的装饰风格、繁多的家具品类……充分展现出中国历代能工巧匠的智慧和能力，折射出举世无双的艺术光辉和独特的文化魅力。全书体例严谨，文字翔实，既有专业的古典家具鉴赏鉴定知识与技巧，又有指点迷津的鉴赏指南，同时收录了大量近年来拍卖市场的佳作图片，图文并茂，在第一时间，从各个角度方位，提供第一手的古典家具收藏鉴赏知识。

古典家具以其选材名贵、精雕细刻、高贵典雅著称，令人赏心悦目、叹为观止。它集实用、观赏、收藏于一体，成为一种身份和财富的象征，变得越来越流行。收藏古典家具，不仅需要财力，更需要鉴赏力，需要浸淫在散发着木质清香的家具世界里练就的一双鉴别真伪的“火眼金睛”！

古·典·家·具
鉴赏与收藏

目录 CONTENTS

清 · 黄杨木束腰绿端面茶几

清 · 黑漆描金灯台

目录 CONTENTS

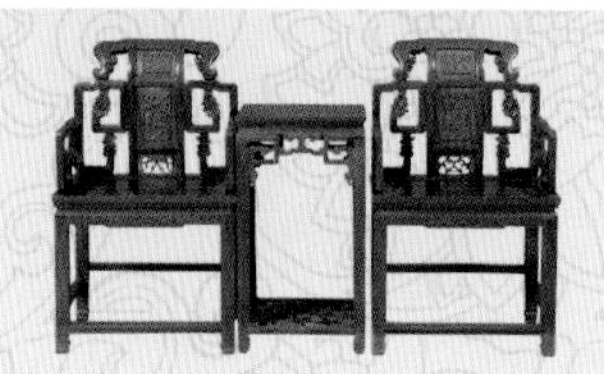

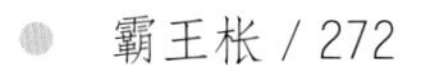

明 · 黄花梨雕龙翘头案

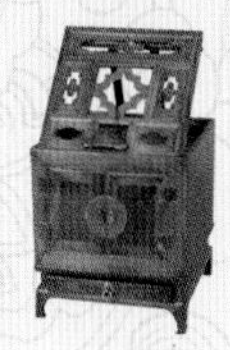
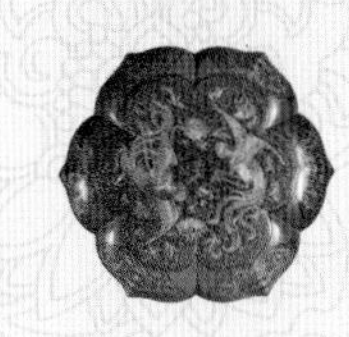
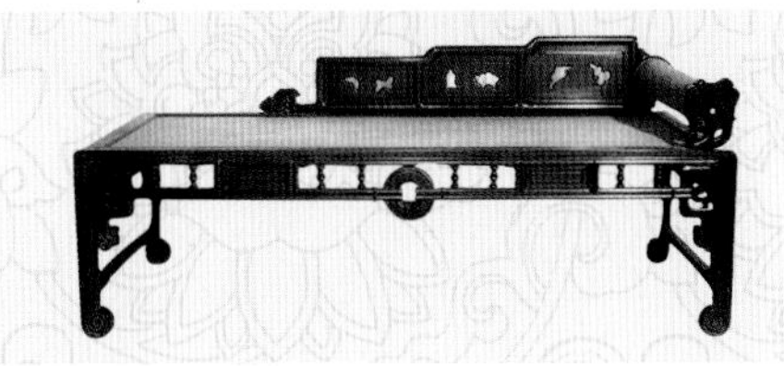

清早期 · 红木架子床

古典家具材质 ...342

GUDIANJIAJUSHI

清初·榉木带门围子架子床

中国家具艺术历史悠久，有文字可考和形象可证的已有3000多年，至于有关家具的传说那就更早了。自从有了家具，它就和人们朝夕相处，在日常生活中起着不可或缺的作用，并成为社会物质文化生活的一部分。随着人们起居形式的变化和历代匠师们对其进行逐步改进，到明清时期，家具已发展为高度科学性、艺术性及实用性的优秀生活用具，不但为国人所珍视，在世界家具体系中也独树一帜，享有盛名，被誉为东方艺术的一颗明珠。家具折射了一个国家和民族经济、文化的发展，并在一定程度上反映着一个国家和民族的历史特点及文化传统。

家具作为一种器物，不仅仅是单纯的日用品和陈设品，它除了满足人们的起居生活外，还具有丰富的文化内涵。如：家具与建筑的关系，家具与人体自然形态的关系。此外，彩绘艺术、雕刻艺术在家具上的体现，表明家具是多项艺术的综合载体。家具的装饰题材，生动形象地反映了人们的审美情趣、思想观念、思维方式和风俗习惯。几千年来，它始终与严格的传统礼制风俗和尊卑等级观念紧密结合。家具的使用最初主要是祭祀神灵和祖先，后来逐渐普及到日常使用，但只是局限在老人和有权势的贵族阶层。家具的造型、质地、装饰题材，也有着严格的等级、名分界限。概括起来说，中国古代家具的组合与使用，是与优待老人和区分尊卑贵贱的礼节联系在一起的。

古典家具发展概况

古典家具一般来说指的是具有收藏价值的旧式家具，并且主要指的是明代至清代四五百年间制作的家具，这部分家具具有极高的文物价值，因而价格不菲。另外，现代的技术工人继承明清以来家具制作工艺而制作的仿明清式家具，也被称为古典家具。

古典家具的发展历程

中国古典家具的发展共经历了史前夏商西周时期、春秋战国秦汉时期、魏晋南北朝时期、隋唐五代时期、宋辽金元时期、明代、清代、民国时期八个阶段。其中明清时期是中国古典家具发展的黄金时期，这一时期的家具种类日臻完备，制造技艺也更加精进，达到了中国古典家具制造的巅峰。

⊙【史前夏商西周时期】

这一时期为中国古典家具制作的初始阶段。中国现已知最早的家具产生于新石器时代，史前人类构筑房屋和修造水井中的木工技术、榫卯结构为家具的出现奠定了基础。当时起居方式为席地而坐，家具制作非常简陋，日用器物兼有家具的功能。进入奴隶社会以后家具最大的特点就是兼有礼器的功能。

▲清 18/19 世纪 · 紫檀雕云蝠纹柜连鎏金铜锁

●尺　寸：高 192 厘米

●鉴赏要点：此柜造型阔大，框料厚重，正面满雕云蝠纹。柜子为平顶式样，柜膛宽大，两扇对开门，柜下设刀头牙板，前后两腿间有横枨相连，以增强柜子整体的稳定性。

▲明 · 黄花梨五屏风式镜台

●尺　寸：57.2 厘米 × 34.5 厘米 × 85.5 厘米

●鉴赏要点：镜台两开门，中设抽屉四具，门面采用浅浮雕工艺雕琢螭龙纹。座上五屏风，式样取法座屏风，而不是隔扇式围屏。屏风脚穿过座面透眼，直插牢固。中扇最高，左右递减，并依次向前旋转。搭脑均远跳出头，雕龙头，绦环板分别透雕凤纹、龙纹、缠枝莲纹等，做工精良。

▲清 · 易州石双骏图插屏

●尺　寸：高 32 厘米

●鉴赏要点：此插屏为石质，长方片状，上面巧雕骏马、古树、明月等图案，边角虽有小伤，但仍不失为一件精美的作品。

⊙【春秋战国秦汉时期】

这一时期家具总的特点是呈低矮型，出现了完整的供席地起居的低矮型家具，这些较低矮的家具无固定位置，可根据不同场合而做不同的陈设。家具的功能性不断加强，同时兼有礼器的功能。

清·红木小茶台

●尺　寸：77 厘米 × 77 厘米 × 86.5 厘米

明·黄花梨木提盒

●尺　寸：高 22.5 厘米

●**鉴赏要点**：此盒用长方形攒框造成底座，连同盒盖共四层，下层盒底落在底座槽内。上装横梁提手，两侧竖立柱，有站牙抵夹。

清中期·剔红太师椅

●尺　寸：58.5 厘米 × 47 厘米 × 111 厘米

●**鉴赏要点**：此椅搭脑略后卷，靠背板正中剔红山水风景图，座面剔红牡丹花卉图，画面上山水、树木、花卉布局合理、层次分明。框式扶手座面下束腰平直，方腿直足，四面平底枨。

⊙【魏晋南北朝时期】

这一时期随着各民族、各教派之间文化艺术的交流，各民族的家具在形制上、功能上也相互渗透、吸收。人们虽然仍习惯席地而坐，但胡床已在中原民间较普遍，出现了多种形式的高坐具，从而给传统起居方式带来冲击，进而给传统家具的制作也带来了一定的影响，出现了高家具的萌芽。

清·红木梅花形圆台（一套）

●尺　寸：75 厘米 × 87 厘米（桌）

⊙【隋唐五代时期】

这一时期是席地坐向垂足坐、低型家具向高型家具发展转化的高潮时期。传统席地起居习俗逐渐被废弃，垂足坐日益流行，家具形态出现了由低矮型向高型发展的趋势。到五代时期，已基本进入了高坐垂足起居的新时代。

⊙【宋代】

这一时期是家具艺术的繁荣时期，北宋以后中国高型家具逐渐走向成熟，并得到迅速的发展，高型家具的种类又有所增加，品种基本齐全，同时在制作手法上也有不少的变化，各种装饰手法开始使用。

▲清·大漆官服柜（一对）

●尺　　寸：115 厘米 × 63 厘米 × 227.5 厘米

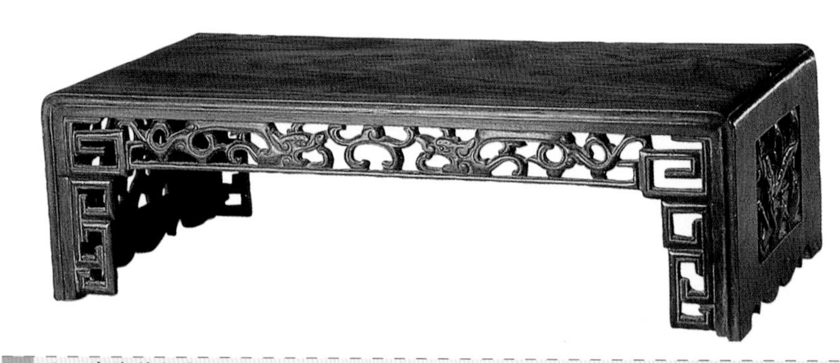

▲明·黄花梨长方小几

●尺　　寸：34.5 厘米 × 16.8 厘米 × 10 厘米

●**鉴赏要点**：此几通体为黄花梨材质，侧面两枨镂雕回纹及双螭纹，两侧开光镂雕衔草螭龙，古朴典雅，双面雕工极为工整讲究。

▲清中期·核桃木面西游记人物故事香几

●尺　　寸：44.5 厘米 × 44.5 厘米 × 86.5 厘米

●**鉴赏要点**：几面方形，四边起拦水线。高束腰，镶装西游记人物透雕板。壶门式牙子，三弯腿，腿部起线自拱肩处，顺势而下至足端与牙沿起线相交圈，下承圆珠，踩方形托泥。此几造型别致，一般束腰处雕花鸟龙纹式样居多，像此件雕有具体人物故事的极为少见。

▲明·黄花梨玫瑰椅（一对）

●尺　　寸：83 厘米 × 58 厘米

●**鉴赏要点**：这对椅子通体用优美的黄花梨制成，包浆非常古旧，在靠背扶手内设横枨，枨下安双套环卡子花，枨上居中安装透雕的螭纹花板，椅盘下安浮雕螭纹券口牙子，在玫瑰椅里非常少见。

【明代】

这一时期是中国古典家具制作的鼎盛时期。由于手工业的进步、海外贸易的发展、资本主义萌芽的出现等社会因素，促使明至清初家具达到中国古典家具发展的高峰。明代家具不仅种类齐全，款式繁多，而且用材考究，造型朴实大方，制作严谨准确，结构合理规范，逐渐形成稳定鲜明的“明式”家具风格，也是中国古典家具进入实用性、科学性阶段的重要标志。这时期家具不论是制作工艺，还是艺术造诣，都达到了登峰造极的地步，成为世界家具艺术发展史上最具艺术感染力的精品。

明·黄花梨有束腰马蹄腿炕桌

●尺　　寸：86 厘米 × 52 厘米 × 28.5 厘米

●**鉴赏要点**：桌面攒框做，冰盘沿下有束腰，直牙条，边沿起阳线，与腿足外阳线相连，四足为直腿内翻马蹄，为标准的黄花梨炕桌形制。

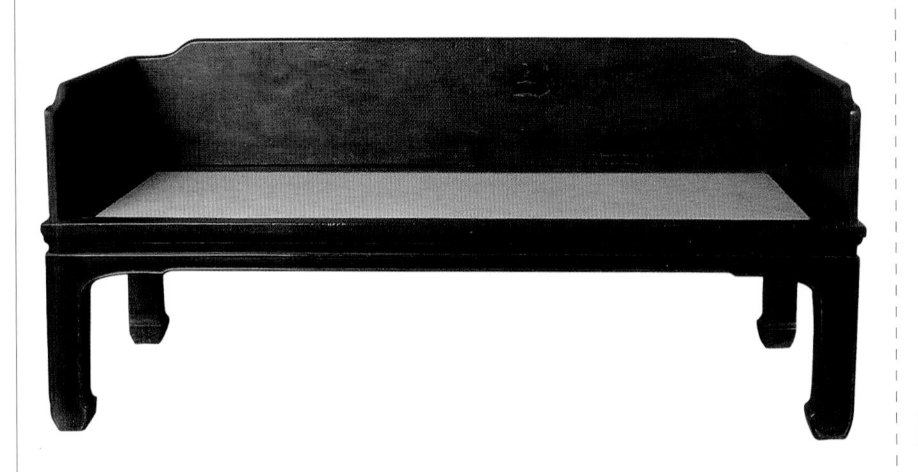

明末/清初·鸡翅木三屏风独板围子罗汉床

●尺　　寸：203.5 厘米 × 99.5 厘米 × 89.5 厘米

●**鉴赏要点**：床围子为三块整板，俗称“三块玉”，有柔和的委角，围板上沿内低外高，在简洁的形制上追求设计。藤心床面，冰盘沿下有束腰，牙腿沿边起灯草线，直腿内翻马蹄。此床多用整材，无雕饰，以突出鸡翅木优美的纹理。

清·红木瘿木面板花几（一对）

●尺　　寸：直径 30 厘米，高 70.5 厘米

清中期·象牙雕人物小插屏

●尺　　寸：21 厘米 × 13 厘米

⊙【清代】

这一时期是中国古典家具繁荣的最后一个时期，清代家具在康熙前期基本保留着明代风格特点。自清雍正至乾隆晚期，由于社会的进一步发展，清代家具也得到了相应的发展，形成了造型庄重、雕饰繁重、体量宽大、气度宏伟的清式风格。清代家具作坊以扬州、冀州、惠州为主，形成全国三大制作中心，出现了“苏作”、“京作”、“广作”等不同艺术风格。清末由于国力衰败，加上帝国主义的侵略，国内战争频繁，各项民族手工艺均遭到严重破坏，家具艺术每况愈下，而进入衰落时期。

▲清 · 红木八仙桌

●尺　　寸：96 厘米 × 96 厘米 × 82.5 厘米

▲清 · 柞榛花几（一对）

●尺　　寸：44 厘米 × 27 厘米 × 78 厘米

▲清 · 红木拱壁八仙桌

●尺　　寸：98.5 厘米 × 93.5 厘米 × 83 厘米

▲清末民初 · 红木云石面螺钿束腰香几

●尺　　寸：54 厘米 × 54 厘米 × 110 厘米

▲清 · 红木鼓凳（四只）

●尺　　寸：34 厘米 × 47 厘米

⊙【清末到民国】

从清末到民国，中国社会经历了暴风骤雨的洗礼。这种历史剧变也深深地影响到了中国家具行业。自西风东渐以后，中式家具受到西方家具的影响，日益追求装饰雕刻，迅速“洋化”起来。如广式家具几乎将整件家具都加以雕刻，使不少家具变成了一件件雕刻工艺品。这些家具雕刻精细，式样新颖，既是地道的中国制造的“西式家具”，也是“洋气”十足的中国家具。中国古典家具的传统受到很大的冲击，产生了较大的变化，逐渐创造出新的品种来。

清·红木拱璧半桌

●尺　　寸：98 厘米 × 49.5 厘米 × 82.5 厘米

明·黄花梨小酒桌

●尺　　寸：61.5 厘米 × 31 厘米 × 64 厘米

清·木炕几

●尺　　寸：90 厘米 × 35 厘米

清·红木大香几

●尺　　寸：46 厘米 × 103 厘米

清·红木圆台配鸭蛋凳（四只）

●尺　　寸：41 厘米 × 33.5 厘米 × 49 厘米

古典家具的分类

中国古典家具按照使用功能可以分为卧类家具，如床、榻等；坐类家具，如椅、凳等；置物类家具，如案、几等；储藏类家具，如橱、柜等；屏风类家具，如座屏、挂屏等；支架类家具，如盆架、灯架等。

【卧类家具】

古代的卧类家具主要有床和榻，而最早的卧类家具应该是席。早期的“床”包括两个含义：既是坐具，又是卧具。西汉后期，又出现了“榻”这个名称，它是专指坐具的。榻是床的一种，除了比一般的卧具矮小外，别无大的差别，所以习惯上总是床榻并称。

清初·榉木带门围子架子床

●尺　寸：209 厘米 × 133 厘米 × 212 厘米

●**鉴赏要点**：这是一件典型的苏作架子床。床面上四角立柱，上安顶架，正面另加两根门柱，有门围子和角柱连接，又名“六柱床”。床围子用整料透雕大双套环攒成，双套环寓意“同心相连”，上部正面有六根垂花柱，挂檐及牙板由短料攒成，侧面及后面挂檐镶整块木料透雕如意云头纹样。席心床面。束腰下饰直边牙条，与腿足内角线交圈，内翻马蹄。

清·拔步床

●**鉴赏要点**：此床为十立柱，平地而起。周身海棠花围，攒接技艺精良，风格一致，显得空灵隽秀。挂檐、垂花牙子均锼以海棠花，整体风格统一，极富装饰效果。

鉴藏指南

床榻发展简史

中国床榻出现得很早，传说神农氏发明床，少昊始作箦床，吕望作榻。有关床的实物当以河南信阳长台关出土的战国彩漆床为代表。西汉刘熙《释名·床篇》云，“床，自装载也”，“人所坐卧曰床”。西汉后期，又出现了“榻”这个名称，是专指坐具的。《释名》说：“长狭而卑者曰榻，言其�榻然近地也，小者独坐，主人无二，独所坐也。”榻是床的一种，除了比一般的卧具矮小外，别无大的差别，所以习惯上总是床榻并称。六朝以后的床榻，开始打破了传统形制，出现了高足坐卧具。此时的床榻，形体都较宽大。唐宋时期的床榻大多无围子，所以又有“四面床”的说法。使用这种无围栏的床榻，一般须使用凭几或直几作为辅助家具。辽、金、元时期，三面或四面围栏床榻开始出现，做工及用材都较前代更好。到了明代，这种床榻已盛行，其结构更加合理，装饰手法达到了很高的工艺水平。

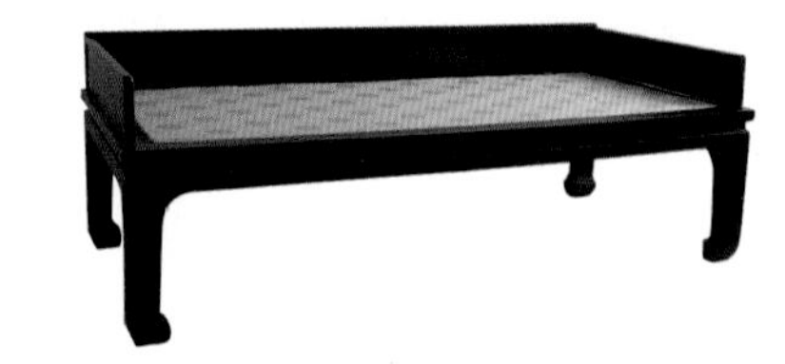

清早期·紫檀罗汉床

●尺　寸：206 厘米 × 96 厘米 × 66.5 厘米

清 18 世纪·柞木雕架子床

●尺　寸：211 厘米 × 148 厘米 × 206 厘米

●**鉴赏要点**：此床装饰华美，攒格与透雕花纹相得益彰。床身束腰，挺拔有力。整器用料精良，做工精细，不失为精美之作。

⊙【坐类家具】

古代人们习惯席地而坐，早期的家具是由席开始的。早期的床也是作为坐类家具使用的。一般认为，汉代以前没有椅、凳等高型的坐具，汉代时才开始出现一些较高的坐类家具。古代的坐类家具除了席、床、榻外，最常见的就是椅凳类家具。

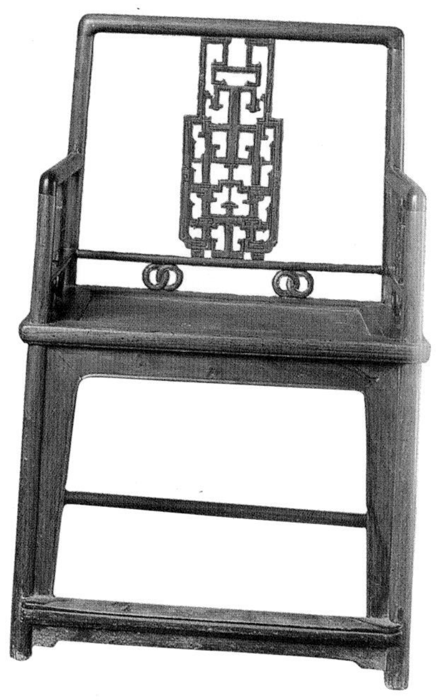

明·黄花梨玫瑰椅（一对）

●尺　　寸：57.6 厘米 × 45.6 厘米 × 90 厘米

●**鉴赏要点**：此椅比较特殊，背板与扶手下均为整块木料透雕，雕工与纹样都是采用玉器做工，横梁下部装有六个双套环卡子花。素面券口，圆雕直足，足间步步高赶枨。整只椅子形制既文秀，又结实耐用。

明·黄花梨束腰霸王枨方凳

●尺　　寸：58 厘米 × 46 厘米 × 52 厘米

清·红木圈椅

●尺　　寸：67 厘米 × 60 厘米 × 105 厘米

清·红木嵌大理石扶手椅配脚榻（两件）

●尺　　寸：高 113 厘米

●**鉴赏要点**：此椅靠背板、扶手皆以简洁的攒接拐子装饰，椅背镶大理石，收腿式脚柱至足端外撇。此椅榻成套，造型端庄大方。

17 世纪·黄花梨南官帽椅

●尺　　寸：59 厘米 × 44 厘米

●**鉴赏要点**：此椅通体光素，不施雕饰，搭脑中间高两端低呈罗锅枨式，背板略呈 S 形，软屉座面。整器素雅而干净，极具收藏价值。

17/18 世纪·黄花梨圈椅

●**鉴赏要点**：椅圈三接，曲线流畅优美。靠背板呈圆弧状鼓出，软屉座面，座面下各腿足间施洼堂肚券口牙子。

隋唐五代时期家具

隋唐五代时期，家具发展有两个主要特点。

1.家具进一步向高型发展，表现在坐类家具品种增多和桌的出现。《通雅》记载："倚卓（椅桌）之名见于唐宋。"六朝已有椅凳，唐代更趋流行，几、案高度皆以座面为基准，坐具既高，桌的出现势为必然。家具高型化又对居室高度、器物尺寸、器物造型装饰产生一系列影响。

2.家具向成套化发展，种类增多，并可按使用功能分类。大致可分为：坐卧类，如凳、椅、墩、床和榻等；凭椅、承物类，如几、案和桌等；贮藏类，如柜、箱等；架具类，如衣架、巾架等；其他还有屏风等。五代画家顾闳中在《韩熙载夜宴图》中就描绘了成套家具在室内陈设、使用的情形。

⊙【置物类家具】

古代置物类家具总体上来说主要包括桌类、案类、几类等家具。早期的置物类家具，样式比较单一。桌子在隋唐时期已有发现，后来逐步发展。常见的桌子有长方桌、长条桌、方桌、圆桌、炕桌、半桌和月牙桌等。

▲清中期 · 鸡翅木漆面夹榫大画案

●尺　　寸：83.5 厘米 × 192 厘米 × 86.5 厘米

●鉴赏要点：这件画案是典型的老鸡翅木制成，老鸡翅木肌理致密，紫褐色深浅相间成纹，尤其是纵切面纤细浮动，自然形成山水、人物的图案，具有禽鸟颈翅那种灿烂的光辉。画案腿部的纹饰是雍正年间家具较多使用的古代青铜器及玉器的雕刻花纹，案腿是由明代剑腿插肩榫演变而来。案的面部及底部做法用很厚的大漆披灰，保存完好。

▲清 · 红木十三灵芝八仙桌

●尺　　寸：100 厘米 × 83 厘米

▲17 世纪 · 螺钿黄花梨棋桌

●尺　　寸：88 厘米 × 88 厘米 × 85 厘米

●鉴赏要点：此桌为活面式，对角设有方盒各一，装在方空内，供下棋时放置棋子。

▲明 · 黄花梨雕双龙赶珠纹方桌

●尺　　寸：87 厘米 × 99.2 厘米 × 99.2 厘米

●鉴赏要点：此桌带束腰，壶门式牙条上雕典型的明代风格卷草纹样，四腿内安罗锅枨，腿边沿起线与壶门牙条交圈，方腿直足，内翻马蹄。此件作品雕工细致，用料考究，应出自明代富贵之家。

清·红木琴桌加琴凳

●尺　　寸：120厘米×40厘米×83厘米

●**鉴赏要点**：桌面攒框装独板，两侧下卷透雕灵芝纹，案面下为攒接的拱璧系绳花牙。腿足四面打清，四角踩委角线，做工十分讲究。

清18世纪·硬木嵌绿石方桌

●尺　　寸：95厘米×62厘米×85厘米

●**鉴赏要点**：桌面攒框镶绿石，有束腰，腿间安罗锅枨，腿内侧及罗锅枨边沿起阳线。回纹马蹄足。此桌形制精美稳重，工艺精致细腻。

清19世纪·黄花梨炕桌

●尺　　寸：80厘米×80厘米×35厘米

●**鉴赏要点**：此桌桌面攒框装板并设拦水线，束腰与牙板一木连做。罗锅枨，小马蹄足。

清·红木八仙桌（五件）

●**鉴赏要点**：此桌桌面攒框镶板心，带束腰，直牙条，拱肩直腿，足端削成内翻马蹄。

民国·红木嵌螺钿大理石圆桌配凳（一套）

●**鉴赏要点**：桌面平镶大理石，束腰高做，桌身遍饰以螺钿嵌成的花卉纹。

20世纪50年代·红木雕兽腿方桌

●尺　　寸：高88厘米

●**鉴赏要点**：这件方桌形制秀巧，古朴雅致。桌面攒框装板并设拦水线，束腰与牙板一木连做。牙板浮雕龙纹，腿为三弯形式，足部雕成兽腿状。

【储藏类家具】

储藏类家具主要包括橱柜类家具。汉代储藏类家具出现了区别于箱笥的专供贮藏用的橱、柜等新型的家具。

清道光十九年·张廷济铭鼎彝博古图紫檀文具柜（一对）

●尺　　寸：高 80 厘米

●**鉴赏要点**：取紫檀木旧料改制而成。作方角小四件柜，上下同宽，腿足垂直无侧脚；柜门无闩杆，作硬挤门式。边框、门框及腿足雕灯草线，安铜活页、锁鼻及布泉形吊牌。柜门皆落堂踩鼓作；门内装樘板设抽屉；柜底横枨下安重云纹洼堂肚牙条；门心薄地阳文法雕商周鼎彝图样，雕工精湛、神形兼备；上有张廷济阴刻铭辞，书佳、镌妙二美并陈。署款秋舫先生属。

清初·紫檀官皮箱

●尺　　寸：33 厘米 × 24 厘米 × 36 厘米

●**鉴赏要点**：该件官皮箱紫檀质地，保存完好无损，造型古朴大方，通体包镶多块铜面叶，既加固了箱子，又增添了华贵之感，精美实用。

清·黄花梨镜箱

●尺　　寸：20 厘米 × 31 厘米

●**鉴赏要点**：此镜台为折叠式样，上层边框内为支撑铜镜的背板，背板为攒框镶透雕螭龙纹花板制成，分成三层八格。下层正中一格安装荷叶式托，可以上下移动，以备支撑大小不同的铜镜。中层中间方格安装角牙，斗攒成云蝠纹。

明·雕漆填彩小柜

●尺　　寸：高 25.5 厘米

●**鉴赏要点**：正面为对开两扇门，门上有铜饰件，通体填彩双龙纹，间布朵云。整器造型端庄稳重，美观实用。

清·黄花梨嵌八宝箱

●**鉴赏要点**：此箱为黄花梨木所制，顶盖上掀开起，箱体正面嵌梅花纹，两侧设铜提手及垫圈。

清中期·红木雕龙纹书柜

●尺　　寸：93.5 厘米 × 37.5 厘米 × 192 厘米

●鉴赏要点：此书柜上下两部分均为对开玻璃门。上部门的四周镂雕"喜鹊登梅"、"岁寒三友"、"鹤鹿同春"。门内以两块横板分隔，将其分为三层书阁式。底柜亦为对开门式，门板上浮雕云龙纹，祥云环绕，蛟龙升腾，一派祥和之气。上阁与底柜间以两抽屉相隔，抽屉面板上浮雕拐子龙。正面底端牙条上雕有拐子龙纹，其他三面底枨下均设牙条，均锼出门式曲线。柜上合页、锁头、吊牌、拉手等均为铜制。

明·黄花梨无柜膛方角大小头柜

●尺　　寸：51 厘米 × 34.5 厘米 × 85 厘米

●鉴赏要点：这是一件典型的明式方角柜。有门杆，而无柜膛，柜帽顶部装板平镶，可便于利用柜顶的平面摆放日用品或陈设。

清末·大漆描金彩箱

●尺　　寸：41 厘米 × 22 厘米

●鉴赏要点：此箱为平顶样式，箱体用彩漆绘折枝花卉图案，两侧装铜把手。整器比例协调、装饰华美。

清早期·大漆山水纹木箱

●尺　　寸：高 30 厘米

●鉴赏要点：材质较大，箱面用彩漆绘山水楼阁，做工精细，刻画生动，布局疏密得当。

清乾隆·紫檀木大柜（两件）

●尺　　寸：101 厘米 × 56 厘米 × 210 厘米

●鉴赏要点：这种家具在明式家具中出现较晚，入清以后才迅速发展起来。四件柜方正端庄，可装饰一面墙。此柜雕工纯熟，图案对称，施工量极大。由于柜形巨大，搬动费力，因此柜内隔板、柜门以及后背板均采用活插形式，非常便于拆卸。

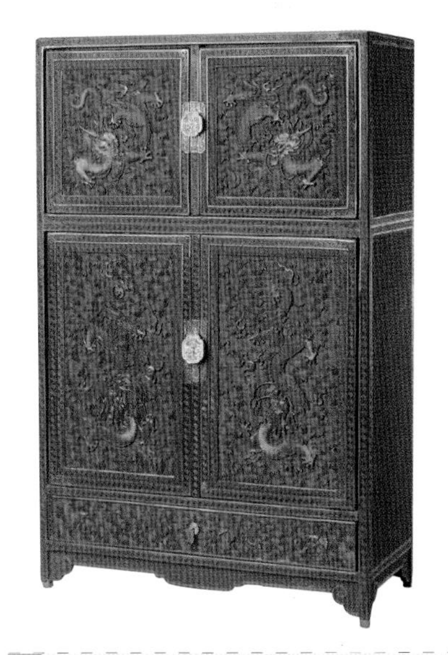

清乾隆·雕漆龙纹柜

●尺　　寸：37.2 厘米 × 17 厘米 × 56.8 厘米

明·紫檀小书橱（一对）

●尺　　寸：44 厘米 × 23.5 厘米 × 74 厘米（左），44 厘米 × 23.5 厘米 × 60 厘米（右）

清·御制戗金填漆花鸟图镶云龙纹立柜

●尺　　寸：高 59.5 厘米

明万历·黑漆嵌螺钿描金平脱龙戏珠纹箱

●尺　　寸：66.5 厘米 × 66.5 厘米 × 81.5 厘米

明末清初·黄花梨官皮箱

●尺　　寸：40 厘米 × 36 厘米 × 36 厘米

明·黄花梨官皮箱

●尺　　寸：32.8 厘米 × 23.7 厘米 × 33 厘米

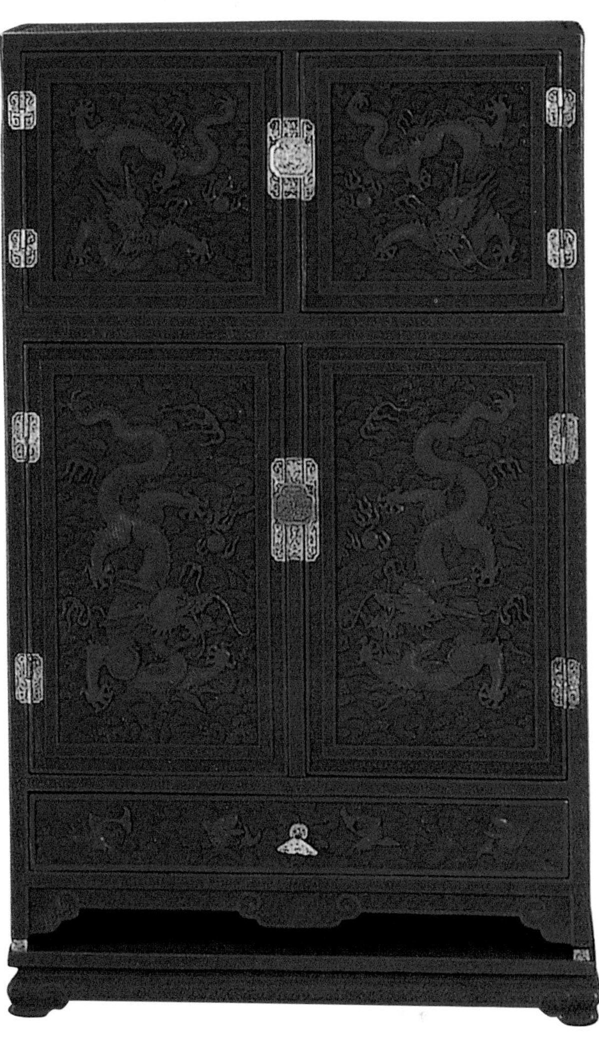

明·剔红波浪龙珠纹小柜（一对）

●尺　　寸：35.8 厘米 × 17.1 厘米 × 59.4 厘米

清·剔红龙纹书箱

●尺　　寸：高 42 厘米

清晚期·硬木嵌螺钿书箱

●尺　　寸：高 36.2 厘米

明·黄花梨官皮箱

●尺　　寸：35 厘米 × 23.5 厘米 × 37 厘米

古旧民间家具的种类

民间家具的概念为：年代集中在清代，也有少数的明代；不用珍贵硬木而是就地取材，如榆、槐、楠、柏、梨、栎、银杏和核桃等材木；由各地木匠自行制作的；供社会中下层使用；充满地方特色和乡土气息的家具。

以山西为代表的北方民间家具，较多使用榆木、槐木及核桃木；以苏州为代表的长江地区民间家具，较多使用榉木、楠木、樟木、柏木、桦木及杉木；以广州为代表的珠江地区的民间家具，还较多地使用各种果木。

一般古旧民间家具使用白榆，山西、河北和京津等地的民间家具都以硬阔叶榆木为主要材料；核桃木是晋作家具的上乘用材。楠木中的紫楠(别名金丝楠)，木纹里有金丝闪烁，一般在家具的横断面比较显眼。一般影木也多为楠木影子；樟木是箱、匣、柜、橱等家具的优选材料，北京地区也用它来制作桌椅几案类家具；榉木制作的民间家具造型为纯明式。

▲清·寿山石雕八仙小砚屏

●尺　　寸：高23厘米

●**鉴赏要点**：这是一件装饰用的小插屏，是案头陈设之物。屏面以寿山石雕八仙图案，整器造型庄重大方。

⊙【屏风类家具】

屏风类家具是用来装饰、挡风及遮蔽视线的家具。屏风的使用早在西周初期就已开始，制作在汉代已经很普遍，且大都比较实用。汉代以前的屏风多为木板上漆，加以彩绘。自造纸术发明以后，则多用纸糊，比较轻便，因而屏风也增加了新的形式，由原来的独扇屏发展为多扇拼合的曲屏。屏风大体可分为座屏、曲屏及挂屏三种。

▲清19世纪·大理影石山水题诗挂屏

●尺　　寸：高58厘米

●**鉴赏要点**：此挂屏中间面板嵌大理石，屏心外框为红木，大理石上面的图案如山水云烟，纹理古朴典雅，意境朦胧，极具水墨意趣。

▲清乾隆·御制镶嵌牛角“观莲图”挂屏

●尺　　寸：114厘米×76.2厘米

●**鉴赏要点**：此屏屏心为长方形，上饰“观莲图”，形象生动逼真。挂屏边框为红木所制，设计十分讲究。整器造型庄重大方，构图精美，具有重要的收藏价值。

清乾隆·紫檀嵌百宝挂屏

●**尺　　寸**：95厘米×63厘米

●**鉴赏要点**：清宫陈设艺术品琳琅满目，其中百宝嵌挂屏堪称一绝。此件挂屏采用大块紫檀作地，精刻几何纹作锦地，然后分别镶嵌铜鎏金掐丝珐琅器，黄杨木雕，嵌玉，鸡翅木雕等，做工十分精湛，选材精良，不惜工本，十分珍贵。

清·御制别红木嵌玉石《福寿如意》图挂屏

●**尺　　寸**：长103厘米

清·嵌螺钿漆百子图屏风（八扇）

●**尺　　寸**：324厘米×196厘米

●**鉴赏要点**：此屏风共八扇，髹黑漆为地。屏心为嵌螺钿百子图，镶嵌工艺极高，人物、景色刻画得栩栩如生。屏风上部及侧边镶嵌博古纹，下部为动物纹。此屏装饰艳丽，雍容华贵且寓意吉祥。

⊙【支架类家具】

支架类家具是搁置或支撑东西的家具的统称。主要置于室内，用以挂放或承托日常生活所必需的物品和容器，包括盆架、灯架、衣帽架、巾架和梳妆台等。

明·鸡翅木贴架

●尺　　寸：38 厘米 × 38 厘米

●鉴赏要点：这是一具“拍子式”折叠贴架，通体鸡翅木材质，加上荷叶托也可用作铜镜支架。整器形制简洁、古朴大方。

清·花架木梳妆箱

●尺　　寸：高 25.7 厘米

●鉴赏要点：此梳妆箱为折叠式样，上层边框内为支撑铜镜的背板，分为三层。其中第三层正中安装一荷叶式托，可左右移动，用来支撑铜镜。箱体镶对开门，门后为抽屉，四角为直腿内翻马蹄。

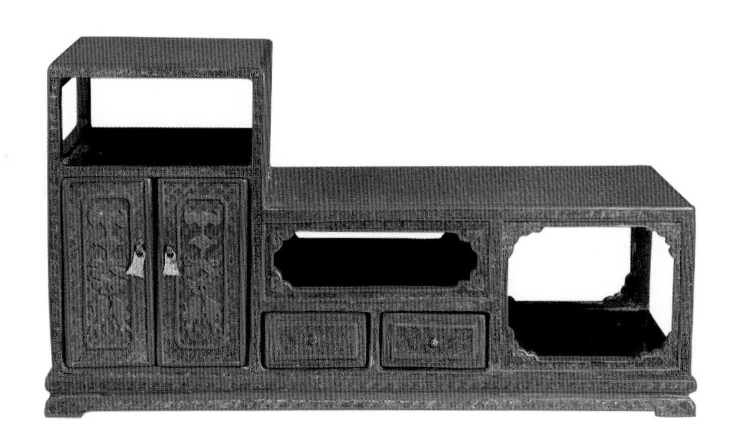

清中期·剔红吉纹博古架

●尺　　寸：36.5 厘米 × 16 厘米 × 19.5 厘米

●鉴赏要点：此架以漆木制成，尺寸精巧，应是置于案头，或炕上的装饰用具。架面高低错落，内有三层亮格，一对抽屉和一小橱门。可分别庋藏不同的物品。遍体锦地纹饰，一侧雕有“富贵牡丹图”，小橱门正背面均雕有“吉庆有余”图案，从图案来看，当年应是文人雅士、达官贵胄置于案头等处的陈设用具。

清·紫檀帽架

●尺　　寸：高 36 厘米

●鉴赏要点：通体以小叶紫檀为原料制成，做工精细，上面刻有“寿”字纹饰，刀法娴熟。

清·黄花梨透雕镜台

●尺　　寸：31 厘米 × 31 厘米 × 42 厘米

●**鉴赏要点**：整体采用双劈料做法，设有抽屉。镜架透雕花卉，支起放平自如。下部牙板攒框加矮佬装雕花心板，颇为雅致。

清末民国·粉彩帽架

●尺　　寸：高 34 厘米

●**鉴赏要点**：此帽架由独立的三部分组合而成，上部为镂雕的球形祥云体，一飞龙游于祥云之上，龙身施红釉，通体描金，游龙蜿蜒盘曲，五爪分张，昂首张口，威武雄健；中部帽托为花口杯形，竹节状高足，通体施红釉描金，绘花卉纹饰；下部青釉镂雕接红釉圆底。整器造型别致，艺术与实用相结合，为家居观赏之佳品。

民国·红木嵌大理石六方花架(一对)

●尺　　寸：54 厘米 × 54 厘米 × 73.5 厘米

●**鉴赏要点**：红木为材，几面为六边形，嵌大理石面心。六根立柱结实挺拔，中下部由一面板隔开，有的立柱间还装饰有圆形的大理石。整器厚重大方，适合陈设于厅堂之中。

清·红木书架

●尺　　寸：115 厘米 × 100 厘米

●**鉴赏要点**：此书架采用红木制成，整体造型简约流畅，空间分隔合理。位于下方的抽屉和小柜还可以用来作储藏之用。

清·花梨木镜架

●尺　　寸：25 厘米 × 22.3 厘米 × 22.8 厘米

●**鉴赏要点**：此镜架攒框镜托盘，下部为方框形盒体。通体花梨木材质，朴素无华之中尽显做工的精细。

古家具收藏的文化内涵

首先，从家具陈设方式中可以体会到中国的传统哲学。无论是民间家具还是宫廷家具，都体现着一种不可动摇的秩序感。从中国传统家具的样式以及摆放方式中，能够体会到许多中国的传统哲学思想。例如桌和案是有区别的，传统古家具中桌案的区别在于形制，缩进来叫作案，顶住四角叫桌，与长短没有关系。案的语感等级比较高，比如拍案而起，而一说拍桌子瞪眼则是很低的语感等级，因此人们对案的尊重程度比桌子要高很多。其次，从认识家具来了解中国的独特文化。对家具中蕴涵的文化的理解是需要修养和知识的，而中国古典家具的精致工艺，几乎令每一个参观者惊叹，每一件家具都是一个审美价值很高的艺术品。第三，从家具制作工艺中品味不同的地域文化。历史上由于不同地域人们生活方式的差异，家具的制作工艺亦呈现出地域风格的变化。比如由于早年人们在窑洞中生活，家具大都镶嵌在墙壁中使用，所以山西的家具在装饰手法上，都比较注重前脸的设计。而作为都城北京的家具，则更多地带有官宦和皇族的痕迹。

古典家具市场现状

中国古典家具有悠久的发展历史，但流传至今，明代以前的家具已是凤毛麟角。明清家具民间尚存少量，且数量将越来越少。所以古玩市场上古典家具的价格疯狂高涨。

古典家具的文化渊源

中国古典家具之所以如此受欢迎，还因为它的文化渊源。中国古典家具具有强烈的民族风格和历史特征。春秋战国时期的家具主要是矮形家具；三国南北朝时期，家具带有婉雅秀逸的风格；隋唐时期的家具特征是华丽润艳；宋元时期的家具一般体积较大，造型简洁俊秀；明清时期家具的发展达到历史上最繁荣的时期，明代家具古雅精美，清代家具则显得雍容华丽。

此外，中国古典家具还具有很强的装饰作用和收藏价值。古典家具不仅可以作为普通家具来使用，还可以作为一件艺术品来欣赏，作为投资品去收藏。老家具作为一种古物本身就有一定的收藏价值，再加上其文化性、艺术性就更引人注目了。

▲清代 · 木制欢天喜地小屏风

●尺　　寸：高 41.5 厘米

●**鉴赏要点**：屏心绘戏耍图，线条流畅，色彩亮丽。此类小屏风多为观赏之用，不具实用价值，是书房的案头清供。

▲清 · 红木绣墩

●尺　　寸：直径 50 厘米，高 45 厘米

▲清 18 世纪 · 紫檀雕番莲纹方凳

●尺　　寸：高 57.8 厘米

▲明 · 黄花梨书桌

●尺　　寸：121.5 厘米 × 78.5 厘米 × 86.7 厘米

●**鉴赏要点**：此书桌为典型明式，无束腰，圆直腿，圆枨里腿，黄花梨制作。每一面三个抽屉，共六个抽屉，桌面为整块瘿木制成，抽屉有修补。整体设计做工精巧，风格秀雅统一。

清中期·紫檀多宝格

●尺　　寸：44 厘米 × 17 厘米 × 69.5 厘米

●**鉴赏要点**：这对多宝格为紫檀材质，体量巨大，绝非平常人家所用。上方为有背板半敞开的格子，格子都是规整的矩形，简洁而大方。框架四周均镶有装饰性牙条，雕饰繁而不俗，富有韵律。

清·黄花梨玫瑰椅

●尺　　寸：58 厘米 × 45 厘米 × 90 厘米

●**鉴赏要点**：藤心座面，腿间上部安罗锅枨，下部为步步高赶枨。

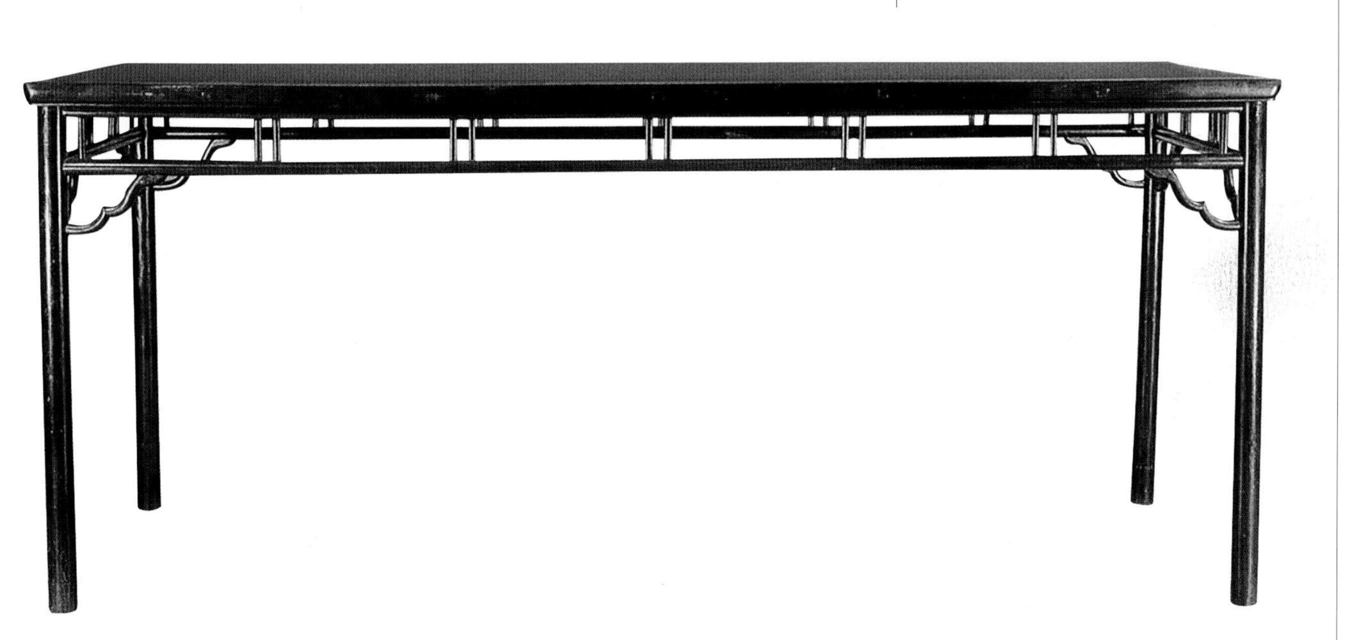

明·紫檀木画案

●尺　　寸：207 厘米 × 67.5 厘米 × 86.5 厘米

●**鉴赏要点**：案面攒边装板，在案面下装有横枨并以矮佬相承，其下有角牙相托，形制大方，气势磅礴。此件作品保存完好，尤为难得。

影响古代家具价值的因素

家具造型艺术的优劣，是决定家具价值的重要因素。王世襄先生对家具的造型艺术标准做了高度概括，他提出的家具十六品是：简练、淳朴、厚拙、凝重、雄伟、圆浑、沉穆、缛华、文绮、妍秀、劲挺、柔婉、空灵、玲珑、典雅和清新；八病是：烦琐、赘复、臃肿、滞郁、纤巧、悖谬、失位和俚俗。

制作工艺的水平是衡量古代家具价值的又一把尺子，主要可从结构的合理性、榫卯的精密程度、雕刻的功夫等方面去考察。古代家具的入眼处，往往是引人注目的雕刻部分。雕工的优劣，首先看形态是否逼真，立体感是否强烈，层次是否分明；再看雕孔是否光滑，有无锉痕，根脚是否干净，底子是否平整。总的来说，在评价家具的雕饰时，关键是要看整体是否具有动人的质感和传神的韵味。

古典家具的拍卖现状

古典家具收藏热持续升温，中国古典家具广受收藏者的欢迎。近一两年来，随着经济的发展和人们投资心态加重，市场上新的买家不断涌现。拍卖市场上，古典家具专场越来越多，但是精品少，普通品多。流传有序的古典家具精品在拍卖市场上不仅100%成交，而且大部分家具都是远远超出估价成交。例如，2011年一件清代的紫檀嵌八宝罗汉床成交价为470万元人民币，一件明代黄花梨富贵牡丹插屏成交价为460万元人民币，一件明末的黄花梨嵌桦木小画案成交价也高达460万元人民币；2012年一件明末清初的黄花梨独板大翘案成交价高达3220万元人民币，一件海南黄花梨顶箱柜成交价为2090万元人民币。

清·紫檀雕花藤面靠背玫瑰椅(一对)

●尺　　寸：58厘米×45厘米×83厘米

●**鉴赏要点**：此椅平面抹边为素混面，藤面，施步步高管脚枨，椅的靠背和扶手内距离椅盘约二寸的地方施横枨，枨下以卡子花代替矮老，枨上居中安透雕螭纹花板，靠背长方形框格的处理上为中间实、四角实。一旁下安浮雕螭纹券口牙子，用料宽，雕饰复杂。此对玫瑰椅全为紫檀制作，是清代留存至今品相完好，难得一见的传世佳品。

清·红木花几（一对）

●尺　　寸：50厘米×30厘米×87厘米

明嘉靖·龙纹戗金细勾填漆柜门残件

●尺　　寸：高100厘米

清·红木插屏

●尺　　寸：30厘米×59厘米

明·黄花梨长方形花架

●尺　　寸：34.5厘米×22厘米×8.8厘米

明 · 鸡翅木文房小橱

●尺　　寸：54 厘米 × 29 厘米 × 73.5 厘米

明 · 黄花梨小画案

●尺　　寸：112 厘米 × 69 厘米 × 85 厘米

明 · 黄花梨百宝箱

●尺　　寸：31.5 厘米 × 20 厘米 × 22.5 厘米

清 · 红木雕龙纹圆台配四凳

●尺　　寸：直径 87 厘米

清 · 红木透雕花草纹书柜

●尺　　寸：89.5 厘米 × 45 厘米 × 163 厘米

清 · 红木画案

●尺　　寸：166 厘米 × 64 厘米 × 81 厘米

古典家具的升值潜力

目前最具升值潜力的古典家具有两类：一类是明代和清早期在文人指点下制作的明式家具，木质一般都是黄花梨；另一类是清康熙、雍正、乾隆三代由皇帝亲自监督，宫廷艺术家指导制作的清代宫廷家具，木质一般是紫檀木。这两类家具存世量至今总共不超过一万件，其价可比黄金。从投资角度看，明代和清早期的家具是最具升值空间的，真品投资几乎没有风险。经济条件好的投资者，可以把顶级、经典的成套古典家具作为收藏与投资的首选品种。对一般的家具收藏者来说，要量力而行，可以把中档次成套古典家具作为收藏与投资的首选品种，同时适当考虑收藏软木家具和其他竹木器杂件。如明代金丝楠木床，好的已经卖到60多万元人民币。对普通的小康之家来说，应量力以单件古典家具作为首选品种，并可考虑新旧结合的收藏方式。中国政府规定“五木”，即紫檀、黄花梨、鸡翅、铁梨、乌木五种珍稀木料家具不准出口，这引发了这五种木材的市场价格陡涨，从前几年的每吨2万元人民币涨到每吨至少3万～4万元人民币。因此即使是新作，由于其木材的昂贵，也仍然有升值的空间。如北京紫檀博物馆制造的明清家具，甚至比明清时代的工艺还要好，把中国家具工艺推到了一个新的高峰，其新作自然不乏有人收藏。

▲明末·紫檀方桌及四个方凳

●**鉴赏要点**：方桌紫檀质地，桌面攒框装板，边抹线角上下近圆。圆包圆横枨，横枨上加矮佬。圆柱形直腿，是明代特征的腿形。方凳做工与方桌同。整套桌凳造型简洁、古朴大方。

▲清中期·红木卷几（两件）

●**尺　　寸**：长19.5厘米

●**鉴赏要点**：造型小巧，材质细腻。线条简洁流畅，一高一低，相得益彰。

▲清·红木雕花狮纹三人椅

●**尺　　寸**：高162厘米

●**鉴赏要点**：造型古雅，尺寸虽小，用料却不薄，瘿木做面，质朴大方。

▲民国·铁梨镶大理石桌椅（一套）

鉴藏指南

个性手绘家具正在流行

现在市面上流行手绘家具，分重色手绘和轻色手绘两种。轻色手绘家具多以白色为底，上面描画花草图案，在床、衣柜、酒柜等大件家具上比较多见；重色手绘家具，更倾向于罗可可风格，家具以原木色、黑色和墨绿色为底，图案富丽堂皇，色彩鲜亮稳重，多在小型家具中流行。轻色手绘家具与简约风格的现代家具搭配非常和谐；重色手绘家具与纯正的欧式古典家具搭配会比较自然。在具体搭配上，欧式风格的手绘家具适合与家中小件搭配，比如挂画、灯件、烛台和工艺品等，但要注意两者间的图案、色彩不要相差太多。另外手绘家具色彩艳度较高，搭配时要注意与墙面或其他家具色彩尽量保持一致，这样才不会因整体效果太乱而埋没了它的风韵。

清·红木圈椅

●尺　　寸：58厘米×47厘米×90厘米

●**鉴赏要点**：椅子的鹅脖与前腿连做，椅圈不出头。靠背板饰浮雕，下端锼出亮脚。座面为冰盘沿起线攒框装软屉，三面管脚枨用双枨中加矮佬，并在步步高赶枨下贴接罗锅枨。

明·黄花梨官帽椅

●尺　　寸：59厘米×45厘米×102厘米

清·黄花梨嵌瘿木面小方几

●尺　　寸：35厘米×35厘米×8.5厘米

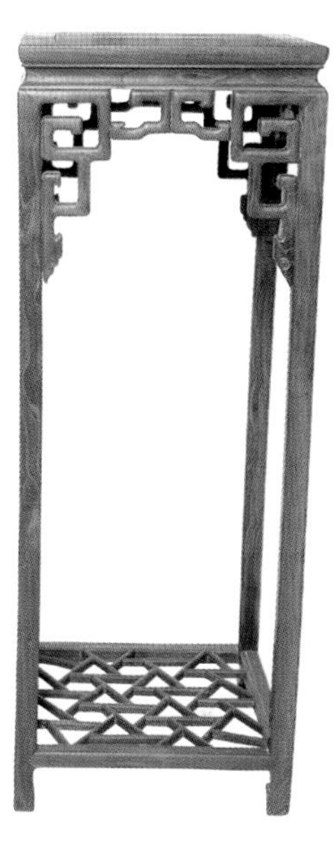

清·柞榛木花几（一对）

●尺　　寸：44.5厘米×44.5厘米×118厘米

不同材质家具的价格

家具价格通常由艺术性、工艺性、制作年代、完整性、木质和稀有性等决定。有人根据家具木材差异对不同材质的古旧家具价格进行了排队，按价格高低排为黑、黄、红、白四种，黑即紫檀木，黄即黄花梨木，红即红木（南方人又称酸枝木），白即其他材质的木材。也就是说，紫檀木家具在同时代、同品种的家具中卖价最高，其次为黄花梨木家具，再次为红木家具，最后则为其他材质的家具。前三种均为硬木家具，在中国封建社会里是富户大家才使用得起的家具。后一种家具大多为榉木、榆木、柏木和核桃木等其他材质制成，在普通百姓家里常能看到。这些年来，由于硬木家具逐年减少，因此一些做工精美的杂木家具价格也随之上涨。如2011年12月中国嘉德拍出一件清早期榉木透雕螭龙纹圆角柜成交价66.7万元人民币；2012年3月纽约佳士得拍出的明末清中期榆木画案成交价为3.5万美元。

古典家具的收藏

至于如何收藏古董家具可以从古董家具的挑选、价格、加工及保养四个方面做简单分析。第一，挑选。古董家具的材质可分为“软木”和“硬木”两类。硬木密度较高、纹理较细、质量也较重，故硬木比软木更为名贵，其中的紫檀木、黄花梨价格十分昂贵。软木则有楠木、榉木、榆木、柏木、楸木、杉木、白木、樟木等。第二，价格。古董家具的价值定位主要以“年代、材质、稀有性、完整性及造型品相”为主要依据。硬木中的紫檀木、黄花梨家具可以卖到天价。故热衷古董家具的人，不妨参考紫檀木、黄花梨家具的样式，来挑选软木材质的家具。第三，加工。小处着眼的加工整理，是古董家具重获新生的必要过程，加工的精密程度可以从以下看出：抽屉底板的整理、磨光是否细致、上漆是否均匀、木纹是否完整、橱柜背板披麻布是否完好等，都是需要注意的地方。第四，保养。古董家具的保养要细心。在冬季使用暖气的过于干燥的房间中，最好同时使用加湿器，以防家具干裂。

清·红木琴几

●尺　寸：59厘米×43厘米×80厘米

清初·剔红雕漆深山访友图小案几

●尺　寸：10.5厘米×30厘米

●鉴赏要点：剔红案几，器型古朴。几面锦纹剔地雕深山访友图；两侧几足壁面镂空开光刻锦纹剔地牡丹花纹；反面髹黑漆。整器刻刀老辣，雕工精美。局部有损。

清·硬木雕六方香几

●尺　寸：高12.5厘米

清·黑漆描金云蝠纹炕桌

●尺　寸：85.5厘米×57.5厘米×33.5厘米

●鉴赏要点：此桌面饰有金云蝠、花卉纹，束腰饰描金西番莲及卷云纹。鼓腿膨牙，马蹄足内翻。整件器物造型美观大方，做工精良。

目前，纯正明清古家具的流通量非常少，一般都留在藏家手里不再出售。仿古红木家具因采用老红木料，又是全部用手工精雕细刻制作而成，所以其售价目前虽不到明清红木家具的十分之一，但具有较高的升值潜力。普通收藏者购买仿古红木家具应该去有信誉的生产厂家和名牌红木家具专卖店，挑选那些用料正宗、厚实的红木家具购买。对于一般收藏者来说，只要木材好、造型好、工艺好，就是好的收藏品。对于收藏家来说，最好以收藏紫檀、黄花梨木为主，这些仿古家具吸收了明清家具线条优美的特点，继承组合严密的榫卯结构，加工考究，雕刻细腻，造型古朴清秀，具有很高的收藏价值和艺术欣赏价值。随着时间的推移，这些仿古家具的升值和保值空间都不可估量。

清·铁梨木三弯腿炕几

●尺　　寸：76 厘米 × 41.5 厘米 × 28 厘米

●鉴赏要点：此桌光素无纹饰，线脚比较简单。冰盘沿起线攒框装板桌面，下设束腰。素牙板，中有堂肚。三弯腿线条圆婉流畅，足端马蹄外翻，雕卷云纹。

清·紫檀明式小圈椅

●尺　　寸：高 22.3 厘米

清·红木百宝嵌松鹤纹插屏

●尺　　寸：高 179 厘米

清·硬木百宝嵌插屏

●尺　　寸：高 90 厘米

清康熙·黄花梨带屉方桌

17 世纪·黄花梨提盒

●尺　　寸：宽 35 厘米

●鉴赏要点：此提盒以黄花梨木制成，材质优美。四角均镶铜，整体古朴自然，用料考究，工艺精细。

民国家具的收藏

民国家具在古旧家具中，从数量上来说已占据了绝对的优势。而且，现阶段的民国家具尚无仿作。但是随着时间的推移，民国家具的仿作肯定会出现，所以现在收藏民国家具正当其时。

存到一定年头、一定数量的家具，已经是由“存”逐渐转变为“藏”了。而真正的收藏，要义是历史的、专项的和有价值的东西。没有这三点做基点，只能归结为“存”。民国家具至今已有60～100年历史，重要的一点还在于，民国家具形成了自己独特的风格，有一套自己的审美体系。所以，民国家具已经具备了收藏的时间条件、专项条件和价值条件。

民国家具的收藏必须要抓住六个字：好残、真赝、寡众。在此提出这样的观点：买好莫买残，买真勿买假，买寡不买众。倘能做到这些，藏品会很快上档次。 民国家具经过近百年的时间，许多是残破的，最好收藏完整的、不缺失重要部件的家具，如面皮部位的干净、从外表到内里的完整以及一些门、抽屉的规整等。一些如拉手、铜饰等有小的缺失可以忽略不计。还有一种“残”可以买，有的家具别看都散了架，只要不缺部件就能整旧如旧。收藏者要有沙里淘金的本领和慧眼。收藏界内有一句很流行的话，不怕买贵就怕买假。一件真品买的价格高了不要紧，因为藏品每年都升值，古旧家具每年皆以20%～30%的速度递增升值，很快就能物有所值乃至超值。但买假了就会赔钱了。另外，收藏民国家具要知道哪一类多，哪一类稀少，说到底就是多买稀奇的少买普通的。收藏者都知道书房用家具品位高，价值高，而卧室用家具则相对差些，价位低。一张红木写字台一般要六七万元人民币，而一件木质雕工上好的梳妆台却只要一两万元人民币。因为梳妆台存世量很大，在古旧市场上随处可见，绝大部分皆是三面镜子，所以价位低。而写字台和陈列柜不仅品位高，且存世量较少。物以稀为贵，这是一个价值规律，买稀少的，虽然价位一时较高，但升值快且很好出手。

清·红木小书柜

●尺　　寸：60厘米×30厘米×119厘米

明·黄花梨小香几

●尺　　寸：20厘米×20厘米×23厘米

清中期·金填漆花鸟纹扶手椅(一对)

●尺　　寸：高110厘米

明·紫檀香蕉腿花架

●尺　　寸：39.5厘米×20厘米×11.5厘米

民国家具的升值原因除以上所述外，还有一点就是民国家具所用的老红木现在已基本绝迹。据业内人士分析，能被称作“老红木”的，必须具备三个条件：其一，它必是印度花梨木或泰国花梨木（即俗称的“印红”、“泰红”）；其二，存料不低于30年，即树木砍伐后剖成木料，在自然状态下存放30年以上，这样的木料就不会再有伸缩爆裂的现象了；其三，成器不低于40年。而民国家具刚好够上这三个条件。民国家具作为社会转型、中西文化交融的产物，适应时尚需求而起，自身表现了极大的包容性，形成了独特的风貌，并对其后的家具产业有着巨大而深远的影响。它所具有的多方面的价值足以引起人们，特别是收藏界的重视。

总之，家具投资收藏作为一种投资行为，受经济杠杆的影响较大，所谓“物以稀为贵”，相信中国古典家具会有更好的市场行情。

明 · 榉木四出头官椅

• 尺　　寸：54厘米 × 47厘米 × 107厘米

清初 · 剔红山水文具柜

• 尺　　寸：高21厘米

• **鉴赏要点**：此件剔红为长方形内三层外双门。雕刻图案为莲花、亭角、山水等。

清 · 京式大理石面红木桌椅（一套）

• 尺　　寸：74厘米 × 79厘米（桌），33厘米 × 44厘米（椅）

• **鉴赏要点**：桌面镶大理石，下有小束腰。四腿间装有踏步屉板，三弯腿外翻马蹄足，鼓腿膨牙。椅子的形状与桌子同。整套桌椅形制简洁，摆放实用大方。

明 · 鸡翅木南官椅

• 尺　　寸：52厘米 × 41.5厘米 × 94厘米

17世纪 · 黄花梨方凳

• 尺　　寸：45.7厘米 × 39.3厘米 × 50.1厘米

• **鉴赏要点**：此凳束腰与牙条一木连做，牙条边缘起线，与腿足的阳线交圈，马蹄兜转有力。罗锅枨与腿足齐肩榫相交。整器造型简洁，做工精细，通体光素无纹。

明·核桃木六方几

●尺　　寸：56 厘米 × 49 厘米 × 85 厘米

明·黄花梨书柜

●尺　　寸：77 厘米 × 44 厘米 × 130 厘米

明·黄杨木官帽椅（一套）

●尺　　寸：56 厘米 × 43 厘米 × 103 厘米

清·柞榛木满雕工插屏

●尺　　寸：40 厘米 × 58.5 厘米

清·红木禅凳（一对）

●尺　　寸：62 厘米 × 62 厘米 × 46 厘米

清·红木嵌黄杨木太师椅（一对）

●尺　　寸：60.5 厘米 × 44.5 厘米 × 96 厘米

清·鸡翅木镶瘿木写字台

●尺　　寸：143.5 厘米 × 70 厘米 × 83.5 厘米

民国·红木欧式酒柜

●尺　　寸：高 215 厘米

●**鉴赏要点**：此件酒柜比较高档，柜帽和正面柜门的装饰风格完全仿自“罗可可”式的装饰风格，浮雕与透雕相结合。

清·红木嵌黄杨仿万历柜

●尺　　寸：100 厘米 × 38 厘米 × 155 厘米

▲明·花鸟纹提匣

◎尺　寸：高36.7厘米

民国·红木嵌影木席面宝座（清式）

古典家具种类

中国家具的历史源远流长，在长期的发展过程中演化出众多造型各异、异彩纷呈的家具种类。而到了明清时期，古典家具迎来了它的黄金时期，其种类已臻完备，制造技艺也更炉火纯青，达到了中国古典家具制造的巅峰。

在远古时代，坐卧用具是席，这是最原始的家具，为后世床榻之始。商周时期出现了几、俎、禁、簋等礼器，虽是青铜器具，但它们却是后来木家具的始祖：俎、几是桌案之始，禁是箱柜之始。春秋战国时期出现了木工的祖师鲁班，虽然其人其事带有很多传奇色彩，但仍反映了这一时期木构家具的发展。此时的低矮几案和窄小的榻被广泛使用，一直延续到魏晋时期。春秋时期主要的家具种类有案、俎、几、床、箱、禁、屏、柜、席、椅、墩、凳和胡床等。到秦汉时期，出现了屏风，家具的榫卯结构也有了较大发展。魏晋南北朝时期汉族与少数民族的融合，使中国古代家具有了超脱原有礼法约束的形式，低矮家具逐步发展为高型家具。隋唐时期为承前启后的阶段，出现了许多新的家具种类，如扶手椅、衣架、香几和箱柜等。两宋时期家具形制有了质的飞跃，低矮家具渐渐退出历史舞台。宋辽金时期家具种类主要为椅、桌、床、榻、凳、墩、柜、屏风、箱和橱架等。随着经济的发展、文化艺术的发达，到了明代，各地家具业十分兴旺，东南亚大批珍贵硬木被引入中国，宫室、园林及民居的大量兴建，推动家具发展达到了前所未有的高峰，使得明清家具成为中国古典家具的代表。

硬木家具

古典家具按质地可分为两大类：漆饰家具和硬木家具。漆饰家具从原始社会开始至明清乃至现代始终沿用不衰，可以说贯穿了中国家具史的始终；而紫檀、黄花梨等硬木家具的出现则应是明代隆庆、万历以后的事了。

明式家具多用花梨木、紫檀木、鸡翅木及铁梨木等硬木，也采用楠木、樟木、胡桃木、榆木及其他硬杂木，其中以花梨木中的黄花梨木效果最好。这些硬木色泽柔和，纹理清晰坚硬而又富有弹性。这种材料对家具造型结构、艺术效果有很大的影响。由于木质坚硬而有弹性，且硬木是比较珍贵的木料，所以家具用料的横断面制作很小。为此，造型也就显得线型简练、挺拔和轻巧。清式家具选料极为精细，表里如一，无节，无伤，完整得无一瑕疵。硬木家具的部件和零部件，如抽屉板、桌底板及穿带等，所用的木料都是硬木。若按其使用功能分，硬木家具大体可分为床榻类、椅凳类、桌案类、柜橱类、屏风类、台架类及木器杂件等。

床榻类家具

床是室内日常使用较多、位置也相对固定的家具，其主要功能是作为卧具，不仅长，而且宽。榻是一种仅有床围而无床架且较窄的坐卧具。床和榻的产生和发展没有先后之分，只不过随着时代的发展、变革而叫法不同罢了。明清床榻又分为架子床、罗汉床和拔步床三种。

▲清早期 · 柏木六柱架子床

●尺　　寸：201 厘米 × 115 厘米 × 211 厘米

▲清 · 黄花梨乌木直棂围子玫瑰椅

●尺　　寸：56 厘米 × 44 厘米 × 90 厘米

●**鉴赏要点**：此椅的靠背及扶手，都采用乌木竖材装饰，这种形式称作梳背。座面四角攒边框，裁口镶席心，混面边沿。座下圆木短材，攒成四个方格。椅子下端装步步高赶枨。每枨下皆有券形牙板。在扶手、座面、管脚枨等部位的转角处，皆有铜饰件加固。

▲明 · 黄花梨浮雕靠背圈椅

●尺　　寸：54.5 厘米 × 43 厘米 × 93 厘米

●**鉴赏要点**：前后腿一木连作，为圈椅制作的较早式样。圈椅三接，曲线流畅优美。联帮棍呈圆弧状鼓出，富有弹性；券口采用刀子板形制，整体古拙和谐。靠背板整木素洁，仅在上方浮雕锦地龙纹，龙脊隆起，龙首折回，龙尾呈草状，生机勃勃。此椅靠背板装饰手法在明式家具中十分少见。

△清·红木雕葫芦架子床

●尺　　寸：222 厘米 × 158 厘米 × 259 厘米

●鉴赏要点：此架子床以红木制成，床面编软屉，下用两只与床屉等宽的床柜支撑。面上装床架，左右及后面床围被做成直棂形。正面装门围，楣板、花牙及门框内均以透雕手法刻葫芦纹，寓意子孙众多。裙板圆形开光，镶仕女图画心。床顶安毗卢帽，镶各式折枝花卉。整体造型美观大方。

家具中的红木家具搭配

红木家具以其名贵、典雅的气质，自古以来就成为老百姓对高品质生活追求的重要象征。对于红木家具与现代家具的搭配，人们普遍有个误区，认为适应红木家具的装修必然是古香古色的，在与其他家具配衬时也要形成古朴的风格。其实并非如此。目前，家庭的个性化趋势越来越风行，不少家庭选择红木沙发和欧式餐台进行相互搭配，以令视觉效果既感觉新颖又不失协调；此外，选择一套布艺沙发，在旁边配以三件套的太师椅，还可以从另一个角度体现出主人与众不同的品位；除了厅房以外，卧房更是可以随心所欲地搭配。红木家具的款式与风格正随着社会的进步和消费者口味的变化而不断改进与完善，包容性更广，观赏性更佳，实用性更强，正是红木家具无尽潜力的体现。

▽清·黄花梨百宝嵌龙纹罗汉床

●尺　　寸：223.5 厘米 × 102 厘米 × 118 厘米

●鉴赏要点：此罗汉床围板上有螺钿、珊瑚、松石、象牙等名贵材料嵌成龙纹。高束腰，鼓腿膨牙，整器美观大方。

⊙【架子床】

架子床因床上有顶架而得名，一般四角安立柱，床面两侧和后面装有围栏。上端四面装横楣板，顶上有盖，俗名“承尘”。围栏常用小木块做榫，拼接成各式几何图样，也有的在正面床沿上多安两根立柱，两边各装方形栏板一块，名曰“门围子”。正中是上床的门户。更有巧手把正面用小木块拼成四合如意，中间夹十字，组成大面积的棂子板，留出椭圆形的月洞门，两边和后面以及上架横楣也用同样手法做成。床屉分两层，用棕绳和藤皮编织而成，下层为棕屉，上层为藤席，棕屉起保护藤席和辅助藤席承重的作用。藤席统编为胡椒眼形，四面床牙浮雕螭、虎、龙等图案。牙板之上，采用高束腰的做法，用矮柱分为数格，中间镶安绦环板，浮雕鸟兽、花卉等纹饰，而且每块与每块之间无一相同，足见做工之精。这种架子床也有单用棕屉的，做法是在四道大边里沿起槽打眼，把屉面四边的棕绳的绳头用竹楔镶入眼里，然后再用木条盖住边槽。这种床屉因有弹性，使用起来比较舒适，在中国南方各地，直到现在还很受欢迎。北方因气候条件的关系，喜欢用厚而柔软的铺垫，床屉的做法大多是木板加藤席。

清 · 楠木架子床

●尺　　寸：213.5 厘米 × 148.3 厘米 × 219 厘米

●鉴赏要点：此架子床为楠木制，通体光素无纹饰。席心床面，带束腰，直腿内翻马蹄。四角立柱，床围用立柱分为数格，内镶长方圈口。顶架四围的楣板做法与床围大体相同，当中开出炮仗洞，整体造型稳重大方。

清 · 榉木架子床

●尺　　寸：220 厘米 × 153 厘米 × 216 厘米

●鉴赏要点：此架子床以榉木制成，席心床面，束腰下鼓腿膨牙内翻马蹄，兜转有力。面上立六柱，三面围栏，前设门围，用短材攒成棂格。顶部装横楣，矮柱间装双环卡子花，正面横楣下饰倒挂牙子，有圆润、空灵的艺术特点。

架子床在明代家具中是体型较大的一种家具，做工精美，清雅别致，如以黄花梨木制作，弥足珍贵。清代架子床不仅用料厚重，形体高大，且围栏、床柱、牙板、四足及上楣板等全部镂雕花纹，还有在正面装垂花门的，玲珑剔透。

清式家具的别样风情

清式家具有着独特的风格特质，在家居布置上一定要有所侧重。点缀其间也许是最好的摆放方式，比如在书房摆放一件雕工精美的紫檀多宝格，既可当书柜又可用作工艺品展示柜；在居室的玄关处可放置一个清式的榆木翘头案；对于有楼梯的房子，不妨在楼梯的拐角处摆放一个紫檀香几，上面搭配精美陶瓷，若上下两层的装饰风格不同，这个香几就起到了隔断的作用。在用料选材上，清式家具推崇色泽深沉、质地致密、纹理细腻的珍贵硬木，特别是清中期以前的宫廷家具选料更为考究。用料清一色或紫檀或红木，各种木料互不掺用。选材要求无果皮，色泽均匀，整体用料壮硕厚重，做工精细。清式家具装饰手法精湛，采用最多的是雕饰和镶嵌。常见于紫檀和红木家具上的浮雕纹饰，与同期的牙雕、竹雕和漆雕等多种工艺手法相似。刀工细腻入微，纹饰繁缛精密，整体富丽堂皇。清式家具作为家中装饰的一部分，需要恰如其分地开发，像一张清式的竹榻，便可当作画案前的长几，再悬上“引泉溉新竹，对月吟古松”的对联，神韵便丝丝缕缕地漾开了。

▲清末·红木雕葡萄纹架子床（带炕桌）

●尺　　寸：高 258 厘米

●**鉴赏要点**：此为清晚期较常见的架子床，前面采用小开门，花板通雕葫芦万代吉祥纹饰，绦环内或嵌理石，或嵌玻璃。床帽边沿起线打洼，显得很壮观。可以拆卸的结构便于移动和组合。

▶清早期·红木架子床

●尺　　寸：222 厘米 × 155 厘米 × 240 厘米

●**鉴赏要点**：此床以红木制成，造型为仿明式，面下有束腰，鼓腿膨牙，内翻马蹄。面上安八柱，上楣板及床围均以小料攒成棂格，独特之处在于后侧正中围子做成活扇，可以拆装。这样的架子床不仅可以靠墙陈设，也可以在室内居中陈设，将后侧围子拆下来，便于从两边上床。设计非常巧妙、合理。

古典家具仿制工艺

古典家具仿制的每一道工序都有严格的检测标准及工艺流程，首先要根据明清古典家具的种类和风格特点，选择具体的仿古家具款式。并且选择和古典家具同质、同色、同纹的木料或类似木料搭配，且要选择相对色浅的材料。根据家具风格选择铜件和其他配件。装饰以素面为主，局部饰以小面积漆雕或透雕，精美而不繁缛。通体轮廓及装饰部件的轮廓讲求方中有圆、圆中有方及用线的一气贯通而又有小的曲折变化。家具整体的长、宽和高，整体与局部，局部与局部的比例都要非常适宜。拼板时，板面和侧面要成90°角，胶合拼接要经过压力和一定温度处理。拼合后的整板要求无缝、平直，外表无胶印，无开裂现象，以便上蜡或上漆。经过打磨后，用不了多久就会出现包浆，光洁度不比硬木家具差。做漆面尽可能体现古旧的风格和特征。做描金柜的花饰，将各部位的零件进行初装，要求保持外观各部件及框架结构严紧、合理。全部以精密巧妙的榫卯结合部件，大平板则以攒边方法嵌入边框槽内，坚实牢固，能适应冷热干湿变化。按古典家具的式样做吊牌、面叶、合页、套脚、包角及牛鼻环子等中国传统家具的饰件。从制作工艺上分镂空、錾花、打毛及作旧等。按家具原结构进行合理组装，榫卯结构严紧，边框平直，无胶印，表面光滑，四脚操平。

清·黄花梨架子床

●**尺　　寸**：99.2厘米 × 87厘米 × 99.2厘米

●**鉴赏要点**：六柱式架子床，挂檐为鱼肚式开光，门围子由十字连方纹攒接而成，下装矮佬。腿内侧兜转挖马蹄。

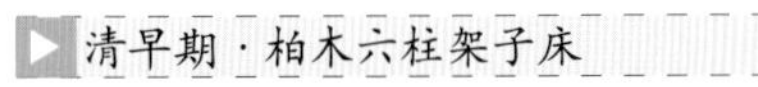

清早期·柏木六柱架子床

●**尺　　寸**：201厘米 × 115厘米 × 211厘米

●**鉴赏要点**：此床为六柱架子床，全部床围板均为三段式，上层为券口，中层雕如意云纹，下层壶门；床下雕长券口，为典型明式风格。矮束腰，大弯腿带托泥，腿足做法已入清，故应为清早期制品。

清·黄花梨雕花架子床

●**尺　　寸**：236 厘米 × 141 厘米 × 211 厘米

●**鉴赏要点**：此床为黄花梨木制六柱架子床，正面方形门围及左右和后面长围，皆镂雕花卉纹，床顶四周的挂檐由镂空绦环板组成。

明·榉木开光架子床

●**尺　　寸**：216 厘米 × 144 厘米 × 205 厘米

●**鉴赏要点**：床通体用榉木制成。床面四角分别立有圆柱，与门边二圆柱合为六柱，因此也称之为六柱床。以六柱支撑顶架，柱之间有楣板及床围子相连。前后楣板界为五格，左右三格，每格皆有委角的长方形开光。柱下端除前脸的门边外，只有两块围栏，其他三面的围栏与上楣板一一对应，只是由于围栏大于楣板的尺寸，故栏板的开光也宽出许多。床面下有束腰。鼓腿膨牙，内翻马蹄。整个器物无一分刻意雕琢的图案，光素而简洁，用料硕大而显稳重，开光秀气，是一件上乘之作。

⊙【拔步床】

拔步床也叫“八步床”，是体型最大的一种床。它在《鲁班经匠家镜》中被分别列为“大床”和“凉床”两类，其实是拔步床的繁简两种形式。

拔步床为明清时期流行的一种大型床。它造型奇特，体积庞大，结构复杂，好像把架子床安放在一个木制平台上，平台前沿长出床的前沿二三尺。平台四角立柱，镶以木制围栏。还有的在两边安上窗户，使床前形成一个回廊，虽小但人可进入，人跨入回廊犹如跨入室内。回廊中间置一脚踏，两侧可以放置小桌凳、便桶及灯盏等。这种床式整体布局所造成的环境空间犹如房中又套了一座小房。拔步床下有地坪，带门栏杆，大有床中床、罩中罩的意思，的确是明代晚期的一种颇具个性的大型家具。

拔步床多在南方使用，因南方温暖而多蚊蝇，床架的作用是为了挂帐子。上海潘氏墓、河北阜城廖氏墓及苏州虎丘王氏墓出土的家具模型都属于这一类。北方则不同，因天气寒冷，人一般多睡暖炕，即使用床，为使室内宽敞明亮，只需在左右和后面安上较矮的床围子就行了。

拔步床在明代晚期的出现其实是有其深刻的社会根源的。它与明代士大夫阶级豪华奢侈的生活时尚有着密切的关系。拔步床的传世品非常多，其形体的高大表明它是按照房屋框架和装饰而制作的，颇有大木作的梁架结构形式的特点。由这类床可以窥见中国古代建筑技术对于家具制作的影响。

▲清·榉木拔步床

●尺　　寸：224厘米×225厘米×233厘米

●鉴赏要点：此床为榉木制成。四角及床沿以十根立柱坐落在方形须弥式台座上。上部四圈各镶三块楣板，浮雕折枝花卉纹，楣板下安夔纹倒挂牙子。床围及床牙浮雕卷云纹，床前门围子浮雕折枝花卉纹。整体造型稳重大方，装饰花纹精美华丽，是清式床具的经典之作。

▲明·拔步床

●鉴赏要点：此拔步床为十柱式，楣板开出鱼肚门，正面门围和后面长围都用短材攒成整齐的“卍”字图案。

▲明·楠木垂花柱式拔步床

●尺　　寸：239厘米×232厘米×246厘米

●鉴赏要点：此床长、宽、高都超过两米，体型庞大。挂檐及横楣部分均镂刻透雕，表现古代人物故事；前门围栏及周围档板刻有麒麟、凤凰、牡丹和卷叶等纹样，刀法圆熟，工艺高超，体现出明代中期的典型风格。

▲清中期·榉木攒海棠花围拔步床

●尺　　寸：250 厘米 × 220 厘米 × 233 厘米

●鉴赏要点：此床为十柱，置于平地之上，周身大小栏板均为攒海棠花围，垂花牙子亦锼出海棠花，风格统一，空灵有致，装饰效果极佳。

明清家具的材质鉴定

鉴定家具年代首先要注意辨别材质。传世的明清家具中，有不少是用紫檀、黄花梨木或铁梨木等制作的。这几种木材在清代中期以后日见匮乏，成为罕见珍材。所以，凡是用这几种硬木制成而又看不出改制痕迹的家具，大都是传世已久的明式（包括明代及清前期）家具原件。今存的传世硬木家具中，也有不少是使用红木、新花梨木制作的，这几种硬木是在紫檀、黄花梨等名贵木材日益难觅的情况下被大量使用的。用这些木材制作的仿古家具，多为清代中期以后直至晚清、民国时期的产品。如有用红木、新花梨木做的明式家具，因其材料的年代与形式的年代不相吻合，故大多是近代的仿制品。榉木家具，因为明清至更晚都有制作，且沿袭明代手法，故不能以材质来判断年代。

⊙【罗汉床】

罗汉床是由汉代的榻逐渐演变而来的。榻，本是专门的坐具，经过五代和宋元时期的发展，形体由小变大，成为可供数人同坐的大器具，已经具备了坐和卧两种功能。后来又在座面上加了围子，成为罗汉床。罗汉床，是专指左、右及后面装有围栏的一种床。围栏多用小木块做榫拼接成各式几何纹样。最素雅者用三块整板做成，后背稍高，两头做出阶梯形曲边，拐角处做出软弯圆角，既典雅又朴素。这类床形制有大有小，通常把较大的叫“罗汉床”，较小的叫“榻”，又称“弥勒榻”。罗汉床不仅可以做卧具，也可以用为坐具。一般在正中放一炕几，两边铺设坐垫、隐枕，放在厅堂待客，作用相当于现代的沙发。罗汉床当中所设的炕几，作用相当于现代两个沙发之间的茶几。这种炕几在罗汉床上使用，既可依凭，又可陈放器物。可以说罗汉床是一种坐卧两用的家具。或者说，在寝室供卧曰“床”，在厅堂供坐曰“榻”。按其主流来讲，则大多用在厅堂待客，是一种十分讲究的家具。

▲清 · 硬木罗汉床

●**尺　　寸**：199 厘米 × 100 厘米 × 74 厘米

●**鉴赏要点**：此件罗汉床以藤席为面，下饰束腰，托腮下鼓腿膨牙，大挖内翻马蹄，兜转有力，牙条与三面床围浮雕双龙戏珠纹。雕工精细，气势雄伟，古朴大方，是居室、厅堂必备家具。

▲清 · 核桃木弯腿带托泥罗汉床

●**尺　　寸**：205 厘米 × 105 厘米 × 88 厘米

●**鉴赏要点**：通体为核桃木制成。床面上三块围子呈七屏风式，自后背中央向两侧至前兜转，其高度依次递减。光素床面，混面边沿下有束腰。牙板中部浮雕暗八仙纹及饕餮纹，两侧为螭纹。三弯式腿，外翻卷珠足，足下有托泥。

▲明 · 紫檀藤面罗汉床

●**尺　　寸**：217 厘米 × 118 厘米 × 96 厘米

●**鉴赏要点**：该床通体以紫檀木制成，席心床面，面下有束腰，鼓腿膨牙，大挖内翻马蹄。直牙条，通体光素无雕饰。面上三面围栏，后高前低，分七段镶大理石心。石心有天然黑白相间的山水云雾花纹，体现出凝重肃穆的气质和风度。具有浓厚的明式风格。

清早期·核桃木雕龙罗汉床

●尺　　寸：210厘米×105厘米×88厘米

●**鉴赏要点**：此罗汉床为核桃木制，床围子双面作透雕夔龙祝寿图案，束腰上雕卷云矮佬，鼓腿膨牙，内翻马蹄坐在托泥上。造型古朴大方，为晋作家具的典范。

清早期·核桃木狮子滚绣球缠枝花纹罗汉床

●尺　　寸：210厘米×116厘米×84厘米

●**鉴赏要点**：此床通体以核桃木制成，围板满雕狮子滚绣球缠枝花纹，下牙板亦雕狮子滚绣球，为三弯腿。典型的清初做工，具有极高的观赏及收藏价值。

明式家具纹饰的特点

中国纹饰图案具有继承性和趋同性，每个时代的出品或多或少地含有历史的因素，每个品类的装饰性也可能在其他品类中出现。明式家具的纹饰题材许多都是承传的。如祥云龙凤、缠枝花草、人物传说等，这些题材在织绣、陶瓷、漆器等品类中常能看到。不过明式家具的纹饰题材仍有自己的倾向性和选择性，如松、竹、梅、兰、石榴、灵芝、莲花等植物题材；山石、流水、村居、楼阁等风景题材；鱼藻、祥麟、瑞狮、喜鹊等动物题材较多见。明式家具纹饰题材最突出的特点是大量采用带有吉祥寓意的母题，如方胜、盘长、万字、如意、云头、龟背、曲尺、连环等纹，与清式家具相比，明式家具纹饰题材的寓意大都比较雅逸，颇有“明月清泉”、“阳春白雪”之类的文儒高士之意趣，更增强了明式家具的高雅气质。

⊙【其他榻类】

明清床榻除了罗汉床、拔步床和架子床外，还有其他一些形制。这些床榻也是由古代的坐具发展而来的，但一般体积较罗汉床小，较多保留了五代和宋元时期榻的特征。可做卧具，也可做坐具。有些榻只有靠背而无围栏，有些床榻甚至无靠背。这类床榻一般制作较简单、朴素，有的可折叠。后有靠背，一侧有枕的被称为“美人榻”；床心无席面，而以木板为面的，夏日躺、坐比较凉爽，被称为“凉床”。

清末民初·红木单枕车脚香妃榻

●尺　　寸：168 厘米 × 72 厘米 × 68 厘米

●鉴赏要点：这是一件典型的中西合璧的家具，面下花牙及后背镂雕花饰，显得非常高贵和典雅。

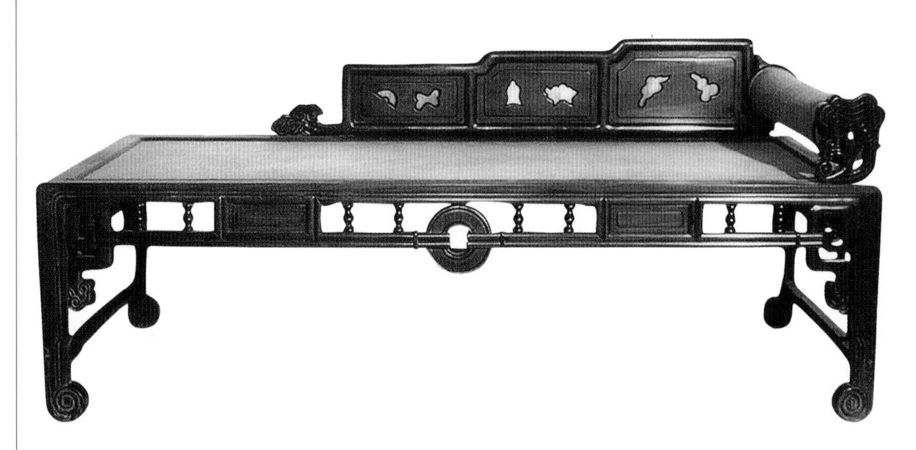

民国·红木美人榻（明式）

●尺　　寸：181 厘米 × 78 厘米 × 76 厘米

●鉴赏要点：此器造型较多地借鉴了西洋风格，后背攒框镶心，板心落堂踩鼓。一侧稍高并向另一侧递减，板心内开出花叶式透孔，内镶大理石板。榻面一侧安圆形席套卧枕，两端透雕灵芝纹支架席心榻面。榻身取四面平式，面下绳纹拱璧形枨子，两端拐子纹牙头，中间点缀瓶式小立柱及小抽屉。卷云纹内翻足。其形态反映了清末民初上海家具的特点。

明·榆木子母屉榻

●尺　　寸：200 厘米 × 102 厘米 × 78 厘米

●鉴赏要点：榻面呈长方形，其中为可拆卸的子屉，镶席心。边沿与腿牙齐平。腿以抱肩榫通过曲齿边的牙板与榻面结合。腿子内翻卷珠足，接承珠，下有矩形托泥。

明·黄花梨六足折叠式榻

●**尺　　寸**：208 厘米 × 155 厘米 × 49 厘米

●**鉴赏要点**：榻面无围，大边做成两截，以合页连接，可折叠。中间两腿为花瓶形马蹄，上端为插肩榫，展开时与牙子拍合。四角为三弯腿，内翻马蹄，折叠后可放倒在牙条内。牙条处雕有折枝花鸟、双鹿纹，腿足雕花瓶纹。

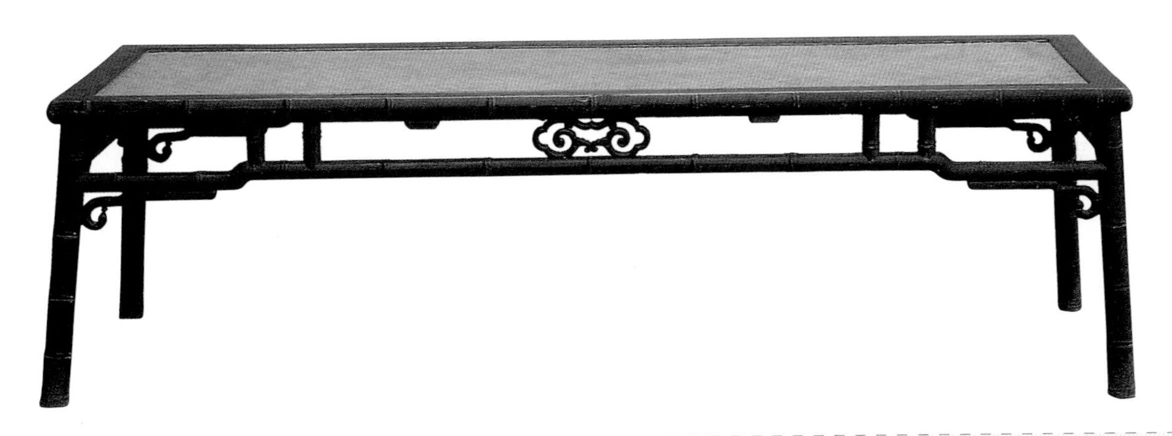

清·红木带枕凉床

●**尺　　寸**：180 厘米 × 59 厘米 × 66 厘米

●**鉴赏要点**：凉床三面有围子。长边为栏杆式，以短柱界出四格，镂空花卉、果实作为卡子花。两端安装云头为座的枕头。床面攒框镶板。面下短料攒接拐子枨。方腿直下，内翻回纹足。

清中期·楠木竹节凉榻

●**尺　　寸**：192 厘米 × 70 厘米 × 52 厘米

●**鉴赏要点**：全竹节做工，简单轻巧，未施重材。造型简练大方，比例完美。整器素洁实用，床身柔和束腰，下设罗锅枨加矮佬，雕花卉纹，有简单素雅之感，在凉榻品种里面十分少见。

椅凳类家具

明清时期的椅凳形式很多，名称也很多。如椅类有宝椅、交椅、圈椅、官帽椅、靠背椅和玫瑰椅等；凳类则有大方凳、小方凳、长条凳、长方凳、圆凳、五方凳、六方凳、梅花凳和海棠凳等式；还有各种形式的绣墩。椅是有靠背坐具的总称（宝座除外），其式样和大小差别较大。明清椅子的形式大体有靠背椅、扶手椅、圈椅和交椅四种。靠背椅常见的有搭脑出头的灯挂椅、搭脑不出头且以直棂做靠背的木梳背椅等几种。扶手椅常见的形式主要是玫瑰椅和官帽椅。圈椅之名得之于靠背如圈，其后背和扶手一顺而下，圆婉柔和。交椅，实际上就是有靠背的交杌，可分为直后背和圆后背两种，其交接部位一般都用金属饰件钉裹。宝座是专供帝王使用的坐具，除具有大型椅子的特点外，另增豪华的雕刻和镶嵌等装饰，一般都配有脚踏。杌凳的形式多为长方形和正方形，圆形的较少。坐墩，因其墩面常覆盖一层丝织物，又名绣墩，也称鼓墩。在明清的各种坐墩上，往往保留有藤墩的圆形开光和木鼓上钉鼓皮的帽钉痕迹。交杌可以折叠，携带和存放十分方便。长凳，是狭长而无靠背坐具的统称，有条凳、二人凳和春凳三种。条凳的长短高矮不一，为常见日用品，面板厚约 3 ~5 厘米，多用柴木制成，统称板凳。二人凳长约一米，凳面宽于条凳，可容二人并坐。

清 · 紫檀木雕云龙纹宝座

● 尺　　寸：162 厘米 × 105 厘米 × 128 厘米

清 · 大理石宝座

● 尺　　寸：123 厘米 × 63 厘米 × 84 厘米

● **鉴赏要点**：此宝座为红木制，面上七屏式围子，镶天然山水纹大理石，面下有束腰，鼓腿膨牙内翻马蹄。四足兜转有力，稳重大方。朴素、美观，具较高的艺术价值和收藏价值。

清·紫檀剔红嵌铜龙纹宝座

●尺　　寸：110 厘米 × 105.5 厘米 × 78 厘米

●鉴赏要点：九屏风式座围，剔红“卍”字锦地纹，嵌菱形正面龙纹镀金铜牌。边沿浮雕云蝠纹和缠枝莲纹，座面为红漆地描金菱形花纹，边沿雕回纹，面下束腰嵌云龙纹镀金铜牌，牙条上雕蝠、桃、“卍”字及西番莲纹。腿部雕拐子纹，足下承雕回纹托泥。

【宝座】

宝座又称宝椅，是一种体形较大的椅子，宫廷中专称“宝座”。宝座的造型、结构和罗汉床相比并没有什么区别，只是形体较罗汉床小些。有人说宝座是由床演化来的，也确实有一定的道理。宝座多陈设在宫殿的正殿明间，为皇帝和后妃们所专用。有时也放在配殿或客厅，一般放在中心或显著位置。这类大椅很少成对，都是单独陈设。明代《遵生八笺》中说“默坐凝神，运用需要坐椅，宽舒可以盘足后靠……使筋骨舒畅，气血流行”，说的就是这种椅子。《长物志》说“椅之制最多，曾见元螺钿椅，大可容二人，其制最古，乌木嵌大理石者，最称贵重。然宜须照古式为之。总之，宜阔不宜狭”，也是指的这种椅子。

宝座一般都是由名贵硬木（以紫檀为多见）或者是红木等髹漆制成，施以云龙等繁复的雕刻纹样，髹涂金漆，极富丽华贵。传世明代宝座不是一般家庭的用具，只有宫廷、府邸和寺院中才有。明代的宝座形象，今天主要在壁画和卷轴画中才能看到，宝座实物则极为罕见。

民国·红木嵌影木席面宝座（清式）

●尺　　寸：高 110 厘米

●鉴赏要点：此宝座通体以红木制成。席心座面，前沿正中的大边、束腰、牙板向内凹进，束腰下牙条，正中垂洼堂肚，并浮雕夔纹。拱肩展腿式外翻夔纹足。腿间装四面平式管脚枨。面上屏风式围子，正中镶圆背板，上下透雕拐子纹。背板三块，扶手两块，当中分别镶嵌影木心。整体造型比例匀称，美观大方，具很高的艺术价值。

【交椅】

交椅古时称为胡床,《演繁露》说:“今之交床,制本自虏来,始名胡床,桓伊下马据胡床取笛三弄是也。隋以谶有胡,改名交床。”交椅的结构是前后两腿交叉,交接点做轴,上横梁穿绳代座,可以折合,上面安一栲栳圈儿。因其两腿交叉的特点,遂称“交椅”。明清两代通常把带靠背椅圈的称交椅,不带椅圈的称“交杌”,也称“马扎儿”。它们不仅可在室内使用,外出时还可携带。宋、元、明至清代,皇室贵族或官绅大户外出巡游、狩猎,都带着这种椅子。

交椅以造型优美流畅而著称,椅圈曲线弧度柔和自如,俗称“月牙扶手”。椅面多以麻绳或皮革所制,在扶手、腿足之间,一般都配制雕刻牙子,另在交接之处也多用铜饰件镶嵌,不仅起到坚固的作用,还具有美化功能。宋代交椅共有四种类型,即直行搭脑、横向靠背式;直行搭脑、竖向靠背式;圆形搭脑、竖向靠背式;圆形搭脑、横向靠背式等。搭脑是指椅、架类家具最上端的横向杆件,圆形搭脑在宋代被称为“栲栳圈”。

明清时代的交椅,上承宋式,可分为直后背和圆后背两种类型。尤以后者是显示特殊身份的坐具,多设在中堂显著位置,有凌驾四座之势。直靠背交椅可称为折叠椅,在搭脑中加有可装卸翻转的圆轴状托首,高高的靠背板呈“S”形,非常适宜休息。圆靠背交椅一般为有特殊身份的官吏大臣所使用。清宫所保存的髹漆描金圆靠背交椅较为贵重,又称“金交椅”。与宝座相比,金交椅不失身份,又便于携带和移动,因此它经常出现在内廷仪仗卤簿之中。如《明宣宗行乐图》中就描绘了这种椅子,为我们提供了可靠的依据。

▲清·黄花梨镶铜交椅

●尺　　寸:73.7厘米×62厘米×106.6厘米

●鉴赏要点:此交椅后背板呈弧线状,雕螭纹、麒麟纹及云纹。后腿弯转处有雕花牙子填充其间。座面为丝绳编制软屉。下有踏床。各构件交接处及踏面均用铜饰件加固。

家具中的石材

明清家具采用的石材大致有大理石、南阳石、土玛瑙石、竹叶玛瑙石、湖山石及红丝石等,石材的运用为明清家具增添了丰富的艺术魅力。这些石材通常被锯成屏心、柜门的门心、坐墩的面心及椅子靠背等。广式家具的坐具,采用石材作为面心较为多见。在石材的选择上,云南产的大理石最受欢迎。大理石以白地带黑色或灰青色或黄褐花纹者多见,取其光滑细润,色泽俱佳。其次,还有花斑石、紫石、青石、白石、绿石及黄石等。在石材的选取上,以自然形成的山川烟云图案为上品,力求能体现出山水画中水墨氤氲的艺术效果。

清·高丽木交椅

●尺　　寸：54 厘米 × 55 厘米 × 105.5 厘米

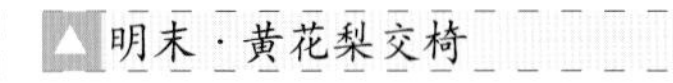

明末·黄花梨交椅

●尺　　寸：73.7 厘米 × 66 厘米 × 104.2 厘米

●**鉴赏要点**：这件黄花梨交椅为罗圈状靠背扶手，除踏脚板式杌子选用金属外，其他部位只用铜做加固或装饰，结构精巧，突出的是木材的天然丽质，红紫润亮。

明·黄花梨圆后背交椅

●尺　　寸：高 109 厘米

●**鉴赏要点**：交椅三截攒靠背，上雕花纹，下为亮脚，腿足交接处以白铜为轴。椅面穿绳代座。

⊙【圈椅】

圈椅是由交椅发展和演化而来的，交椅的椅圈后背与扶手一顺而下，就座时，肘部、臂部一并得到支撑，很舒适，颇受人们喜爱，后逐渐发展成为专门在室内使用的圈椅。它和交椅的不同之处是不用交叉腿，而采用四足，以木板做面，和平常椅子的底盘无大区别，只是椅面以上部分还保留着交椅的形态。这种椅子大多成对陈设，单独使用的不多。

圈椅自五代《宫中图》和宋《会昌九老图》以后，见者不多。到了明代，圈椅始又兴起。

圈椅的椅圈因是弧形，所以用圆材较为协调。圈椅大多采用光素手法，只在背板正中浮雕一组简单的纹饰，但都很浮浅。背板都做成“S”形，它是根据人体脊背的自然曲线设计的，是明式家具科学性的典型例证。明代后期，有的椅圈在扶手尽端的卷云纹外侧保留一块本应去掉的木材，透雕一组卷草纹，既美化了家具，又起到了加固作用。明代对这种椅式极为推崇，因此，当时人们多把它称为“太师椅”。更有一种圈椅的靠背板高出椅圈并稍向后卷，可以搭脑。也有的圈椅椅圈从背板两侧延伸通过边柱，但不延伸下来，这样就成了没有扶手的半圈椅了，造型奇特，可谓新鲜别致。

明·黄花梨圈椅（一对）

●**尺　　寸**：59.6 厘米 × 46.4 厘米 × 100.7 厘米

●**鉴赏要点**：此对圈椅为黄花梨木制。席心座面，冰盘沿下施高拱罗锅枨及横梁，用以承托座面。腿下装步步高赶枨。侧脚收分明显，面上后边柱与腿一木连作，前部安联帮棍及鹅脖，与椅圈连接，背板如意纹开光，透雕双螭纹。稳重大方，简练舒展，具有很高的艺术价值。

清中期·黄花梨花鸟纹太师椅（一对）

●**尺　　寸**：62 厘米 × 47 厘米 × 108 厘米

●**鉴赏要点**：此椅的特点在于椅盘以下敦实、简洁，素混面攒框落堂硬屉座面，素方腿、素牙板、素横枨，除了椅盘下装一小束腰外，没有任何装饰。椅盘以上部分则做工细腻、繁复，透雕花鸟纹。靠背和扶手的边框曲线优美自然，以走马销相连，拆装两宜，便于搬运。

明清时期圈椅的种类进一步增多，制作工艺更为精细、合理。椅面有的用丝绳或藤皮编制，也有的用木板硬面。框架一般以圆材较多，适合椅圈的弧形曲线，是利用了椅圈抱腰的舒适感而专门设计的。也正因为此种原因，明式家具珍品中常少不了圈椅的身影。圈椅在中国古代家具中品第高雅，属于空灵之物。现代家具设计和研究人士纷纷指出，明式圈椅以主圈（即圆形搭脑）为代表的韵律美，是中国家具最具民族特色的地方之一。在国际文物拍卖市场上，明式圈椅的价位始终坚挺，如一对明式黄花梨木圈椅，在20世纪90年代初就能在中国国内卖到6万元人民币左右。而在2012年拍卖市场上一对明式黄花梨木圈椅以253万元人民币成交。可见其升值速度惊人。

明·黄花梨圈椅（一对）

●尺　　寸：60厘米×47厘米×99厘米

●**鉴赏要点**：圈椅是明式家具典型的式样，椅圈自搭脑处顺延而下成扶手，背板呈“S”形，饰以小浮雕，椅面之下设壶门券口，底枨采用步步高赶枨法，这些都是典型的明式特征，是实用性与科学性的统一体。

清中期·黑漆榆木圈椅（四件）（明式）

●尺　　寸：59厘米×48厘米×101厘米

●**鉴赏要点**：通体为榆木质地。弧形椅圈，自搭脑向两侧延伸，通过后边柱又顺势而下，形成扶手。背板稍向后弯曲，形成背倾角，颇具舒适感。背板上部雕拐子纹，四角立柱与腿一木连作，“S”形联帮棍。席心座面。座面下装壶门券口，饰卷草图案。四腿为方材内翻马蹄。腿间管脚枨前低后高，与两侧也高矮有别，此名为步步高赶枨。两侧与后边的枨子，均为罗锅式。

《鲁班经》

鲁班是战国时期鲁国人。他是一个善于制作精巧器具的能手，人们叫他“巧人”，民间历来把他奉为木匠的始祖。《鲁班经》是一本以鲁班名字命名的建筑类书籍，又名《鲁班经匠家镜》，午荣编，成书于明代。全书共四卷，其中文三卷、图一卷。此书对建筑技术知识做了通俗简明的介绍。介绍的主要内容为行帮的规矩、制度以至建筑仪式；建造房舍的工序；如何选择动工筑房的吉日；说明鲁班真尺的运用；记录常用建筑的构架形式、名称等。该书是后世工匠们必须研习的建筑书籍。

▲清·红木圈椅

● 尺　　寸：57.5厘米×46厘米×92.5厘米

▼明·黄花梨圈椅（四件）

● 尺　　寸：58厘米×46厘米×97厘米

● **鉴赏要点**：此套圈椅为黄花梨木制，侧脚收分明显。靠背板雕二龙祝寿图，上端两侧雕两个小花牙。椅盘下壶门券口上细雕卷草纹，椅腿下横枨做成步步高赶枨式，是典型的明式家具造型。四具一堂，在传世的明黄花梨圈椅中能成堂保存至今的十分罕见、十分难得。

古典家具的地位

中国明清古家具已被大多数人认同，它们是雕塑艺术，也是特殊的商品，应用于现代社会生活环境中已成为一种时尚。第一，用于家庭中。中国现代家庭装潢虽然已达到较高的水平，但因中国的家庭装修落后于发达国家百年之久，所以有相当多的家庭盲目套用国外的家装模式，而缺乏自己民族的特色，品位普遍不高。在这样的环境中，将几件中国明清古家具作为收藏展示，会起到画龙点睛的作用，表达出主人的品位、内涵与经济实力，同时也是一条投资保值的新路。第二，用于宾馆等公共空间。在公共空间里，用高档的装潢材料只能显示出豪华和奢侈，起不到提神和振奋的作用。如果在一个星级的宾馆、会所、休闲茶馆、文化团体等的大厅及走廊厅处布置几件经典明清古家具，能充分提高这些场所的档次，也能反映出这些场所的综合实力和文化内涵。第三，用于博物馆等（包括名人馆）。在这些空间里如没有几件货真价实的中国明清古家具展示，的确是件憾事。应配有一定量的案、椅、台、榻，这样既反映出这些单位自身的特点，同时也起到弘扬中国古家具灿烂文化的作用，相辅相成，相得益彰。

清·红木嵌螺钿理石太师椅配茶几

●尺　　寸：65.5 厘米 × 52 厘米 × 109 厘米（椅），47 厘米 × 47 厘米 × 80 厘米（几）

●鉴赏要点：器身为红木制，理石座面，有束腰，四腿展腿式，鹰爪式足。腿间安四面平式管脚枨。牙条下另安透雕花牙，以螺钿镶嵌梅花纹。面上三面椅围，正中搭脑下圆形开光，镶嵌山水纹大理石心，两侧透雕折枝梅花。其余各部均嵌以折枝花卉。两椅中间配展腿式石面茶几，做法与椅子相同。镶嵌工艺精湛，豪华富丽。

清末民国·红木雕福禄寿太师椅（一对）

●尺　　寸：62 厘米 × 48 厘米 × 96 厘米

做工复杂的鸡翅木家具

鸡翅木家具做工复杂。明代作品与黄花梨家具、紫檀家具没有本质上的区别，细细体会，才可以发现鸡翅木家具在用料上更仔细一些，什么都做得较小，非常吝惜材料。例如鸡翅木的小方凳，三碰肩、粽角榫，省料省工，连尺寸都小，可谓典型。入清之后，早期受明朝朴素之风影响，若有雕工装饰，也适可而止。传世品中有一件鸡翅木三屏风式罗汉床，高围板，三弯腿，腿较细，牙板较窄，腿部两侧之间加一横枨，以弥补强度不足；围子下部为板，上部攒风车连续图案。此两点与常见明式做工的罗汉床有异，原因是产地不同。福建地区近年发现大批明式家具，与以前已有定论的明式家具存在很大差异，主要是拙笨高大，猛一看年代较早，细一琢磨年代还是不够。显然，这件罗汉床仍注重展示鸡翅木的纹理，否则没有必要在围子下部用整板，全部攒插是完全可以的。清代鸡翅木家具的做工往往比明代做工怪异，与典型的明清家具相比较多少有些出入。鸡翅木家具除福建地区较多外，江苏南通地区也发现不少。产地不同，做工手法一定不同，这是中国古代家具形成流派的基础。

清·红木嵌螺钿理石太师椅配茶几

●尺　　寸：63厘米×48厘米×99厘米（椅），41厘米×41厘米×80厘米（几）

●鉴赏要点：器身为红木制，石心座面，有束腰，四腿展腿式，拱肩处雕兽头，牙条与腿齐头碰结合，外翻式鹰爪足。腿间安四面平式管脚枨，中间微向上拱，正面牙条下另安透雕梅花式花牙，纹饰部位以螺钿镶嵌。面上三面椅围，正中搭脑下圆形开光，嵌螺钿长圆“寿”字，中心嵌山水纹大理石心，两侧透雕梅花纹，亦以螺钿做装饰。其余各部均嵌以折枝花卉。两椅中间配茶几，做工及装饰手法与椅子相同。

清·红木嵌螺钿理石太师椅（一对）

●尺　　寸：66厘米×54厘米×107厘米

●鉴赏要点：器身为红木制，有束腰，四腿展腿式，外翻式足。腿间安四面平式管脚枨，中间微向上拱，牙条下另安透雕如意间博古纹花牙，纹饰部位以螺钿镶嵌。面上三面椅围，正中搭脑下圆形开光，镶嵌山水纹大理石心，两侧透雕如意纹，亦以螺钿做装饰，其余各部均嵌以缠枝花。镶嵌工艺精湛，富丽豪华。

乡村家具的收藏价值

有业内人士认为，近几年，中国乡村古旧家具，尤其是长江流域下游地区和黄河流域上游地区的家具，开始被经营者、收藏者所青睐。这类家具的材质大都是榆木、核桃木、楸木等软木木材，江南产的艺术价值较高，山西产的大多仿北京宫廷式样，广东的则受西洋风格影响，这为有艺术鉴赏力的收藏者留下了一个选择的空间。现在北京的家具市场上，此类家具材质大部分是柴木制。在北京的城乡结合部，经营这些家具的公司不下几十家，紧邻潘家园旧货市场的一些家具商行，经营的大多是柴木器，反映了目前的市场行情和状况。

▲清·红木嵌螺钿理石太师椅配茶几

●尺　　寸：62厘米×48厘米×104厘米

●**鉴赏要点**：器身红木制，理石座面，有束腰，四腿展腿式，外翻式足。腿间安四面平式管脚枨，中间微向上拱，牙条下另安透雕如意间博古纹花牙，纹饰部位以螺钿镶嵌。面上三面椅围，正中搭脑下圆形开光，镶嵌山水纹大理石心，两侧透雕如意纹亦以螺钿做装饰。

▼清·红木嵌螺钿太师椅（一对）

●尺　　寸：60厘米×46厘米×97厘米

●**鉴赏要点**：俗称花篮椅。嵌银锭式大理石椅面。椅背及扶手嵌螺钿，透雕如意、瓜瓞绵绵。搭脑呈“U”形，有卷云和螺钿花草。座面下枨子及腿子嵌螺钿缠枝花卉。嵌螺钿的牙子镂雕梅花纹、回纹。腿足之间有齐头碰管脚枨。枨下为券形牙子。

⊙【官帽椅】

官帽椅因其造型酷似古代官员的帽子而得名，又分南官帽椅和四出头官帽椅两种。南官帽椅的造型特点是在椅背立柱与搭脑的衔接处做出软圆角。做法是将立柱做榫头，搭脑两端的接合面做榫窝，俗称“挖烟袋锅”，将搭脑横压在立柱上。椅面两侧的扶手也采用相同做法。正中靠背板用厚材开出“S”形，它是依据人体脊椎的自然曲线设计而成的。这种椅型在南方较多见，多为花梨木制，且大多用圆材，整体给人以圆浑、优美的感觉。

▲明·铁梨木南官帽椅（一对）

●尺　　寸：59 厘米 × 44 厘米 × 120.5 厘米

●鉴赏要点：高靠背，搭脑做成枕式，舒适美观。靠背立柱、扶手以及鹅脖曲线均做得委婉有致。全身光素，挺拔秀美。

▼明·黄花梨四出头官帽椅（一对）

●尺　　寸：60 厘米 × 45.5 厘米 × 117 厘米

●鉴赏要点：该椅为黄花梨木制，官帽形四出头，席心座面，正面镶壶门券口牙子，腿间装步步高赶枨。面上靠背攒框镶心，并做出弧形曲线，当中以落堂和不落堂两种手法镶板心，下部镶壶门亮脚。两侧上下装角牙，整体造型简洁明快、美观大方。充分体现了明式家具的风格特点。

清中期·黄花梨雕人物南官帽椅（四件）

●**尺　　寸**：57 厘米 × 43 厘米 × 112 厘米

●**鉴赏要点**：此南官帽椅为黄花梨木制。搭脑宽大，靠背板中上端细雕人物，座面下的壶门圈口上雕回纹及花卉纹，正面前腿两根横枨之间镶了绦环板，下面的横枨下雕洼堂肚的牙条，这些都是清式家具的典型特征。

明·黄花梨南官帽椅（一对）

●**尺　　寸**：48.3 厘米 × 43.8 厘米 × 101.6 厘米

●**鉴赏要点**：此椅为黄花梨木质地。扶手及搭脑与腿结合的部位，均采用烟袋锅式的特殊结构方式。靠背呈圆弧状向后微微倾斜，形成人体最佳坐姿的背倾角。座面为四角攒边框镶席心。面下有券口牙子。四腿用料外圆内方，且带有明显的侧脚收分，下端枨子由前向两侧再到后，依次升高，为步步高赶枨。前脸的枨子略大，突出腿子表面，便于歇脚。前脸及两侧枨下均有牙条。

红木四出头官帽椅（一对）

●尺　　寸：54 厘米 × 43 厘米 × 106 厘米

●**鉴赏要点**：造型特点仿明式，面下装壶门式券口牙子。侧脚收分明显，足间装步步高赶枨。面上高靠背，三弯式独板后背，搭脑及扶手出头，除后背和牙子正中雕一组图案之外，其余部位皆光素。造型稳重，比例适度。

明·黄花梨四出头官帽椅（一对）

●**鉴赏要点**：此椅通体为黄花梨木质地。背板有枨子界出三格，上两格均打槽镶板，其中浮雕仙鹤及麒麟图案，上圆下方。下端有亮脚，镶壶门形牙板，牙板浮雕螭纹。扶手弯曲前伸，联帮棍被雕成竹节形圆柱。座面为四角攒边框，打槽镶装落堂踩鼓板心。四腿间均有券形牙板，下有前后低两侧高的赶枨。前面的枨子用料稍大，高出腿子表面，便于歇脚。枨下有券形牙子。从椅子腿部的材料处理上看，外圆内方，并且带有明显的侧角收分。无论从造型、结构还是工艺上看，都体现了明式家具的特点。

清·红木南官帽椅（一对）

●尺　　寸：61 厘米 × 46 厘米 × 105 厘米

明·紫檀南官帽椅

●尺　　寸：57.5 厘米 × 44.5 厘米 × 94 厘米

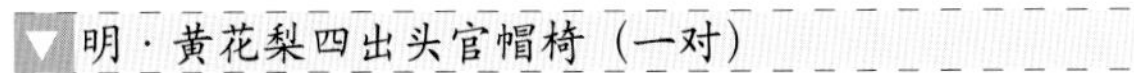

明·黄花梨四出头官帽椅（一对）

●尺　　寸：65.5 厘米 × 58.6 厘米 × 117.1 厘米

●**鉴赏要点**：搭脑、扶手皆为曲线形。靠背板为攒框镶板，上角有曲边牙子。框内自上而下，依次为镂空螭纹、树木山石、梭子形开光、壶门牙子。座面四角攒边框，裁口镶席心，混面边沿。面下为壶门式牙子。腿下装步步高赶枨，前枨下券口素牙板。腿子下端较上部阔出许多，带有明显的侧脚收分。

⊙【玫瑰椅】

玫瑰椅在宋代名画中曾有所见，明代更为常见，是一种造型别致的椅子。玫瑰椅实际上属于南官帽椅的一种。它的椅背通常低于其他各式椅子，与扶手高度相差无几。在室内临窗陈设，椅背不高过窗台，配合桌案使用又不高过桌沿。由于这些与众不同的特点，使并不十分实用的玫瑰椅备受人们喜爱，并广为流行。玫瑰椅的名称在北京匠师们的口中流行较广；南方无此名，而称这种椅子为“文椅”。

玫瑰椅及文椅，目前还未见史书记载，只有《鲁班经》一书中有“瑰子式椅”的条目，但是否指玫瑰椅，还不能确定。“玫瑰”二字一般指很美的玉石，司马相如《子虚赋》：“其石则赤玉玫瑰。”《急就篇》：“璧碧珠玑玫瑰瓮。”都指的是美玉。单就“瑰”字讲，一曰“美石”，一曰“奇伟”，即珍贵的意思。《后汉书·班固·西都赋》：“因瑰奢而究奇，摛应龙之虹梁。”都以“瑰”谓奇异之物。从风格、特点和造型来看，玫瑰椅的确独具匠心。这种椅子的四腿及靠背扶手全部采用圆形直材，确实较其他椅式新颖、别致，达到了珍奇美丽的效果。用“玫瑰”二字称呼它，当是对这种椅子的高度赞美。

玫瑰椅是各种椅子中较小的一种，用材单细，造型小巧美观，多以黄花梨木制成，其次是铁梨木，用紫檀木制作的较少。从传世实物数量来看，它无疑是明代极为流行的一种式样。在明清时期，玫瑰椅往往被放在桌案的两边，对面而设；或不用桌案，双双并列；或不规则地斜对着，摆法灵活多变。

▲清·黄花梨双圈卡子花玫瑰椅

●尺　寸：58.5 厘米 × 48 厘米 × 86 厘米

●鉴赏要点：此椅的靠背及扶手皆为梳背式加双环卡子花。座面四边为劈料作，形成双混面边沿，四角攒边框镶席心座面。座下圆木短材，攒成三个方格。椅子下端有齐头碰管脚枨，腿子下端较上部阔出许多，带有明显的侧脚收分。

▶明·铁梨木券口靠背玫瑰椅（一对）

●尺　寸：高 89 厘米

●鉴赏要点：靠背镶有券口，三面券子下部有圆枨加矮佬，正面壶门有堂肚，直腿圈足，腿间安步步高赶枨，迎面枨及两侧枨下安有牙条。为明式家具基本形式。

由于玫瑰椅的靠背较其他靠背椅要矮许多，所以可放在窗前或其他架几间，不会遮挡视线。但其搭脑部位正当坐者的后背，倚靠时不甚舒适，这是它的主要缺憾。入清以后，玫瑰椅的造型未有大的变动，但玫瑰椅的使用已不像明代那么普遍。清代时，造型气派、座位较宽敞的太师椅大行其道，成为扶手靠背椅中的新宠。

玫瑰椅将花梨木独特的色彩、纹理和椅子别致的造型巧妙结合，令人赏心悦目。

清·黄花梨透雕靠背玫瑰椅

●**尺　　寸**：60.3 厘米 × 45.9 厘米 × 100.7 厘米

●**鉴赏要点**：靠背搭脑及扶手，采用烟袋锅式榫卯结构。背板中间一变体寿字，四周环绕螭纹，皆为透雕，两侧的扶手框内则为曲边券形牙子。座面的两边抹头及后大边上，装饰卡子花。席心座面下及步步高赶枨下，三面皆有券口牙子。腿子下端较上部阔出许多，带有明显的侧脚收分。

清末·黄花梨直棂围子出榫玫瑰椅

●**尺　　寸**：51 厘米 × 47 厘米 × 88 厘米

●**鉴赏要点**：此椅的靠背及扶手，都采用竖材装饰。座面四边为劈料作，形成双混面边沿，四角攒边框，镶席心座面。座下圆木短材，攒成三个方格。椅子下端有管脚枨，皆为透榫，腿下装步步高赶枨。腿子下端较上部阔出许多，带有明显的侧脚收分。

⊙【靠背椅】

靠背椅是指光有靠背没有扶手的椅子。靠背由一根搭脑、两侧两根立材和居中的靠背板构成，有一统碑式和灯挂式两种。一统碑式的椅背搭脑与南官帽椅相同，搭脑不出头，北京匠师称之为“一统碑”椅。灯挂式椅的靠背与四出头式相同，因其横梁长出两侧立柱，又微向上翘，犹如挑灯的灯杆，因此名其为“灯挂椅”。这种椅形较官帽椅略小，特点是轻巧灵活，使用方便。

▼明末清初·黄花梨靠背椅（一对）

●尺　　寸：53.5 厘米 × 42.5 厘米 × 103 厘米

●**鉴赏要点**：椅背后倾，搭脑突起，两端下沉后长出腿柱。靠背攒框镶板，框内依次为圆形开光、影木板、梭子开光、壶门牙板。框外侧是曲齿牙边。座面四角攒边框，裁口镶席心，混面边沿。座面下四边皆为壶门式牙子。腿下为齐头碰枨子，且枨下都有券口素牙板。腿子下端较上部阔出许多，带有明显的侧脚收分。

▲清·鸡翅木嵌影木面靠背椅（一对）

●尺　　寸：44.5 厘米 × 40 厘米 × 95 厘米

●**鉴赏要点**：此椅面下高束腰，鼓腿膨牙，牙板及腿足浮雕花纹。椅背透雕精美花纹。外翻狮爪式足。

清晚期·花梨木单靠背椅（四件）

●**尺　　寸**：45厘米×44厘米×92厘米

●**鉴赏要点**：该椅为花梨木制，四件成堂。椅面落堂镶板，圆柱腿，腿间装卷云纹罗锅枨，正中镶双矮佬，腿下部装步步高赶枨。后背两边柱微向后弯，搭脑透雕如意头纹。后背攒框镶心，中间镶板，落堂踩鼓式。上下镶透雕如意头，并随椅背边柱向后弯曲。艺术水平虽不比清代中期，但反映了清末民国时期的历史特点。且四件成堂也很难得，具有一定收藏价值。

清·黄花梨靠背椅（一对）

●**尺　　寸**：高104厘米

●**鉴赏要点**：黄花梨木制，造型简练，整器光素朴实，面下素直券口牙子，腿间装前低后高的步步高赶枨。

▶清晚期·榆木靠背椅（一对）

●**尺　　寸**：53厘米×42厘米×98厘米

●**鉴赏要点**：背板雕神仙人物，雕琢流畅，壶门雕花卉纹，纹饰繁复细腻。

▼清末·花梨木直靠背椅（一对）

●**尺　　寸**：高101厘米

●**鉴赏要点**：靠背椅为委角直背攒框装心，浮雕精美缠枝花卉纹。素座面，面下有卷云纹牙板。直腿方足，足间安管脚枨，迎面有踏板，踏板及枨下方施牙条。

清末民初·红木镶理石单靠背椅(一对)

●尺　　寸：53 厘米 × 42 厘米 × 95 厘米

●**鉴赏要点**：靠背攒框镶绦环板，中央圆形开光，嵌装大理石，周围雕盘肠及套环的绳纹，与蝠纹连在一起，寓福之绵延不绝。座面攒框镶板，与腿子以格肩榫相交。面下镂空洋花牙子。腿足外翻，其间有工字形管脚枨，以增加其稳定性。

鉴藏指南

未来家具五大潮流

欧洲家具设计师以前卫著称。如今正当21世纪之初，未来家具会如何发展呢？据欧共体国际社会艺术研究所发表的《家具文化与艺术展示——来自欧洲的改变》报告显示，未来欧洲家具设计将向以下方面发展。第一，个性。随着家庭观念的不断变化，家将成为男女表情达意的主要场所，家具既要体现家的共同需求，也要反映人的不同个性。例如，双人床亦可一分为二，厨房台面高度分男式和女式，书柜内层设计更趋个性化等。第二，更新。旧家具不要随便抛弃，有些将会采用提高等级的方法翻新成更实用的家具。家具提高等级的方法层出不穷，相信在不久的将来，可组合改变的家具会更受欢迎。第三，刺激。随着生活节奏的日趋加快，各种影像信息不断冲击人们的生活。在家具设计方面，采用刺激性艺术设计的小型家具，如灯饰，将会备受重视，因为它善于表达拥有者的情感，其开关新奇别致，极具动感。第四，安全。未来的家庭将会更重视安全的因素。因此，家具会更重视保护式艺术的设计，不仅环保，更能防火、保温和持久。第五，舒适。人们不再像以前喜欢红木家具那样注重家具的保值；相反，家具的舒适程度成为人们首先考虑的因素。这一流行趋势带来的就是科技因素在家具设计和制造中的含量越来越高。

民国·红木高靠背椅（一对）

●尺　　寸：52 厘米 × 43 厘米 × 105 厘米

●**鉴赏要点**：此椅为无扶手的“一统碑”式。面下有束腰，托腮下膨牙三弯腿外翻狮爪式足，牙板及腿浮雕精美花纹。椅背直框，下部有横梁，镶透雕花瓶式靠背板。造型具有浓厚的西洋风格，是民国时期受西方文化影响的代表作品。

⊙【杌凳】

杌凳是不带靠背的坐具。明式杌凳大体可分为方、长方和圆形几种。杌和凳属同一器物，没有截然不同的定义。“杌”字见《玉篇》：“树无枝也。”《事物绀珠》解释说：“杌，小坐器。”在北方语言中，“杌”仍惯用于众口，如称一般的凳子为“杌凳”。有一类杌可以折叠，携带、存放都比较方便。最简单的杌只用八根直材构成，杌面穿绳索或皮革条带。比较精细的则施雕刻，加金属饰件，用丝绒等材料编制杌面。有的还带踏床，一般构成杌面的横木与踏床上都浮雕装饰图案。杌一般用柴木制成，偶见用黄花梨木制作的。凳，《正韵》称：“凳，几属。”《事物绀珠》称：“凳，长条坐器，有春凳、靠凳、螺钿凳。”凳的结构特征是：最高处是平面，下有腿有足，可供人坐息或摆放物品。

杌凳又分有束腰和无束腰两种形式。有束腰的都用方材，很少用圆材；而无束腰杌凳方材、圆材都有。有束腰者可用曲腿，如鼓腿膨牙方凳；而无束腰者都用直腿。有束腰者足端都做出内翻或外翻马蹄，而无束腰者的腿足无论是方是圆，足端都很少做装饰。

凳类中有长凳、方凳、长方凳和圆凳几种。长方凳的长、宽之比差距不大，一般统称方凳；长宽之比在 2∶1 至 3∶1 左右，可供二人或三人同坐的多称为条凳；座面较宽的称为春凳。由于座面较宽，还可做矮桌使用，是一种既可供坐又可放置器物的多用家具。条凳座面细长，可供二人并坐。腿足与牙板用夹头榫结构，一张八仙桌，四面各放一长条凳，是城市店铺、茶馆中常见的使用模式。

▲清·黄花梨交杌

●尺　　寸：56 厘米 × 46 厘米 × 52 厘米

●鉴赏要点：杌面不用绳索而代以可折叠、中间有直棂的木框，下有支架。两腿圆材，正面足间设踏床。

▲明·黄花梨束腰长方凳

●尺　　寸：55 厘米 × 49 厘米 × 46 厘米

●鉴赏要点：凳面攒框镶板，冰盘沿下束腰平直。壶门牙子锼镂云纹。方材云腿，内翻马蹄足。腿间有十字交叉枨子，增加了凳子的支撑力及收缩力，从而给人以坚实、厚重的感觉。

长凳，是凳面狭长而无靠背坐具的统称。凳体呈长方形体，其长度至少可供二人并坐，属于日常家居用具，封建社会里通常为小户人家常用。长凳的造型比较精巧，有的可以放在床前做床踏，凳面较宽的还可放于炕上做炕几用。长凳有条凳、二人凳和春凳三种。条凳凳面狭长，大小长短不一，是常见的日常用具。有些条凳尺寸较小，面板厚约一寸左右，多用柴木制成。还有一些条凳尺寸稍大，面板较厚，除供人坐外，兼可承物。

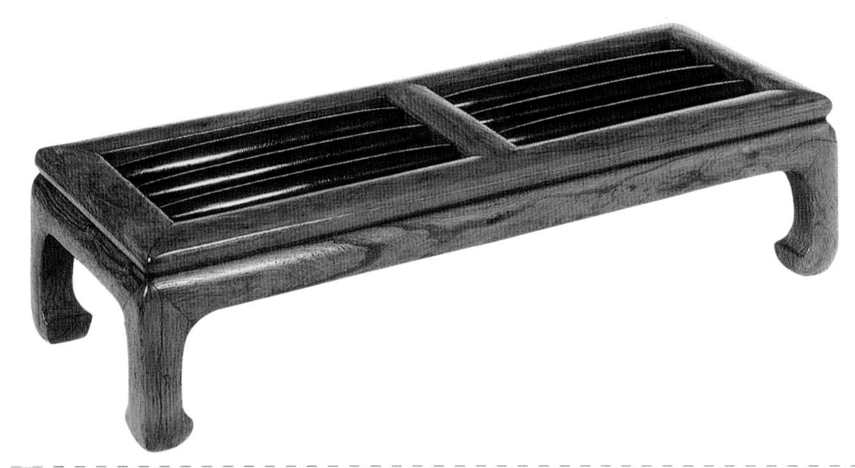

清·黄花梨乌木滚凳

- **尺　　寸**：77 厘米 × 28 厘米 × 17.7 厘米
- **鉴赏要点**：四角攒边框凳面，中间腰抹头，分出两格。每格以抹头凿眼，以三根中间粗、两端细的乌木为滚轴。面下鼓腿膨牙，内翻马蹄足。

清·黄花梨方凳（一对）

- **尺　　寸**：64 厘米 × 64 厘米 × 55 厘米
- **鉴赏要点**：此对方凳采用了较多的装饰手法。牙条、腿足边缘起阴线，足端做出云纹马蹄，牙条下的附加花牙不同于常见角牙，虽雕饰较繁，而年代则较早。

清·黄花梨霸王枨二人凳（明式）

- **尺　　寸**：98 厘米 × 42 厘米 × 49 厘米
- **鉴赏要点**：凳面攒框镶席心，冰盘沿边。面下束腰平直。腿以格肩榫与枨相交后，再延伸直上，与凳面结合。腿、枨内侧起阳角线。腿、面之间另有霸王枨相连，上端连在席下的穿带上，下端固定在腿内侧。直腿内翻马蹄。二人凳也叫春凳，常置于卧室中使用。

方凳，凳面打槽攒板，呈正方形。大的方凳座面大约有两尺见方，小方凳则不到一尺。《长物志》称：“凳亦用铁边厢者为雅，以川柏为心、以乌木镶之最古。不则竟用杂木黑漆者，亦可用。”按照作者文震亨的观点，那种川柏心乌木镶边的方凳最为古雅贵重，并以边框狭窄者为最佳。明式硬木方凳一般为素面，绝少雕饰，棱角圆润光滑。至清代乾隆朝则流行镶玉、镶珐琅、包镶文竹等工艺手法。无束腰方凳以直足直枨为基本式样，腿足无侧脚，造型简单大方。有束腰方凳则以腿间安直枨或者罗锅枨为常见，其腿足式样有三弯腿、鼓腿膨牙式和直腿内翻马蹄式等，腿足下有的还带托泥。

长方凳的凳面呈长方形，它与条凳不同，其长宽比例小。长方凳较为常见，多以一板为面，四腿侧脚收分明显，俗称“四劈八叉”，只供一人使用。长方凳凳面与腿足的结合方式分无束腰和有束腰两种，可以作为式样的特征。有束腰的在形体上十分注重收分变化，束腰下多出肩，可以做出曲腿，如鼓腿膨牙、券门牙子三弯腿等；而无束腰的都用直腿。有束腰的腿足端都做出内翻或外翻马蹄；而无束腰的由于不加束腰，腿足的形式就于方足、圆足之间取舍，足端都不做任何装饰。长方凳凳面的板心，有木框漆心、硬木心、藤心和大理石心等，用材和制作都比较讲究。

清 · 黄花梨方凳

- 尺　　寸：66 厘米 × 51.8 厘米
- 鉴赏要点：方凳黄花梨木制，攒框内装藤面，有束腰。腿间有罗锅枨，直腿内翻马蹄。

清 · 黄花梨仿竹木方凳（一对）

- 尺　　寸：59.7 厘米 × 59.5 厘米 × 46.3 厘米
- 鉴赏要点：凳面四边劈料作，攒框镶席心。面下六根短柱，连接横枨。枨下以圆木做券口。劈料式腿子，四腿间有齐头碰管脚枨。

西藏家具

西藏家具大部分来自于寺院等宗教场所。由于西藏的高原潮湿特性与虫害盛行，对木材的损害十分严重，使有些家具不能长久保留，这是西藏家具存世量较少的原因。由于西藏丰富的宗教资源和悠久历史，西藏同胞的生活都围绕着宗教展开，所有的藏式家具几乎都被绚丽的彩绘所覆盖，图案上翔实地记录着宗教故事和历史传说，使得这些家具在宁静的雪域风格中显出相当丰富的故事性。西藏家具的材质多为雪松木、桦木及杨木等，相对较软。也有些西藏柜有简单的雕刻，选用稀有的高原硬木，但比较少见。西藏家具可以分为箱子、柜子和桌子三大类。桌子是最为普遍的家具，可以用来吃饭、写字，存放茶具、碗具等杂物。有些较低的桌子其实就是经桌，专门用于存放经书、法器等。柜子用来存放酥油、奶酪，这也是西藏柜看起来、摸上去总是油腻腻的原因。但酥油灯的油渍和烟灰也形成了一种有效的保护层。在描绘技法上富有层次，色彩鲜艳，民间意趣浓厚。

圆凳又称为圆杌，凳面为圆形，且有腿足，三足、四足、五足或六足都有，以带束腰的占多数。三腿者大多无束腰，四腿以上者多数有束腰，做法与方凳相同。圆凳的腿足有方足、圆足两种，方足的多做出内翻马蹄、罗锅枨或贴地托泥等式样，凳面、横枨等也都采用方边、方料；圆足的则以圆取势，边棱、枨柱乃至花牙等皆求圆润流畅，不出棱角。明式圆凳造型敦实凝重。三足、四足、五足或六足均有，以带束腰的占多数。三腿者大多无束腰，四腿以上者多数有束腰。圆凳与方凳的不同之处在于方凳因受角的限制，由卜都用四足。而圆凳不受角的限制，最少三足，最多可达八足。

明·黄花梨木八足鼓凳

●尺　　寸：38 厘米 × 49 厘米

●**鉴赏要点**：墩面光素圆形，圆框内镶板，双混面边沿。面下八条腿足呈弧线形，两端向内翻卷。足端连接托泥。从内侧可看出，它的面、腿、托泥均以劈料做成双混面。此墩轮廓、线条都很俊秀，且结构合理。

清·红木嵌瓷板方凳（一对）

●尺　　寸：高 48 厘米

●**鉴赏要点**：此对精致的方凳面部被制成可活动式，侧沿打洼，腿部内侧起线，二节腿的做法显得很壮实，足部外翻叶形马蹄，镶嵌斗彩瓷板，体现了设计制作者的综合审美情趣。

明代圆凳造型敦实凝重，一般有束腰，凳面为圆形、梅花形或海棠形，下带圆环形托泥，托泥下有四龟足，也有六龟足，使其更坚实牢固，做工细致，形制优美。清代无束腰圆凳都采用腿的顶端做榫以直接承托凳面的做法；有束腰圆凳则主要靠束腰和牙板承托凳面。它和方凳的不同之处在于：方凳因受角的限制，面下都用四足；而圆凳不受角的限制，最少可用三足，多者可达八足。

鉴藏指南

中国古典家具文化

中国古典家具不仅是一种艺术品，还是中国文化的重要组成部分，它同中国文学、中国书法和中国绘画等一样自成体系，历史悠久，民族特点鲜明，风格突出，和西方家具有明显区别。中国家具强调线条，突出抽象色彩；西方家具强调功能性，追求实用、舒适性。中国古典家具是中华民族的优秀遗产，是全人类的共同财富，是中国文化极为重要的组成部分。人们的生活方式决定了家具的式样。中国魏、晋时，人们习惯席地而坐，因此对家具的要求不高。直到唐代，人们的生活方式发生变革，人们开始坐在椅子上，双足悬起，中国家具才逐渐兴起。到宋代，家具才开始定型，室内陈设（桌椅几案等）开始讲究起来，制作工艺也基本成熟。到明清时期，中国古典家具达到鼎盛。

明·黄花梨有束腰方凳

●尺　　寸：高46.5厘米

●鉴赏要点：此方凳座面下有平直的束腰。四腿内侧起阳线，与牙板阳线交圈，直腿内翻马蹄，腿间有罗锅枨相连。

清·黄花梨方凳

●尺　　寸：50.2厘米×50.2厘米×50.8厘米

●鉴赏要点：座面四角攒框，带束腰，直腿内翻马蹄，腿间安罗锅枨，枨上装双环卡子花。做工考究，装饰简洁。

清·鸡翅木拐子方凳（四只）

●尺　　寸：46厘米×46厘米×47.5厘米

●鉴赏要点：此组方凳庄重典雅，四腿与凳面平齐，牙板和底枨采用两劈料做法，足部雕刻回纹，空灵的牙板格内加装拐子纹装饰，不但不繁，反而增添了几许华丽。加上难得的鸡翅木纹理，不失为古典家具中的上品。

清·榉木方凳

●尺　　寸：高46.4厘米

●鉴赏要点：座面攒框装板心，冰盘沿无束腰，直腿圆足，腿间安横枨。通体光素，颇具明式家具简洁明快的特点。

晚明文人著述中的明式家具

明式家具的兴盛繁荣在晚明文人的著述中可以窥见一斑。万历时屠隆《考盘余事·起居器服笺》中列举了家具数件。高濂《遵生八笺·起居安乐笺》中有类似的叙述，而长洲文震亨《长物志》的记述更详。屠隆又增列了天然几、书桌、壁桌、方桌、台几、椅、杌凳、交床、橱、佛桌、床、箱和屏等十多种。明人积习，喜欢互相剽窃。三者孰创孰因，姑勿究论，仅起居器用，各书都津津乐道，足见一时的风尚。内容最多的《长物志》，不妨看作是晚明江南文人列举家具品种，兼及使用、鉴赏和带有理论性的一段文字。沈春津《长物志·序》："几榻有度，器具有式，位置有定，贵其精而便、简而裁、巧而自然也。"室内家具陈设的旨趣，在这几句话中已阐发得很清楚了。万历时戈汕所著的《蝶几谱》，详述可用特制的13具三角形几，错综变化，摆出一百多个样式来，相信它是由更早的燕几演变而成的。它等于大型的七巧板，好事人已经把家具的使用发展成为一种家具游戏了。

清·红木狮纹圆凳（一对）

●尺　　寸：44厘米×46厘米

●鉴赏要点：圆凳面为梅花形，边框内镶浅粉色大理石，框边沿饰一圈乳丁纹。束腰，三弯腿，束腰与腿之间的牙板上浮雕葡萄纹。四腿的上部雕有狮面纹，中间雕花卉纹。四根半圆形管脚枨相互交叉，与凳腿相连。兽足外撇。

清·红木圆凳（四只）

●尺　　寸：42厘米×50厘米

●鉴赏要点：材质厚重，包浆温润，秀气玲珑。高束腰镂雕花纹，雕刻工艺精细。造型别致，线条优美。

清·黄花梨长方凳（一对）

●尺　　寸：55.9 厘米 × 52.7 厘米 × 49.5 厘米

●**鉴赏要点**：座面四角攒边框，镶藤心，面下带束腰。直腿内翻马蹄，腿间安罗锅枨。造型流畅，线条圆润。

清·黄花梨长方凳

●尺　　寸：51 厘米 × 40 厘米 × 51 厘米

清·紫檀束腰四足坐墩

●尺　　寸：高 51.5 厘米

●**鉴赏要点**：座面为海棠形，面心镶板，有束腰，鼓腿膨牙，牙条抱肩榫，牙板及腿足皆雕饰花纹。内翻马蹄，下踩托泥，托泥下饰龟足。

清康熙·楠木嵌瓷心云龙纹圆凳

●尺　　寸：41厘米×49厘米

●**鉴赏要点**：座面嵌瓷心，绘青花云龙纹。鼓腿膨牙，牙条抱肩榫。四腿下端格肩榫与托泥结合，形成四个壶门开光。足端带蹼，托泥下饰龟脚。

蒙古族家具

蒙古族古典式的家具是在宋、辽、金家具基础上逐渐发展起来的，并具有浓郁的民族风格和特色，同时突出木材自身的纹理，造型端庄，制造完美而且实用、坚固。所用材质多为桦木，因桦木产于辽宁省，用料运输较方便。但也不乏影木、榆木乃至硬木等优质木料。元代时，蒙古族家具发展到鼎盛时期。半牧半农经济形式的出现，使得家具需求量猛增，更由于蒙古族王公大臣、寺庙喇嘛僧众、大牧主及住在城镇的富商们精神与物质的需求，蒙古式家具逐渐走向用料考究（如已用花梨木、铁梨木等名贵木材）的时代。元代家具在中国家具史上做出了承前启后的贡献，它既抛弃以往一贯采用漆饰加工的制作方法，突出了木材纯朴的材质，又体现了人们追求自然的心理，为以后明清家具留下了广阔的发展空间。明朝建立后，中原的木器家具已发展成“明式家具”，蒙古族家具大体上仍处于保守状态，遂与中原家具日渐有别。近几百年，蒙古族家具上的浅雕、深雕，形成了“穿、花、过、梗、翻、转、叠、掖”等特有的民族形式与制造风格，富有韵味并辅以镶嵌，更增添了许多天然情趣。蒙古族家具，基本的构造是将主要的构件组成一个基本框架，然后根据所需，配以各种不同的附件，用传统木构件的榫卯接合的方式来结合部件，既具科学性，又显示了线条的魅力。

清·柞木禅凳（一对）

●尺　　寸：52厘米×52厘米×49厘米

●**鉴赏要点**：禅凳以柞木制成，硬席面，形制适中，应为古时坐禅之用椅。席心座面下衬硬板，疑为后改。面下束腰牙条下四面平直枨，直腿内翻马蹄。惟马蹄较小，明显为清代做工。

⊙【绣墩】

墩在汉代已经出现，最早时多用竹藤制成。到五代时期，出现了蒙有绣套的圆墩。到了宋代，墩的使用已相当普遍。在宋代的坐墩上，我们看到它往往保留着两种物体的痕迹，即来自藤墩的圆形开光和源自鼓腔钉蒙皮革的鼓钉。在多数的明式木制坐墩上，依然以此为装饰，就是瓷坐墩也不例外。明代坐墩传世极少，即使是清制而具有明式风格的坐墩也为数寥寥。清代坐墩具有较复杂的装饰和较丰富的造型，大开光、起弦纹和乳丁纹等明代简洁做法被摒弃，墩身外墙往往有三四层装饰纹样。墩体由矮硕趋向细高，坐墩高度增加。其制作材料有木、竹、藤、瓷以及珐琅等，墩面常常嵌有影木心，以衬托其华贵。

五代时出现了绣墩，也称坐墩，即在墩面蒙有兼具防尘和装饰效果的绣套。绣墩也是一种无靠背坐具，它的特点是面下不用四足，而采用攒鼓的做法，形成两端小中间大的腰鼓型，上下两边各雕弦纹和象征固定鼓皮的乳丁纹。为便于提携，在中间开出四个海棠式鱼门洞。绣墩在墩面四周常饰有流苏。宋代，绣墩的使用相当普遍，文震亨在《长物志》中提及一种宫中使用的绣墩，“形如小鼓，四角垂流苏”，非常精致可爱。明清以来，绣墩的基本式样是器身开光，两端小，中间略大，吸收了古代花鼓的特点，在上下两头各做出弦纹一道，雕出象征鼓钉的钉帽，腔壁的四周或为素面，或装饰有各种图案。这类坐具大多体型较小，占地面积不大，宜陈设在小巧精致的房间内。绣墩除木制外，还有草编、竹编、藤编、彩漆、雕漆或陶瓷等多种质地。造型多样，色彩纷呈，陈设于厅堂中，绚丽多彩。

清·红木五开光绣墩

●尺　　寸：29 厘米 × 52 厘米

●**鉴赏要点**：此绣墩为红木质地，鼓形。座面系落堂踩鼓式，即打槽装板后，板心与边框齐平。绣墩上下两端边沿有周匝弦纹及乳丁纹。乳丁原本在鼓上起固定鼓皮的作用，而在此用乳钉纹，完全是装饰作用。鼓壁为五条弧形腿子，露出五处开光。腿间做壶门牙子，腿与牙板边沿起阳线，至壶门分心处，又向两侧浮雕卷草纹。绣墩下端有托泥，托泥下安装五足。

清·红木理石面鼓凳（一对）

●尺　　寸：33 厘米 × 45 厘米

●**鉴赏要点**：鼓凳是明清家具中较常见的器物，这对鼓凳光素的上下牙板做成对称的披肩式造型，四腿的壮实与双线海棠形装饰棂格形成对比，使人觉得既稳重又清秀。

明·黄花梨绣墩（一对）

●**尺　　寸**：直径43厘米

●**鉴赏要点**：此对绣墩为黄花梨木质地。鼓形，上下两端边沿装饰弦纹及乳丁纹，弧形腿子与弧形牙板形成鼓腿膨牙，腿与牙板均起阳线且交圈。托泥下安装五个龟足。绣墩五腿间形成五处开光，腿子上下两端较中间甚宽，而中间又向外膨出较多，显示出不惜耗费材料的做法，这些特点较清式有很大差别，所以明式的绣墩，往往有更加稳重的感觉。

清·紫檀五开光坐墩

●**尺　　寸**：28厘米×52厘米

●**鉴赏要点**：坐墩腔壁有五个略具海棠式的开光，上下各有弦纹及乳丁纹一道，这些是明及清前期坐墩常有的特征。坐墩造型自明至清有由粗硕向修长发展的趋向。此墩的制作年代当在清前期。

清·紫檀直棂式坐墩

●**尺　　寸**：29厘米×47厘米

●**鉴赏要点**：此坐墩吸取了直棂窗的做法，故腔壁已无圆形开光的痕迹，而外貌近似一具鸟笼，疏透整齐，形象颇佳。这种设计可能是为了达到充分利用木材的目的。

桌案类家具

桌案类家具包括各种桌子和台案，主要有炕桌、炕几、炕案、香几、茶几、酒桌、方桌、条几、条桌、条案、架几案、画桌、画案、书桌、书案、半圆桌、扇面桌、棋桌、琴桌、抽屉桌、供桌和供案等。

桌子大体可分为有束腰和无束腰两种类型。有束腰家具是在面沿下装饰一道缩进的线条，其中又有高束腰和低束腰之分。低束腰的牙板下一般还要安罗锅枨或霸王枨，否则须在足下装托泥，起额外加固作用。高束腰家具面下装矮佬并分为数格，四角露出四腿上节，与矮佬融为一体。矮佬间装绦环板，下装托腮。绦环板板心浮雕各种图案或镂空花纹。高束腰不仅是一种装饰手法，更重要的是拉大了牙板与桌面的距离，有效地固定了四足。因而牙板下不必再有过多的辅助构件。有束腰桌子无论低束腰还是高束腰，它们的四足都削出内翻或外翻马蹄。有的还在腿的中部雕出云纹翅，这已成为有束腰家具的基本特征。

案的造型有别于桌子，突出表现为案的腿足不在面沿四角，而在案面两侧向里缩进一些的位置上。案面两端有翘头和平头两种形式。两侧腿间大都镶有雕刻各种图案的板心或各式圈口。案足有两种做法，一种是案足不直接接地，而是落在长条形托泥上；另一种不带托泥，腿足直接接地，并微向外撇。案腿上端开出夹头榫或插肩榫。前后各用一块通长的牙板把两侧案腿贯通起来，共同支撑着案面。两侧的案腿都有明显的叉脚。

明 · 黄花梨高束腰条桌

●尺　　寸：98.5 厘米 × 48.5 厘米 × 80 厘米

●鉴赏要点：通体黄花梨木质地。四角攒边框镶板心，光素桌面。板心下三条带，贯穿前后大边。冰盘沿下高束腰。壶门牙子边缘起阳线，与腿子交圈。云纹腿使用抱肩榫，通过束腰与桌面相交，内翻云纹足。

明 · 黄花梨条桌

●尺　　寸：128.3 厘米 × 48 厘米 × 83 厘米

●鉴赏要点：此条桌为黄花梨木质地。整体光素，不施雕琢。面下束腰平直。腿子直下至足，内翻马蹄。腿与牙板皆有阳线且相交。腿间无枨，这样便于人们坐在桌前时，将腿伸到桌下，但又要兼顾它的牢固性，所以在腿上部与面板下的穿带间用霸王枨相连，以起到支撑和拉紧腿子的作用。这种做法是典型的明式家具做工，在明代的方桌上，也普遍应用。这种条桌常置于落地花罩前或窗前使用。

还有一种与案形式器具稍有不同的，其两侧腿足下不带托泥，也无圈口及雕花档板，而是在两侧腿间平装两道横枨。这类家具，如果案面两端带翘头，那么无论大小都称为案；如果不带翘头，人们习惯把较大的称为案，较小的则称为桌。其实，严格说来还应称案，因其在造型和结构上具备案的特点较多。王世襄先生经过多年研究，归纳出腿足在板面四角的属“桌形结体”，四足不在板面四角而在两端缩进一些位置的称“案形结体”。

⊙【长方桌与长条桌】

长方形在人们头脑中的概念是只要长大于宽，且四角各为90°。惟长方桌却专指接近正方形的桌子，它的长不超过宽的两倍。如果长度超过宽度的两倍，那就应称为长条桌（或“长桌”、“条桌”），腿与桌面成90°直角，腿不向里缩进。长条桌有无束腰和有束腰两种基本造型，其他结构形式也较丰富，如有束腰罗锅枨单矮佬直腿条桌、无束腰弓背牙子直腿勾脚条桌等。长条桌与画桌、画案、书桌及书案等宽长桌案相比，结构和造型相同，其区别主要在于后者比前者宽大。清代长条桌一般采取高束腰造型，牙条和腿足上起地浮雕纹饰，图案精美，腿足以回纹马蹄足多见。

▲明·花梨卷草纹长方桌

●尺　寸：94厘米×65厘米×78厘米

●鉴赏要点：此桌桌面呈长方形，攒框镶板心。束腰满雕卷草纹，四角露出桌腿上节，束腰下有托腮。腿牙抱肩榫相交，牙条雕卷草纹。四腿上部为展腿式，雕卷草纹，与牙条连为一体，外翻马蹄；下部为圆柱腿，柱础式足。

▶清初·黄花梨六仙桌

●尺　寸：82厘米×82厘米×87.5厘米

●鉴赏要点：此桌为黄花梨木制，桌面四边打槽装板，无束腰，牙条呈壶门形，罗锅枨，通体边缘起阳线，内翻马蹄。木质纹理优美，工艺考究。

清早期 · 黄花梨束腰雕花画桌

●尺　　寸：高 85.5 厘米

●鉴赏要点：此画桌雕饰精美夺目。面通雕云蝠和灵龙纹饰，腿足和牙子满雕西番莲纹，图案生动流畅。桌面髹黑漆，纹饰精美，穿带倒棱，底面披细麻髹黑漆。腿足两侧的小牙头为挖缺做。这些都是清代宫廷家具上常见的做法。

明 · 榆木二屉条桌

●尺　　寸：160 厘米 × 38 厘米 × 85 厘米

●鉴赏要点：光素桌面，冰盘沿边。面下腿子做混面，腿间有枨，枨与桌面间装矮佬，界为两格，格内装抽屉两具，各有铁制扣吊。抽屉脸做壶门式开光，边沿饰一圈乳丁。腿子上部的外角及中部的内角均装托角牙子。前后腿之间双横枨均为方材，上边做半榫，下边为透榫，使器物更加厚重、结实。

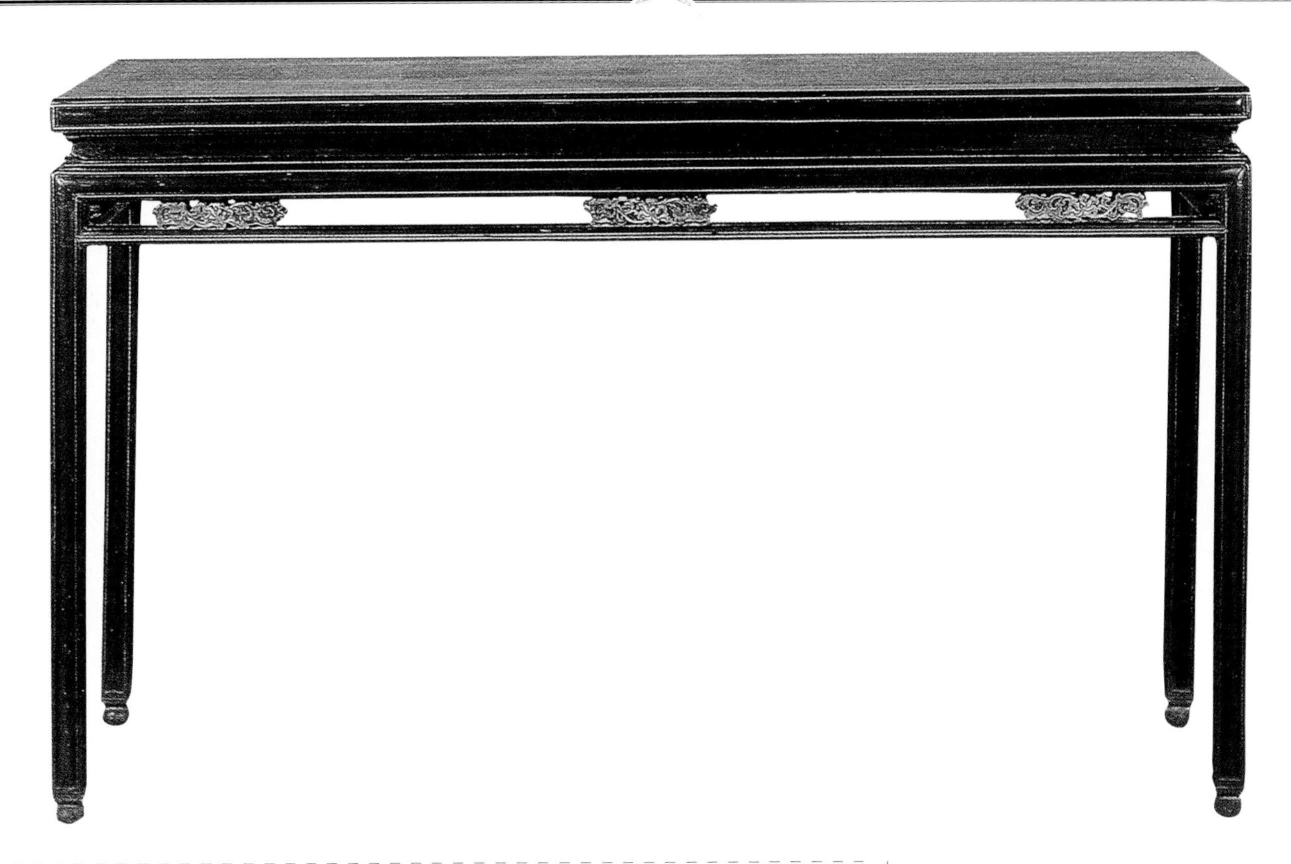

▲明·紫檀嵌景泰蓝卡子花条桌

●**尺　　寸**：144 厘米 × 38 厘米 × 84 厘米

●**鉴赏要点**：光素桌面，四角攒边框镶板心。混面边沿嵌铜丝边线。面下束腰打洼。腿间横枨上，点缀三个珐琅卡子花。腿、枨皆为混面，并嵌铜丝边线。直腿下有珠式足。

▲明·黄花梨石心画桌

●**尺　　寸**：107 厘米 × 70 厘米 × 82 厘米

●**鉴赏要点**：此为一件接近标准式的小画桌，颇具神采的是牙头雕有两凤相背，从古玉花纹变出，清新典雅，镂刻甚精。

古典家具的收藏

古典家具包括两个方面：一种是明代至清代四五百年间制作的家具。这期间工匠们能够用到坚硬细密、色泽优雅、花纹华美的珍贵木材，从而使得一些家具得以流传至今。如今市场上的旧式家具都是从民间收集来经过修复整理后出售的，这部分家具已具有了文物价值，因而价格不菲。还有的只剩一些零部件，比如部分桌面或桌腿是真品，经过修复配上其他部件。这两部分的家具都具有收藏价值。因为原材料奇缺，从民间收购到的旧家具越来越少，卖一件少一件，因而旧式家具价格只涨不跌。另一种是仿明清式家具，是技术工人继承了明清以来家具制作工艺而生产和销售的家具，这类古典家具也是用上好的材料制作的，因而价格也很贵。

⊙【方桌】

四边长度相等的桌子称为方桌。方桌有大、小之分，大的称大八仙桌，可坐八人；小的称小八仙桌，较大八仙桌略小。常见的有一腿三牙方桌、霸王枨方桌和罗锅枨方桌。一腿三牙方桌的侧脚收分较为明显，足端不作任何装饰。桌面四边用材较宽，面下桌牙除横向和纵向外，还在桌角下安一小形牙板，与其他两面桌牙开成135°角，这三个桌牙都同时装在同一条桌腿上，共同支撑着桌面。桌腿有圆形和方料委角形两种，俗称一腿三牙。方桌也有带束腰的，四腿通过束腰支撑桌面，四腿的里侧用霸王枨与桌面里的穿带连接，既起支撑桌面的作用，又固定了四足。常见还有罗锅枨带束腰方桌，是有束腰桌类的一种最普通的做法。凡有束腰的家具，其底足都削出内翻马蹄或外翻马蹄，四足没有侧脚和收分，且都用方腿。无束腰方桌多用罗锅枨加矮佬，个别也有用牙板的，还有用小木条攒接成落曲齿形桌牙的，也很雅观。

明末清初·黄花梨方桌

●尺　　寸：82厘米×82厘米×87厘米

●**鉴赏要点**：此桌为黄花梨木制，全桌无雕饰，透出黄花梨原木本色之美。桌面四边攒框装板，高束腰，罗锅枨，牙条及桌腿外缘起阳线。应为明末清初制品。

清·黄花梨方桌

●尺　　寸：97.2厘米×97.2厘米×86.4厘米

●**鉴赏要点**：桌为方形，光素面板。四边以格角榫攒框，框内打槽镶板，并有二带透过桌面的冰盘沿。沿下束腰平直。腿为抱肩榫，通过枨子、束腰与桌角连接。腿间有罗锅式枨子，内翻马蹄足。桌子通体光素无雕饰。有简练明快且厚重沉稳之感。

清·红木雕拐子龙纹方桌

●尺　　寸：78厘米×78厘米×85厘米

●**鉴赏要点**：方桌红木制，面下打洼束腰，直腿，内翻回纹方马蹄。牙条下另安透雕拐子纹花牙，为清代最常见的一种装饰手法。

清·红木八仙桌

●尺　　寸：97 厘米 × 97 厘米 × 82 厘米

●**鉴赏要点**：此桌通体为红木质地。光素桌面，冰盘沿下高束腰，双条形开光。直腿内翻马蹄。腿间用短料拼接枨子，雕拐子纹、卷云纹等纹饰，另有玉璧纹卡子花。

清康熙·黄花梨雕龙方桌

●尺　　寸：97 厘米 × 97 厘米 × 85 厘米

●**鉴赏要点**：桌面四边攒框，框内侧打槽镶板，板下有穿带两条，带榫透出冰盘沿上。面沿下束腰平直。壶门式牙子雕螭纹及卷草纹，四腿间装有罗锅枨，腿边沿起阳线，与壶门牙交圈，内翻马蹄足。

清晚期·红木拉钱大方桌

●尺　　寸：99 厘米 × 99 厘米 × 82 厘米

●**鉴赏要点**：通体为红木质地。桌面攒框镶板，冰盘沿下束腰打洼。两腿间牙子的纹饰以绳纹玉璧为主体，其中玉璧铲地，起三圈阳线，绳纹为劈料作，并穿过玉璧中心圆孔，向两边拉伸，与两侧的螭纹连成一体。在绳纹上边，另有盘肠纹卡子花。桌腿为展腿式，下半部缩进，外翻云纹足。

明·榉木霸王枨方桌

●尺　　寸：91 厘米 × 91 厘米 × 81 厘米

●**鉴赏要点**：榉木家具主产于长江下游一带，主要是苏州地区。举世闻名的明式家具即以苏式家具为主。这件榉木家具即为典型的苏州明式家具。面下有束腰，束腰与牙条一木连作。腿不用横枨，而用霸王枨直通桌里的穿带上。回纹内翻马蹄，残损已很严重，说明其历经岁月的沧桑。

清晚期·红木嵌瘿木面心双层面八仙桌

●尺　　寸：100 厘米 × 100 厘米 × 86 厘米

清乾隆·紫檀方桌

●尺　　寸：100 厘米 × 100 厘米 × 87 厘米

●**鉴赏要点**：紫檀质地，案面攒框装板，横枨浮雕拐子花纹及具有罗可可风格的花卉装饰。用材精良考究，雕琢工艺精湛，包浆亮丽。两横枨有修配痕迹。

清·硬木嵌螺钿理石八仙桌

●尺　　寸：93.5 厘米 × 93.5 厘米 × 82.5 厘米

●**鉴赏要点**：此桌桌面四角攒边打槽，镶装有精美纹理的大理石面板心。面下束腰平直，上下装有托腮。牙板为透雕的梅花纹，并镶嵌螺钿，下沿作曲齿形。展腿上节为方材，镶嵌缠枝莲纹螺钿，下节圆材光素，马蹄外翻。由于石料增加桌子的自重，所以采用宽大的牙板连接腿子，不仅增加桌子的牢固程度，还能更多地显现螺钿的美感。

保旧家具

保旧家具操作流程如下。1.选家具：观察家具的霉烂程度，确定其能够保旧后再进行修理。2.打开：拆卸时，尽量不伤及原漆，避免动用刨刀。3.配料：看清家具本身的木质及损坏程度及部位，寻找到同质、同色及同纹的木料搭配。4.拼板：所拼板面和侧面要成90°角，胶合拼接要施以一定压力并经过一定温度处理。5.试装：将各部位修整后的零件进行初装。要求保持原来外观，各部件及框架结构要严紧、合理。6.组装：按家具原结构进行合理组装，榫卯结构要严紧.边框要平直，无胶印，表面光滑，四脚取平。

清·紫檀六方桌

●尺　寸：高43.5厘米

明·黄花梨方桌

●尺　寸：95厘米×95厘米×88厘米

●**鉴赏要点**：方桌通体以黄花梨木制作，尺寸标准，高束腰，内翻马蹄腿罗锅枨，形制典雅，制作规整，木质纹理优美，工艺考究。

⊙【圆桌】

圆桌是厅堂中常用的家具，通常一张圆桌和五个圆凳或坐墩组成一套。圆桌一般属于活动性家具，常用以临时待客或宴饮。因此，这种圆桌大多为组合式，使用时组装起来，用毕再拆开加以保存。有的圆桌采用独梃立柱式，面下装活动轴，桌面装好后可以来回转动，极适合在厅堂中招待宾客，既方便实用，又美观大方。圆桌在明式家具中并不多见，如今所能见到的多为清代制品。圆桌分有束腰和无束腰两种，足间或装横枨或装托泥，腿有五足、六足、八足者不等；也有不用腿者，如独梃立柱式，颇富特色。

明清圆桌常常由两张半圆桌拼成，也有整面的折叠圆桌和独腿圆桌。折叠圆桌在继承传统工艺的基础上不断改进折叠方式。除交足式的折叠圆桌外，还有一种"活腿折叠圆桌"，以四足组成三个支撑点，其中两足先以折叠方式固定于面板之下，另两足上部做出榫头，足间连以横枨，其中一足并入先前两足中的一只，也以铰链做成可自由开合的形式。

▲清·鸡翅木半桌（一对）

●尺　　寸：104 厘米 × 89.5 厘米

●**鉴赏要点**：此套半桌为鸡翅木制，淡雅高洁，纹理纤细，变化无穷，充分展现了古代家具制造以纹理为中心的审美情趣和崇尚自然的生活观。而且半桌的造型灵活实用，古代达官贵人皆以拥有这类家具为时尚。

▼清中期·红木圆桌配圆凳

●**鉴赏要点**：圆桌配四个圆凳，面下装纽绳纹牙板，五腿间装有透雕饰件，工艺精细，保存完好，适合成套陈设于厅堂之中。

清·红木嵌理石圆桌配圆凳

●尺　　寸：75 厘米 × 83 厘米（桌）

●**鉴赏要点**：此套家具为红木质地，均采用嵌理石的工艺，高束腰，线条流畅。用料制作极为精到。

近代·红木雕葡萄纹嵌理石圆桌配圆凳（清式）

●**鉴赏要点**：五件套均为红木质地。圆面红木边框，内侧裁口，镶嵌有精美纹理的大理石板心。牙板随圆面一周相交，并镂雕葡萄纹饰。桌凳皆为四条三弯式腿，下部安装双枨。桌与凳结构稍有不同：凳腿直接与凳面边框相交，而桌腿交于桌面下的穿带上。另外，桌腿的横枨间空隙较大，以如意云纹的卡子花填充其间。

清晚期·紫檀面红木腿圆桌

●尺　　寸：84 厘米 × 87 厘米

●**鉴赏要点**：它采用单腿三足式样，柱形桌腿为方材取圆，上饰多道弦纹，上端承接桌面，下端与三足榫接。素混攒框桌面，周遭环镶透雕缠枝纹吊牙，与腿足上的同类花纹站角牙辉映成趣，相得益彰。

鉴藏指南

明代家具风格特点

对于明代家具风格特点的了解和掌握，是欣赏家具、鉴定家具时所必须具备的条件。明代家具的风格特点，细细分析有以下几点：1.造型简练、以线为主；2.结构严谨、做工精细；3.装饰适度、繁简相宜；4.木材坚硬、纹理优美。概括起来，可用造型简练、结构严谨、装饰适度及纹理优美四句话予以总结。以上四个特点，不是孤立存在的，而是相互联系，共同构成了明代家具的风格特征。当看一件家具，判断其是否是明代家具时，首先要抓住其整体感觉，然后逐项分析。只看一点是不够的，只抓住一个特点也是不准确的。这四个特点互相联系，互为表里，可以说缺一不可。如果一件家具具备前面三个特点，而不具备第四点，即可肯定地说它不是明代家具。后世模仿的具备上述四个特点所制的家具，称为明式家具。

⊙【炕桌】

炕桌、炕案与炕几都是矮型家具，它们既可在床榻上使用，又可席地使用。炕桌、炕案与炕几的制作手法较大型桌案容易发挥，故形式多样。它们不仅可以模仿大型桌案的做法，还可以采用凳子的做法。

炕桌是用于炕或床上的矮桌。较之炕几、炕案，炕桌略宽，用时放在炕的中间，而炕几和炕案则置于炕的两侧使用。炕桌在北方地区流行，是因为北方民居屋广炕大，形成了人们在炕上活动的生活习俗。人们无论是吃饭、喝茶、读书、写字，甚至冬日待客等，都是在炕上。明代炕桌广泛使用，最主要的形式是高束腰炕桌，这类炕桌用材以黄花梨木和紫檀木为主，形体宽矮，结构简练，装饰上可分为古朴型和豪华型两类，后者在装饰上较为考究，体现了明式家具典雅、豪华的风格。宫廷、大户人家的炕桌通常制作十分考究，其使用方式相对固定。民间炕桌则讲求简便实用，制作古朴简单。由于贫民家庭无力置办更多家具，因此炕桌的使用比较灵活，有时置于炕上，有时也放置炕下或夏日置于室外使用。

▲明·黄花梨雕龙纹有束腰炕桌

●尺　　寸：94.8 厘米 × 62.9 厘米 × 29 厘米

●鉴赏要点：此桌通体为黄花梨木质。光素桌面，四角攒边打槽装板，面下有穿带两条，贯穿大边成透榫。冰盘沿下束腰平直，有上下托腮，壶门式牙条浮雕草龙。腿子拱肩处雕龙首，以下三弯腿，足雕龙爪。

▲清·黄花梨抽屉式炕桌

●尺　　寸：宽 80 厘米

●鉴赏要点：桌面攒框装板，下设束腰，四面牙板雕双螭纹，牙板与腿足格肩相交处雕兽面纹，四足做兽爪握球形，炕桌正面设一内置抽屉。

▼明·黄花梨高束腰雕花炕桌

●尺　　寸：105 厘米 × 72.5 厘米 × 27.5 厘米

●鉴赏要点：高束腰式，托腮肥厚，腿足上节露明，下节成三弯腿，以圆球足做结束，长而宽的束腰装入边抹底部托腮及腿足上截的槽口内。

清代家具造型及装饰特点

清代家具，经历了近300年的历史，从继承、演变和发展，以至形成自己的独立风格，有着它特殊的背景与经历，乃至独立存在的特色。1.造型上浑厚、庄重。这时期的家具一改前代的挺秀而为浑厚和庄重。用料宽绰，尺寸加大，体态丰硕。清代太师椅的造型，最能体现清式家具风格特点。它座面加大，后背饱满，腿子粗壮，整体造型像宝座一样雄伟、庄重。其他如桌、案及凳等家具，也可看出这些特点，仅看粗壮的腿子，便可知其特色了。2.装饰上求多、求满，富贵、华丽。清中期家具此特点突出，成为“清式家具”的代表作。清式家具的装饰，采用多种材料并用、多种工艺结合的手法。甚而在一件家具上，也用多种手段和多种材料，雕、嵌、描金兼取，螺钿、木石并用。但是，过于追求装饰，往往使人感到透不过气来，有时忽视使用功能，不免有争奇斗富之嫌。

清·黄花梨无束腰仿竹材炕桌(明式)

- **尺　　寸：**94厘米×61厘米×28厘米
- **鉴赏要点：**通体黄花梨木制作。四角攒边框镶板心，光素桌面。劈料作面沿，并雕刻成竹节状。裹腿做的角牙、圆形的腿子，皆做成竹节状。

清早期·黄花梨有束腰小炕桌

- **尺　　寸：**高23.2厘米
- **鉴赏要点：**造型古雅，尺寸虽小，用料却不薄，面下设穿带两根，多处包裹铁镀金饰件。

清·黑漆描金炕桌

- **鉴赏要点：**炕桌通体髹漆描金，桌面四边描金枣花锦纹地，开光处描金绘折枝花卉。中间长方形面心，黑漆地描金花卉。面沿平直，饰枣花锦纹。沿下四面相连曲边牙条。短料攒接拐子枨。四腿呈重叠宝塔状。牙条以下，皆为描金缠枝花卉。

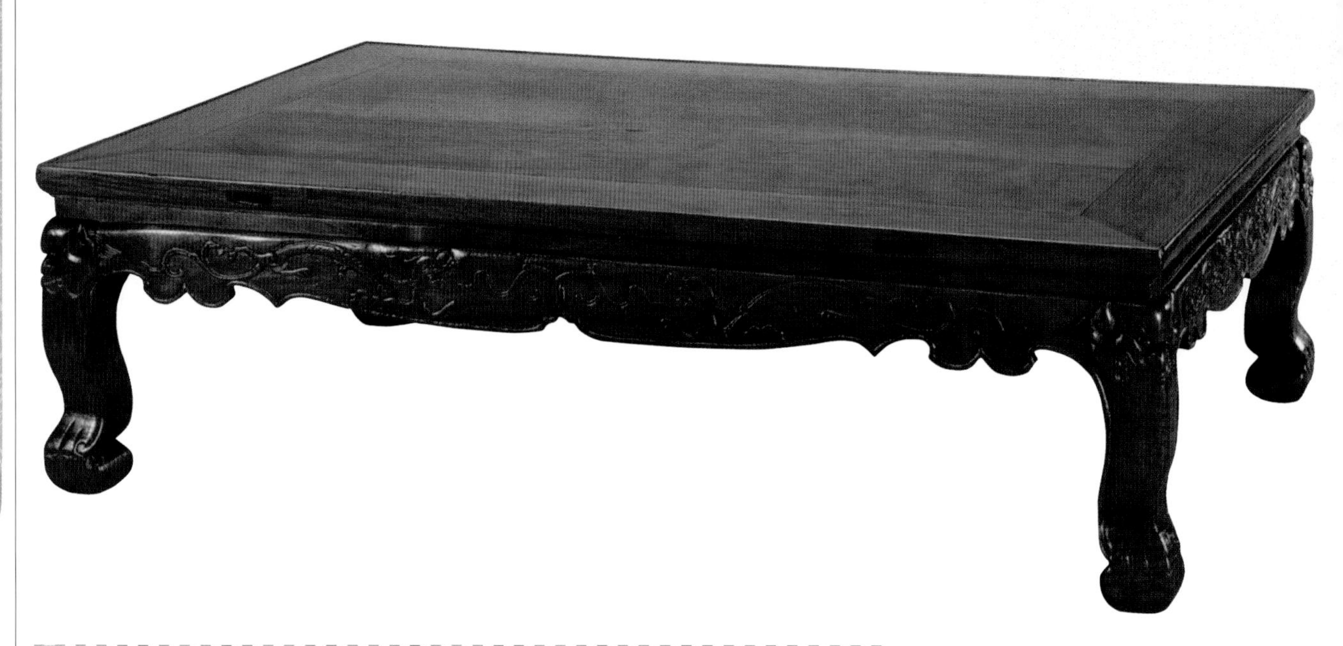

明·黄花梨炕桌

清·紫檀束腰雕花炕桌

●尺　　寸：76.8厘米×66.6厘米×30.6厘米

●鉴赏要点：此炕桌整体较光素，只在四面牙板上雕花纹。有束腰，直腿内翻马蹄式足。

明式家具蕴涵文人气息

按照传统，明式家具的设计者大多是文化气息甚浓的文人雅士，由他们设计出家具图样后，再交由出色的木工制作而成。在设计层面上，明式家具设计中文人的参与度比其他的器物的设计要高。在家具设计之时，设计者往往会将自己的奇思妙想融合到家具设计之中。这一点体现在明式家具设计上，即是家具设计的造型优美、稳重及简朴；各组件的比例讲求实用与审美的一致；装饰讲究少而精，淡而雅。明式家具好比一杯好茶，入口味淡，再三品尝则回味无穷。所以，有设计师甚至认为，明式家具是用来观赏而不是用来使用的。

清·紫檀束腰雕花炕桌

●尺　　寸：96厘米×57.5厘米

●鉴赏要点：此炕桌为紫檀木质。有束腰，四面牙板雕花，宽牙条，膨牙拱肩三弯腿，外翻马蹄。

清雍正·紫檀漆面炕桌

●尺　　寸：96 厘米 × 54.5 厘米 × 35 厘米

●**鉴赏要点**：炕桌髹漆桌面，混面桌沿。以短材做高拱罗锅枨。挖牙嘴式腿，为整料做成，其间透雕云纹，内翻回纹足。在腿、枨间，有随形的抽屉，抽屉脸髹漆镶铜拉手。此桌造型特异，为罕见之物。

明·黄花梨草龙牙板三弯腿炕桌

●尺　　寸：92 厘米 × 56.5 厘米 × 28.5 厘米

清·红木嵌螺钿理石炕桌

●尺　　寸：81.5 厘米 × 49 厘米 × 29 厘米

●**鉴赏要点**：此桌为红木质地。桌面为四角攒边框，内沿裁口，镶装有自然形成精美纹理的大理石板心。腿子与桌面沿齐平，为四面平式。桌面边沿及腿上部镶嵌螺钿。展腿上方下圆，外翻卷云式足。镂雕子孙万代葫芦牙板。这种造型的炕桌，在清末曾大量出现，常被置于床榻的中间位置使用。

⊙【炕案】

炕案是矮型桌案的一种，但比炕桌要窄，通常顺着墙壁置放在炕的两头，上面可以摆陈设品或用具。炕案呈案型结构，四足缩进，不在四角。满人在入关前以游牧为生，起居习惯以席地为主。入关后，他们还保留着原有习惯，因而在清代家具中，这类低型家具占有相当大的比重。现在北京故宫博物院各宫殿的床、炕上还陈设着这类家具。它们既可以依凭靠衬，又可放置器物，有时也可用于饮宴。

炕案和炕桌的功用相同，但其使用范围不如炕桌普遍。炕案一般多见于名门大家和富有家庭中，它与炕几同属于比较高档的工艺型家具。而炕桌则各种家庭都使用，结构可繁可简，做工可精可粗，是大众化的通用型家具。

▲明·黄花梨云头牙子炕案

●尺　　寸：50 厘米 × 22 厘米 × 46 厘米

●鉴赏要点：腿部正面打洼，背面裹圆，插肩榫，云头牙板起细阳线，双横枨间装有绦环板。工艺一丝不苟。此炕案选料整齐，花纹美丽。

▲近代·鸡翅木炕案（清式）

●尺　　寸：145 厘米 × 38 厘米 × 43 厘米

●鉴赏要点：此炕案为架几案式，只是形体较矮小，通体光素无纹，造型典雅大方。

▼清乾隆　紫檀雕回纹小炕案

●尺　　寸：90 厘米 × 33 厘米 × 34 厘米

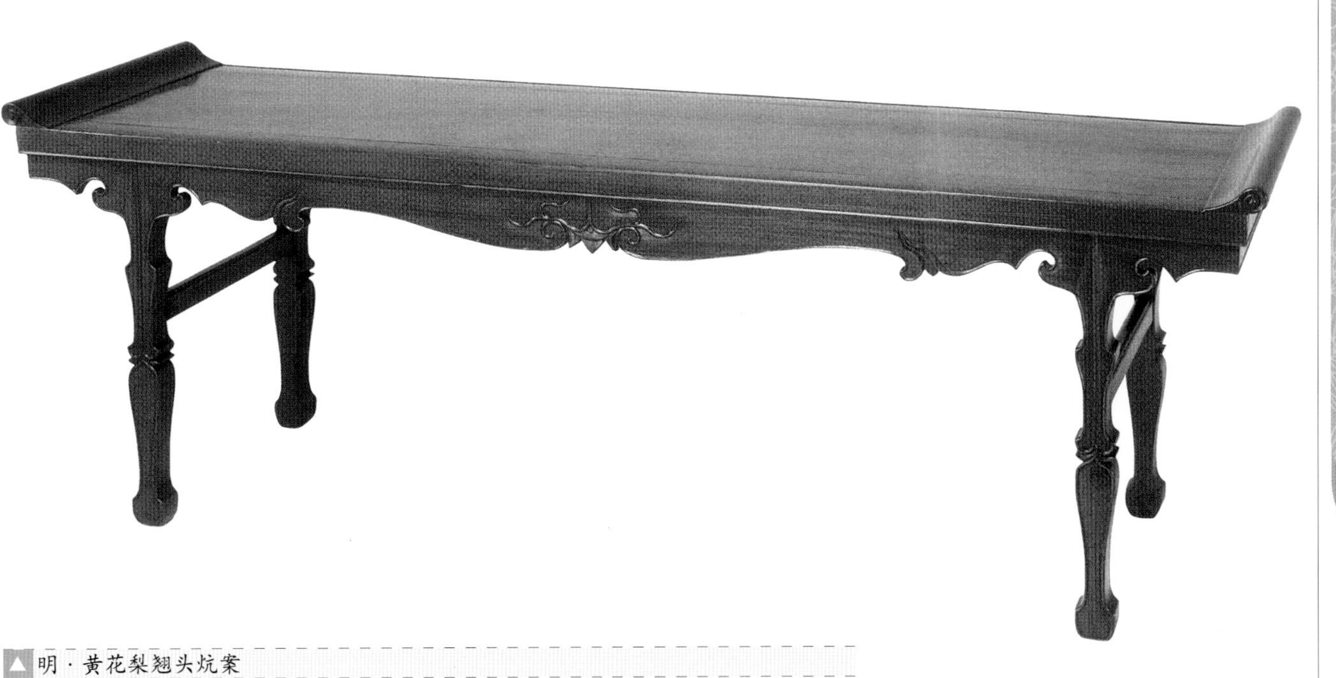

明 · 黄花梨翘头炕案

●尺　　寸：139 厘米 × 37.5 厘米 × 47.5 厘米

●鉴赏要点：此件翘头炕案，腿足与牙条间所雕饰的曲线极为流畅生动，黄花梨木纹理优美，具备了明代家具之优点。云纹牙头，线条流畅。

明 · 黄花梨炕案

●尺　　寸：长 132 厘米

●鉴赏要点：此炕案通体为黄花梨木质地。案面两端安装翘头，有别于平头案。案面四角攒边框，内沿裁口镶装板心。抹头较大边宽出许多，便于案面两边安装翘头，牙板是通长的，与腿相交处，雕出有承珠的云头。腿子上部出槽，夹着牙板云头，再与案面大边结合，名为夹头榫结构。腿做混面双边线，四腿下端向外撇出，形成侧脚，从而使器物更加稳重，而且线条也更加流畅，造型更加美观。

中式古家具与现代家具在居室中的协调搭配

由于中式古家具的木质纹路、雕刻花纹和颜色具有独特之处，要显示出这方面的优势，就要注意灯光、地面和墙壁对它的烘托作用。灯光柔和可凸显出木材的天然质感，浅色的墙壁则能够烘托出中式古家具的典雅韵味。中式古家具的造型和色泽十分抢眼，对不想改变原有现代气息的家庭来说，家中摆设中式古典家具的数量不能太多，大空间里摆设整套显得气派；一般的家庭，只需要购买一两件即可，贵在点睛。例如时尚而精致的现代沙发，在客厅中显得富有时代气息。而成对的圈椅或官帽椅，同样也可以与西式沙发和平相处，不仅营造出东方特有的风采，而且也很具有实用功能。如在会客厅内放置一款做工精致、图案精美的花台与茶几，会带来意想不到的效果；在餐厅中，四把没有扶手的中式靠背椅可以与餐厅配置，形成一个极具中国风味的用餐区，而方形或者圆形的椅凳又因为移动方便，也可以兼做茶几。中式屏风美观而雅致，如果作为划分空间区域之用也别有风味。

⊙【炕几】

炕几始于宋代，从其发现和考证的情况来看，炕几在当时还不是很普及。从明代开始，炕几渐渐盛行。明清两代炕几的使用非常普遍，而且有很大的讲究。它主要流行于北方地区，尤其适合于深宅大院室内设置的大木炕床。

明式炕几一般都注重材料的合理使用，造型简洁而无过多的装饰，既实用又坚固，和元代炕几相比较已经有了很大的发展。而清式炕几与清式家具的特点是一致的，即崇尚华丽繁缛，用材厚重而富于变化，装饰性很强。另外，清式炕几在结构上较明式炕几更为复杂。

炕几一般由三块厚板直角相交，几面呈长方形，足底有的平直落地，有的向内或向外兜转，往往形成卷书状。其两端立板或光素，或开光，或雕花纹。炕几和炕案只是形制不同，长短大小则相差无几，具有几型结构的是炕几，具有案型结构的是炕案，它们都比炕桌窄得多。人们通常将炕几顺着墙壁置放在炕的两头，上面可摆陈设品或用具。北方一般家庭则将被子叠好后放在其上。

▲清·红木镶影木面炕几

●尺　　寸：高 33 厘米

●鉴赏要点：此炕几为红木质地。几面四角攒边框，内沿裁口，镶影木面心。普通桌案的面板是平直的，而此几则与之不同，由于几腿向两侧膨出呈圆弧状，几面边沿抹头，也随腿形成为坡面。坡面的长度与面沿的厚度不一，使得与腿相交的格肩角度出现偏差，因而增加了制作的难度。面下沿起阳线，与腿交圈。牙板以镂空的寿字为中心，向两侧镂雕拐子纹。由于腿子的弧度过大，木料的纤维组织易受损，所以，腿子与其内侧的牙子，为一木连作，也镂出拐子纹。这样，使腿子去掉了臃肿，增加了秀巧，从力学的角度看，也是非常必要的。腿足雕出卷书式内翻足。

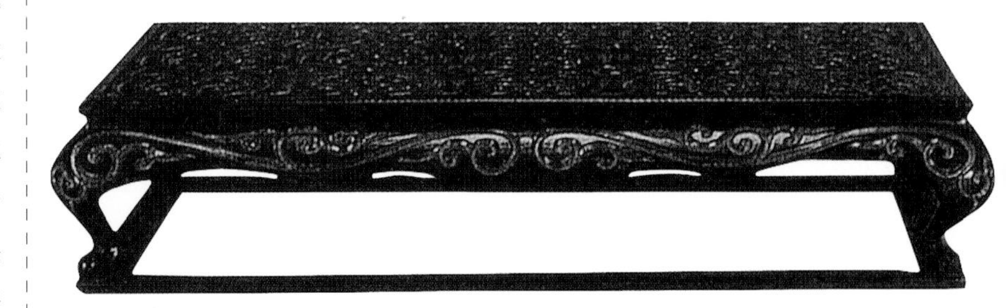

▲清晚期·剔犀黑漆如意云纹炕几

●尺　　寸：83 厘米 × 51 厘米 × 32 厘米

●鉴赏要点：几面及牙板满雕如意云纹，鼓腿膨牙，足下装托泥。整体造型比较高雅华美。

▼清·紫檀长方小几

●尺　　寸：34.4 厘米 × 15.5 厘米

●鉴赏要点：几面光素无纹，面下高束腰，雕出卷云纹牙条。腿下踩长方形托泥，带龟足。

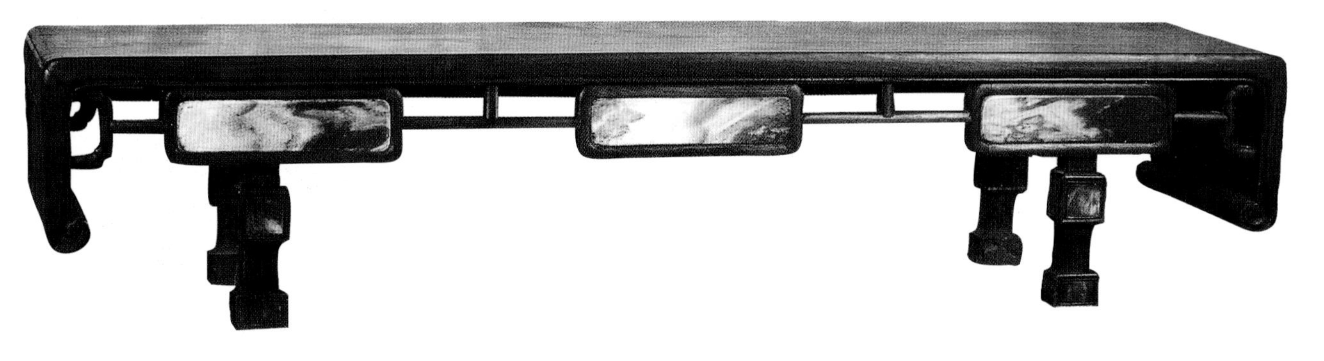

清·红木大理石炕几

● 尺　　寸：156 厘米 × 34 厘米 × 32 厘米

● **鉴赏要点**：这是一款造型较为特殊的家具，牙板处制成横枨形式，嵌三块大理石。两端做成很深的下卷，为仿古代板足而制。四足呈稳重的方马蹄造型。通体别致而富有观赏性。

清·黄花梨单屉三弯腿炕几

● 尺　　寸：60 厘米 × 60 厘米 × 53 厘米

● **鉴赏要点**：此炕桌三弯腿，马蹄足外翻，束腰部分有抽屉。

清·雕漆文人图炕几

● 尺　　寸：88 厘米 × 57 厘米 × 31 厘米

清乾隆·鸡翅木嵌瓷板小几

● 尺　　寸：34.6 厘米 × 29 厘米

⊙【条案】

条案的做法多为夹头榫结构，两侧足下一般装有托泥。个别地区也有不用托泥的，但两腿之间都镶一块雕花档板，案面有平头和翘头两种。条案是中国古代厅堂陈设中最常见的家具。它有特殊的形制，腿应稍偏中，而非两端，四腿外侧桌面部分称为“吊头”。形体较窄小的条案陈设比较灵活，书斋、画室、闺阁及佛堂等高雅场合更为多见。平头案有宽有窄，有的长宽差距并不大，而翘头案则绝大多数都是长条形。明代翘头案多用铁梨木和花梨木制成，两端的翘头常与案面抹头一木连作。

▲明·黄花梨下卷案

●尺　　寸：140 厘米 × 32 厘米 × 41 厘米

●**鉴赏要点**：通体为黄花梨木质地。长方形光素案面。板式腿，卷书式内翻足。腿、面结合部为燕尾闷榫，以至不露榫眼痕迹。此案具备了明式家具的多种特点，在造型方面，它的“几”字轮廓清晰明了；在结构、用材方面，黄花梨的板式面、板式腿，结合部的闷榫，以及平装的卷书足，简练而实用。通体没有过多的修饰，给人以质朴之感。

▲明·黄花梨平头案

●尺　　寸：180 厘米 × 58 厘米 × 82 厘米

●**鉴赏要点**：此案以黄花梨木制作，木质精美。面板为整块独板，大边硕壮。圆腿，素牙头，腿间带两根横枨。结构为夹头样式，侧脚收分明显。整体光素简洁，为明式家具的典型样式。

清·红木独板大条案

●尺　　寸：316厘米×39厘米×112厘米

●鉴赏要点：通体为红木质地。光素面，边沿饰双混面灯草线。前后牙子不同，其中一面为实木带牙头的牙板，两条腿上端打槽，夹着牙头与案面相交，属夹头榫结构；另一面则用短料攒接成拐子纹牙子，并分成三段，中间为券形牙子，两侧为托角牙子，均属挂角榫结构。这种造型、结构的做法，尤显奇特。腿之间有两条横枨，下枨带券形牙板。四腿向外微微撇出，系仿香炉腿形式。

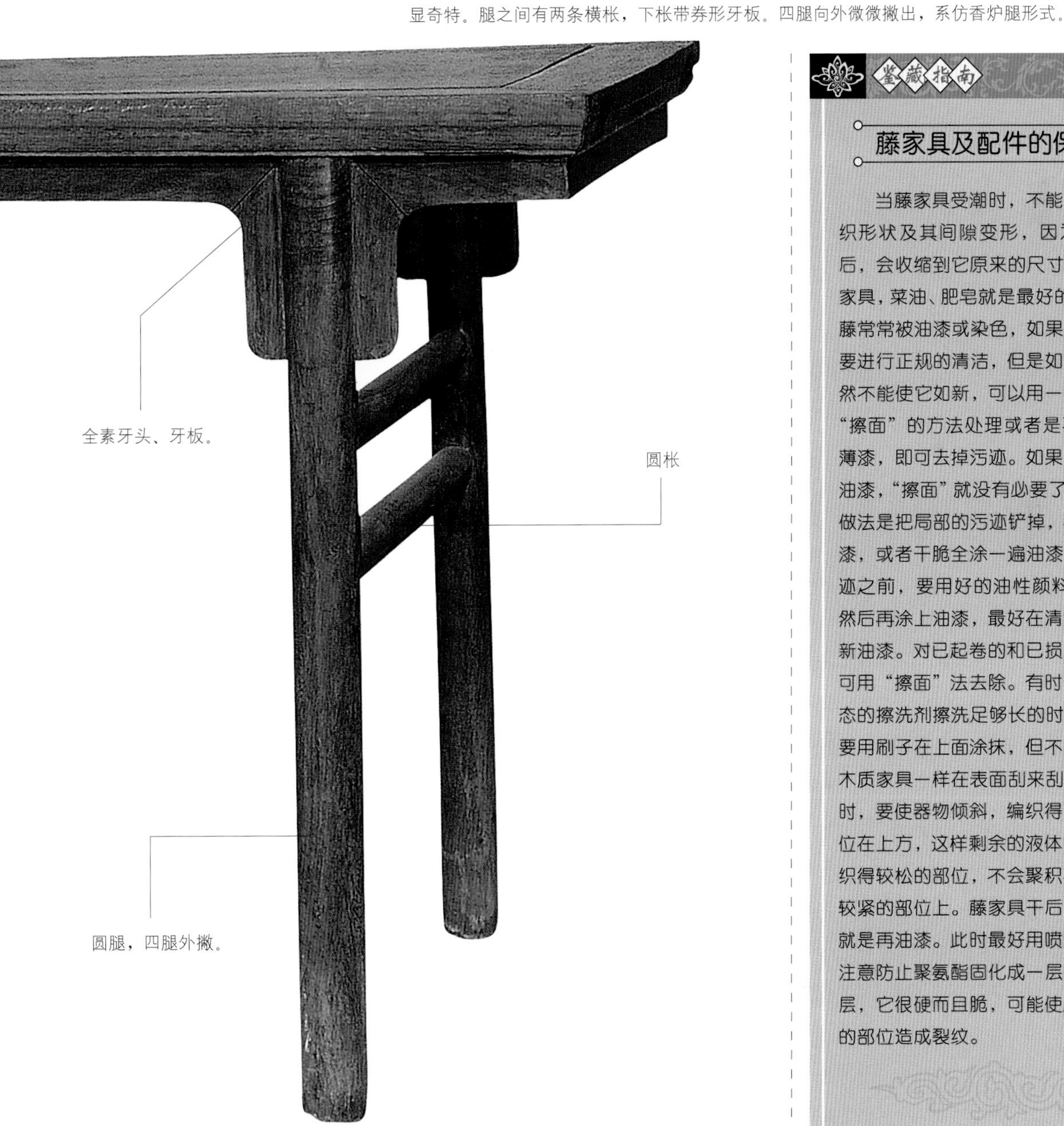

鉴藏指南

藤家具及配件的保养

当藤家具受潮时，不能让它的编织形状及其间隙变形，因为藤干燥后，会收缩到它原来的尺寸。清洗藤家具，菜油、肥皂就是最好的清洁剂。藤常常被油漆或染色，如果脏了，需要进行正规的清洁，但是如果清洗仍然不能使它如新，可以用一种称之为“擦面”的方法处理或者是再刷一道薄漆，即可去掉污迹。如果家具没有油漆，“擦面”就没有必要了。适当的做法是把局部的污迹铲掉，再涂上油漆，或者干脆全涂一遍油漆。铲掉污迹之前，要用好的油性颜料涂一遍，然后再涂上油漆，最好在清洗后再重新油漆。对已起卷的和已损坏的油漆可用“擦面”法去除。有时也需要液态的擦洗剂擦洗足够长的时间，因此要用刷子在上面涂抹，但不能像涂饰木质家具一样在表面刮来刮去。涂饰时，要使器物倾斜，编织得紧密的部位在上方，这样剩余的液体会流向编织得较松的部位，不会聚积在编织得较紧的部位上。藤家具干后，下一步就是再油漆。此时最好用喷涂法，要注意防止聚氨酯固化成一层塑性的表层，它很硬而且脆，可能使所有弯曲的部位造成裂纹。

▲明·紫榆翘头案

●尺　　寸：193 厘米 × 40 厘米 × 88 厘米

●鉴赏要点：此案案面两端装翘头，面下四腿以夹头榫各夹一镂雕草龙的花牙，与案面相接。花牙之间互不相连，为增加其牢固度，或与案面相连，或出榫与案面相接。前后腿间各有二枨。腿枨皆为方材，腿足下端微微出叉，名曰“骑马叉”。

鉴藏指南

古家具收藏

中国古家具收藏分为三个时期：第一时期为民国至1985年；第二时期为1985年～1995年；第三时期为1995年之后。第一时期，除少数收藏家，如萧山朱家、北京费家等外，西方藏家蜂拥而至。当时的收藏标准是家具中的精绝之作，且以漆家具最为珍贵，今天在美国大都会博物馆、美国费城博物馆、英国大英博物馆及法国吉美博物馆中都可以看到“鸿篇巨制”的中国漆家具，这都是在这一时期流散出去的。第二时期，是中国古家具流动的最快时期。仅十年时间，成千上万的优秀中国古家具就以奔涌之势流向境外。由于国内刚刚改革开放，百姓们对古老的家具弃之毫不心痛，致使古家具收藏的最好时机丧失。外国人却在这场变革中大大受益，境外的中国古家具收藏家基本上都在这一时期完成了“原始积累”。第三时期，中国开始有了自己的拍卖行。古家具在拍品中虽数量寥寥，但影响非凡。残存在大街小巷的古典家具身价立刻倍增，国人自己开始注重古家具中蕴含的巨大财富，几百万元一件的家具让国人目瞪口呆。价格的飞速上扬，从客观上促使一大批家具留在了本乡本土。

▲明·黄花梨翘头案

●尺　　寸：104 厘米 × 40 厘米 × 89 厘米

●鉴赏要点：案用黄花梨木制成。案面两端嵌装翘头。面下牙条两端镂出云纹，并贯穿两腿之间。两腿上端打槽，夹着牙头与案面相接。前后腿之间装双横枨，腿、枨皆为圆材。四腿均向外撇出，具有明显的侧脚收分。案通体光素、简洁，造型沉稳、大方，尽显明式家具的明快之感。

明·黄花梨雕龙翘头案

●尺　　寸：150 厘米 × 42 厘米 × 97 厘米

●**鉴赏要点**：案用黄花梨木制成。两端翘头隆起，向外微卷，并封堵案面的截面。面下牙板横穿案腿，腿上部打槽，夹牙头与案面相交，名为夹头榫。牙板中部有二龙相对，中间一变体的"寿"字，两端各有二龙在腿子两边。案形腿结构，腿作混面双边线，下端向外撇出。前后腿之间有管脚枨，枨下有牙条，枨子及腿子内侧有槽口，似曾装有档板或绦环板。

明·黄花梨卷草纹翘头案

●尺　　寸：252 厘米 × 42.5 厘米 × 94 厘米

●**鉴赏要点**：案面两端翘头雕花纹，带束腰，直牙条上雕回纹，牙头雕卷云纹，牙条与腿夹头榫结构，腿与档板一木连作，透雕卷草纹，腿下承须弥式托泥。案面与腿足可开合。此案雕刻繁复精美，特别是腿与档板连作并满饰雕刻，在明代家具中不多见。

明·榉木云头翘头案

●尺　　寸：223 厘米 × 54 厘米 × 84 厘米

●**鉴赏要点**：通体为榉木质地。案面两端平装翘头。面下牙条与云纹牙头以格肩榫相接于腿子两侧，前后牙板末端以牙堵封堵。腿子作双混面，前后腿之间有云纹档板，腿子下端落在托泥上。此案造型稳重而不失俊秀，华美又不失质朴，当属精品。

清乾隆·鸡翅木雕蜂窝平头案

●尺　　寸：194 厘米 × 45 厘米 × 86 厘米

●**鉴赏要点**：标准的带托泥平头案。牙板浮雕规则的蜂窝六角纹，两侧券口透空，双面雕蜂窝。式样稳重、端庄，装饰性极强，是典型的乾隆年间作品。

⊙【画案】

画案是专门用于铺纸作画的一种家具。画案一般为平头案，尺寸较宽大，就是较小型的，也大于半桌，因此画案不属条案类。画案的结构、造型往往与条案相同，只是在宽度上要增加不少。为了便于站起来绘画，画案基本没有抽屉，案面下的空间较为宽阔，既可以坐在案前书写，又可以临案作画。从魏晋南北朝开始，画案渐渐流行。隋唐五代时期的画案多为宽面长体大案。两宋时期，画案主要是托泥高座式，造型简朴大方。明清以来，随着对家具的形体美、做工美的追求，画案的制作和装饰更为讲究。

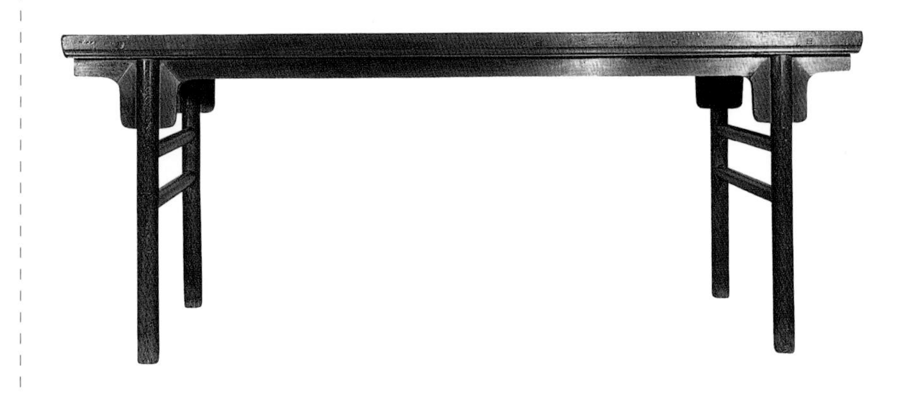

明·楠木画案

●尺　　寸：196 厘米 × 70 厘米 × 79 厘米

●**鉴赏要点**：此案楠木制。牙条、牙头与腿用托角榫结构。圆柱腿双横枨，有明显的侧脚收分。通体光素无雕饰，造型简练舒展，稳重大方。

明·黄花梨大画案

●尺　　寸：214 厘米 × 80 厘米 × 79 厘米

●**鉴赏要点**：通体以黄花梨木制作。案形结体，夹头榫结构，两侧牙头与当中的牙条不仅一木连作，且用一块整料镂出云纹。腿面饰双混面双边线，腿间装双横枨。侧脚收分明显，充分显示了明代家具的气势和风度。

清乾隆·紫檀雕博古图画案

●**尺　　寸**：169 厘米 × 83 厘米 × 84 厘米

●**鉴赏要点**：画案通体为紫檀木质地。光素案面，无束腰。面下券形牙板，有蝠衔磬纹、蝠衔钱纹连接绦环边线，线内浮雕博古图案。几形腿，嵌装档板，绦环内浮雕博古图案，环外有树木花卉。腿内侧镶卷书式足。

夹头榫

鉴藏指南

明代家具的用材

明代家具木材纹理自然优美，呈现出羽毛或兽面等形象，令人有不尽的遐想。充分利用木材的纹理优势，发挥硬木材料本身的自然美，是明代硬木家具的一大特色。明代硬木家具用材，多数为黄花梨木、紫檀木等。这些高级硬木，都具有色调和纹理的自然美。工匠们在制作时，除了精工细作而外，并不加漆饰，亦不做大面积装饰，只是充分发挥、充分利用木材本身的色调、纹理的特点，形成自己特有的审美趣味及独特风格，这是明代家具的突出特点。

⊙【架几案】

架几案是清代常见的家具品种。现存明代历史资料尚未见架几案的形象，因此说架几案应是入清后才出现的新品种。架几案一般形体较大，其上可摆放大件陈设品，殿宇中和宅第中厅堂常摆设这种家具。它的形制与其他家具不同，由两个特制大方几和一个长大的案面组成，使用时将两个方几按一定距离放好，将案面平放在方几上，"架几案"由此得名。架几案主板较厚，是为了适应承重的需要，放置盆景、山石、雕塑和自鸣钟等器物。架几案开始盛行是在入清以后，在南方，体型超大的架几案还被称为"天然几"。

▲清·红木架几写字台

●尺　　寸：85 厘米 × 53 厘米 × 123 厘米

●鉴赏要点：写字台通体光素。台面为一板独做，用料宽厚。左右架几上各有两屉，共有四具抽屉，屉上带"U"字形铜拉手，原配锁，做工精细。抽屉口起一周灯草线，简洁明快，放置书房之中最显雅静。

▼楠木架几案配楠木椅

●尺　　寸：架几案 243 厘米 × 75.5 厘米 × 87 厘米
椅子 67.5 厘米 × 56 厘米 × 116 厘米

清·紫檀云蝠纹架几案

●尺　　寸：385.5 厘米 × 52 厘米 × 95 厘米

●**鉴赏要点**：此架几案案面侧沿雕云蝠纹，面下有两个架几，架几有束腰，亦透雕云蝠纹。几壁有勾云形开光，开光透雕蝙蝠、寿桃等纹饰，实用性强，造型洒脱大方。

清中晚期·红木架几案

●尺　　寸：310 厘米 × 48 厘米 × 99 厘米

●**鉴赏要点**：架几案是明末清初出现的品种，讲究的以一块独板做面，两端用两个方几支撑，摆在较大的厅堂中，倍增雅趣。此案为红木制，方几两个，上承板面。方几为四面平式，面下饰透雕绳纹拱璧，中间带屉，足下有横枨，镶透棂屉板。

购买古典家具的注意事项

明清家具因为已具有了文物价值,因而价格不菲；而仿明清式家具，通常是用上好的材料制作的，因而价格也很贵。在购买仿制的古典家具时，要在材质上分清，是花梨木还是鸡翅木，是红木或是紫檀木，都很有讲究。如果一件古典家具标明是红木或是紫檀木的，而价格却很便宜，那一定不是真的。如果标价属实，还要看它的具体材质，因为每一种材料也分高、中、低档。比如紫檀木就有十几种，进料时每立方米从几千元到十几万元人民币的价格都有，因而作为非专业的消费者很难分清，这就要求消费者在购买时要到信誉良好的厂家和商店中去购买。如果看上了一件价格不菲的古典家具，更要找个懂行的人同去。选购时，要仔细检查家具的每一处外观和细部,如脚是否平稳成水平状；榫头结合的紧密度如何；查看是否有虫蛀的痕迹；抽屉拉推是否灵活；接合处木纹是否顺畅等。

⊙【茶几】

茶几一般以方形或长方形居多，高度与扶手椅的扶手相当，用以放杯盘茶具，故名。它是由明代的长方形香几演变来的，传世的大量实物中，多为红木、花梨木制品，未见有年代较早的。显然，茶几是一种清式家具。一般来讲，茶几比香几矮小，但更玲珑精致，有的做成两层式，比较容易与香几相区别。清代茶几较少单独摆设，往往和扶手椅成套放置在厅堂两侧，其造型、装饰、色彩与座椅相一致，这也是区别清代茶几和香几的一个重要方面。另外，有的茶几足间带有一层屉板，可以放杂物。

清末·红木雕花茶几

●尺　　寸：48 厘米 × 48 厘米 × 77 厘米

●鉴赏要点：此方几用材厚重，颇显稳重大方。面沿做泥鳅背式，束腰正中饰灯草线，直牙条，浮雕螭纹。四腿展腿式外翻兽头纹马蹄。展腿之间饰螭纹、拱璧纹，足间装四合如意纹底屉。

鉴藏指南

鉴别明清与民国茶几

明清茶几与民国茶几的腿足有很大区别，可以作为茶几断代的重要依据。明清家具中的茶几从来都是直腿的，这种直腿是从几面到地面为直通的一根料。而民国风行的茶几样式，几面与腿是两部分连起来的，尤其是腿，弯而凸出的部分用各种图案加以装饰，腿在中部开始向内收，快到接地部分又往外翘，整体呈曲线流动状。这样的曲线家具在清代花几、香几中偶有所见，但在民国家具中则十分普遍，为这个时期家具的一个显著特征。

近现代·黄花梨茶几（清式）

●尺　　寸：49 厘米 × 32 厘米 × 76 厘米

●鉴赏要点：此对茶几通体为黄花梨木质。分两层，上层几面光素，四角攒边框，打槽装板。下层在横枨上裁口装板。上下两层均雕有云纹牙子，并与边枨一木连作。腿分两节，为展腿式，上节足部雕花，下节内敛，足为外翻马蹄。

清·红木雕花嵌理石茶几

●尺　　寸：49 厘米 × 38 厘米 × 82 厘米

●**鉴赏要点**：几面四边框的内侧均为弧形，裁口装银锭形大理石面。面下为打洼的束腰，上下有托腮。洼堂肚式牙板，正中浮雕一篆体“寿”字，两侧各一团寿纹。腿与牙的格肩处雕蝠纹。腿分两节，为展腿式，上节雕蝠衔团寿纹饰，内翻足。下节收敛，外翻卷云式足，腿间有一高碰头枨子，枨子下沿为曲齿形，上侧内沿裁口，装光素膛板。

清中期·红木四合如意纹收腿式方茶几

●尺　　寸：43.5 厘米 × 43.5 厘米 × 82.5 厘米

●**鉴赏要点**：此茶几以红木制作。冰盘沿面下设高束腰，束腰下托腮浮雕缠枝莲纹，下装拐子龙纹花牙。拱肩展腿，外翻卷草足。腿间安四面平管脚枨，内镶板心。

明式家具的消费人群

明式家具的消费人群多是有一定阅历和财力的人。通常整套的明式家具要放在较大的环境中，才能体现主人儒雅的气质。此外，明式家具还有以下几类追捧者：一些年纪偏大的人，对明式家具有特别的喜好，但他们的爱好范围，仅局限于平时耳熟能详的某类明式家具或饰品，如衣柜、首饰盒等；一些旅居中国的外籍人士，对中国的传统文化有着特殊的兴趣，在中国的家中用的自然多是明式家具；另外，还有一部分年轻人钟爱明式家具古朴、庄重的外型，也乐于购买，只不过他们更看中款式而不是材质。购买明式家具的三大理由：1.爱其形态文秀典雅，材质温润，欣赏价值高；2.明式家具高档，有文化品位，能显示室主身份；3.出于收藏的考虑。

清早期·红木四合如意纹收腿式茶几

●尺　　寸：47.5 厘米 × 47.5 厘米 × 75 厘米

●**鉴赏要点**：红木制。束腰下托腮，雕如意纹。腿足内收，足间为四面平管脚枨，外翻式足。

⊙【香几】

香几因承置香炉而得名。香几多为圆形，腿足一般弯曲得较为夸张。不论在室内还是在室外，香几多居中放置，四无傍依，宜人欣赏，体圆而委婉多姿者较佳。

香几一般成组或成对出现。佛堂中有时五个一组用于陈设五供，个别时也可单独使用。古代书房中常置香几，用于陈放美石花尊，或单置一炉焚香。形制多为三弯腿，整体外观似花瓶。

《遵生八笺·燕闲清赏》中关于香几的描述很详细："书室中香几之制有二，高者二尺八寸，几面或大理石、岐阳玛瑙石，或以骰柏楠镶心，或四角、八角，或方，或梅花，或葵花、慈姑，或圆为式，或漆，或水磨渚木成造者，用以阁蒲石，或单玩美石，或置香橼盘，或置花尊以插多花，或单置一炉焚香，此高几也。"香几的式样很多，有高矮之别，有的不专为焚香，也可用来摆放各式陈设、古玩之类。

▲明·黄花梨木三弯腿大方香几

●尺　　寸：高88厘米

●鉴赏要点：此香几用料毫不吝惜，腿上半部四分之一处做一停留，内敛径达10厘米，然后顺势而下，迅速变细，至足内翻球，足外饰卷草，蹬踏有力。牙板与束腰一木连作，浮雕卷草纹，柔婉肥硕，四角仿雕铜包角纹，颇为新颖。

▶清初·填漆戗金香几

●鉴赏要点：此香几为双几并联式，几面填漆戗金，束腰下托腮及牙角上均雕花卉纹，足底承双环套连式托泥。

▲明·黄花梨荷叶式六足香几

●尺　　寸：73厘米×50.5厘米×39.5厘米

●鉴赏要点：几面荷叶式，两层高束腰，双层绦环板和托腮，上层透雕卷草纹，下层开鱼门洞，牙子分段相界，雕成花叶形，覆盖拱肩，雕工精美，做工考究。

⊙【套几】

套几是清代制作得十分有特色的家具。几面呈长方形或方形。套几可分可合，使用方便，一般为四件套，同一式样的几逐个减小，套在上一个腿肚内，收藏起来只有一个几的体积，其他小几套在其中，故名“套几”。套几以苏作为多，深受文人雅士的喜爱。因其便于陈设，至今在外销器中仍很受欢迎，是中国家具的传统产品之一。

如何确定老家具的真伪

要确定老家具的真伪，有几点是必须掌握的。一看包浆是否自然。二看家具的腿脚是否有褪色和受潮水浸的痕迹。三看家具的底板和抽屉板，比如老的桌子和闷户柜等，底板和抽屉板就有一股仿不像的旧气味。如果看到榫眼两头是圆的，就说明是机器加工的，肯定是新仿品。四看木纹，硬擦的木纹总有一种不自然的感觉。五看翻修痕迹。有些布面的椅子在翻新后，原有的椅圈上会留下密密麻麻的钉眼，这种椅子就是老的。六看铜活件。老家具的铜活件如果是原配的，应该被手摩挲了几十年甚至几百年。

▲清晚期·红木四联套几

●尺　　寸：52 厘米 × 36 厘米 × 65 厘米（最大几）

●**鉴赏要点**：几面为攒框落堂装板，面板下装云纹牙板。面板与腿足间为粽角榫结构，直腿内翻卷云纹马蹄。腿足间安罗锅枨。

▼近现代·红木雕云蝠纹套几（清式）

●尺　　寸：高 72 厘米（最大几）

●**鉴赏要点**：此套几为红木质地，一组四件，造型相似。通体雕饰龙纹。几两山抹头及前后枨子内侧有较深的裁口，面板嵌入后，四周形成拦水线。其中三件为三面罗锅式管脚枨子，两侧为券口牙子，前脸用直牙条，皆为二龙戏珠纹饰。最小一件为四面齐头碰罗锅枨子，四周皆有券口牙子，如此便于套装，使四件合为一体。

⊙【花几】

花几又称花架或花台，除少数体型较矮小外，大都比较高，是一种高型几架，专门用于陈设花卉盆景，多设在厅堂各角或正间条案两侧。花几比茶几出现时间还要晚，大约出现在五代以后。自宋元时期，花几的制作数量开始增多，但这种细高造型的几架在明代还是比较少见的，可能到清中期以后才渐趋流行，因为在清中期以后的绘画作品中才能常常看到花几的身影。清时花几盛行，流传于世的大多是此时期的作品。清代时花几为上层社会所喜用，特别是官宦大家使用较多。花几因多用于陈设花卉、盆景而被赋予了一种高洁、典雅的意蕴，给人以超脱世俗之感，是装点门面、追求高雅的必需品。

花几制作用料十分讲究，上品皆取自花梨木、紫檀木等名贵木材；造型上则崇尚高雅舒展，尤其是腿足的设计甚为精巧；装饰上除常见的烫蜡、髹漆和雕刻花纹图案外，还采用雕填、戗金和包贴等手法，特别是骨珠玉石类的镶嵌艺术更为豪华，如几面嵌大理石、岐阳石、美玉和玛瑙，有的还嵌以五彩瓷面或楠木。嵌料的形状依几面而变化，如多角形、方形、梅花、如意和圆形等，十分醒目。

花几中还有一些超高花几，花架大都较高，通常在100厘米以上，有的甚至达170～180厘米。清代官宦大家使用较多，陈设在厅堂各角或正殿条案两侧，是专为陈设花卉盆景而用的。此种高花几出现于清代道光、咸丰朝以后，清代晚期绘画及版画插图中屡见描绘，早期资料未见。目前这类传世高花几，绝大多数系酸枝木制成，时代都在清晚期至民国时期。

▲清·楠木雕梅花纹花几

●尺　　寸：高91.5厘米

●**鉴赏要点**：此花几通体为楠木胎髹漆。圆形几面，面心板微微隆起，沿为素混面，面下为打洼束腰。鼓腿膨牙，腿子中部缩进，至足部翻出成三弯腿，四腿间有十字交叉的枨子。腿及牙板均雕有梅花图案，牙板为透雕，腿为浮雕直至足部。花几通体雕龟背锦纹漆地，又运用浮雕、透雕等多种技法做装饰。通过腿子的弧度，可看出其用料超大。

▲清·紫檀雕云龙方花几

●尺　　寸：高96厘米

●**鉴赏要点**：此花几通体为紫檀木质地。光素几面为四角攒边框镶装三拼板心。面下高束腰，浮雕变体回纹，上下有肥厚的托腮。四腿间均有镂雕云龙纹券口牙子。直腿内侧起阳线，内翻回纹马蹄，落在方形托泥上。托泥为劈料式，并与足一木连作。

▼清·硬木花梨木花几（一对）

●尺　　寸：51厘米×39.4厘米×85厘米

●**鉴赏要点**：此花几为花梨木制作。通体光素无纹，有束腰，腿间管脚枨为罗锅枨。

清·苏作影木高花几（一对）

●尺　　寸：70 厘米 × 38 厘米 × 114 厘米

●鉴赏要点：束腰，高足，形制秀丽。几面板为影木面，为明式家具造型。

清中期·苏作红木花几（一对）

●尺　　寸：39 厘米 × 39 厘米 × 95 厘米

●鉴赏要点：此花几以红木制成，为苏式风格的家具。高束腰，隔断开鱼肚门圈口，直腿，足下安罗锅枨。

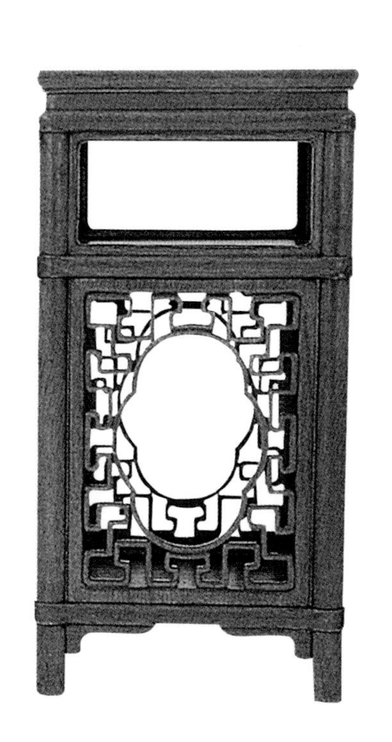

清·械木雕花花台（一对）

●尺　　寸：70 厘米 × 44 厘米 × 93 厘米

●鉴赏要点：械木制花台仿竹节式，采用圆裹圆制法，下层四周制成海棠形镂空花板，造型别致新颖。

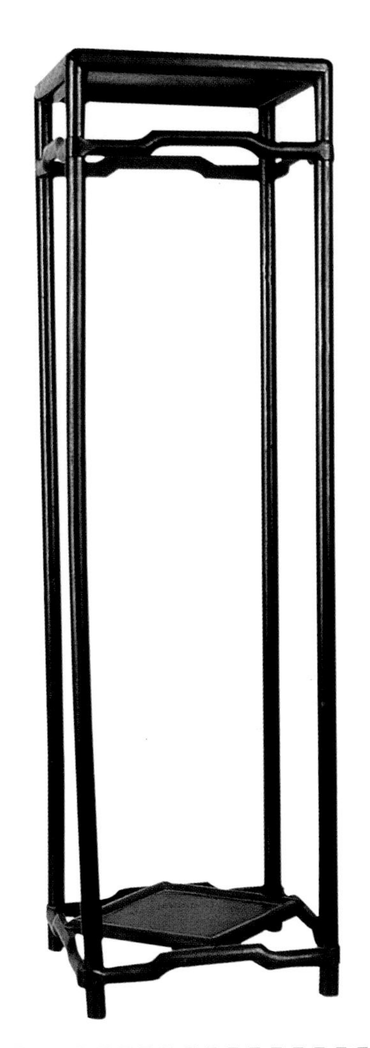

清·紫檀花几

●尺　　寸：高 63 厘米

●鉴赏要点：此花几通体由紫檀木制成，造型优美，线条简练，为古人书房中陈设之器。

⊙【琴桌】

琴桌是专门用于弹琴的一种家具，有单人琴桌和双人琴桌两种。桌面有石制的，也有木质的。一般说来，琴桌要用干透的松质木料制成，桌面不可太厚，薄木面易同琴音产生共振，从而增加音量。琴桌必须做得稳固，不能摇动，以免影响弹奏效果。一般合适的书桌可以代替琴桌。

专用琴桌与普通桌子的规格不同，一般比普通桌子短小，也相对较低；反之，琴凳要高，以两膝能放进桌下为宜，便于演奏技巧的发挥。一般的琴桌长100～110厘米，宽40厘米，高70～72厘米。另外，也有端头处开槽（放置琴轸用）的大号琴桌。

专用的琴桌早在宋代就已经出现。宋代赵佶的《听琴图》中所绘的琴桌，面下设有音箱，四围描绘着精美的花纹。明清时期的琴桌大体沿用古制，尤其讲究以石为面，如玛瑙石、南阳石或永石等，也有采用厚木面的。除了这些以外，更有以郭公砖代替桌面的。因郭公砖都是空心的，且两端透孔，使用起来音色效果更佳。还有填漆戗金的，以薄板为面，下装桌里，与桌面隔出3～4厘米的空隙，桌里镂出钱纹两个，是为音箱。桌身通体线刻填金龙纹图案，这恐怕是目前所见的最华丽而又实用的琴桌了。

▲明·黄花梨两卷角牙琴桌

●尺　　寸：118.6厘米×53厘米×82厘米

●鉴赏要点：通体为黄花梨木质地。光素桌面由四角攒边而成。桌面各边与腿子以抱肩榫相交，且面沿与腿子齐平，为四面平式。方材直腿，内翻马蹄足。腿间无横枨，仅用两个翻卷的角牙，交于桌面的大边上，从而起到固定腿子的作用。

▲清·黑漆琴几

●尺　　寸：127厘米×49厘米×44厘米

●鉴赏要点：此几通体为木胎髹黑漆。面沿做委角，黑素漆几面，两端连接弧形板式腿。腿上有一圆形开光，其中有灵芝纹装饰，腿下端内翻为卷书式足。整体造型简练、古朴，没有虚华、臃肿的装饰，线条流畅、俊雅。

◀清中期·红木琴桌

●尺　　寸：137厘米×31厘米×81厘米

●鉴赏要点：此琴桌八足，桌面下卷出勾云纹。卷草纹牙板，外翻拐子形足。有罗可可风格，造型轻盈文雅。

清·红木琴桌

●尺　　寸：长115厘米

●鉴赏要点：此桌通体为红木质地。光素桌面，大边做劈料式双混面，两端弯曲下卷为卷书式。腿间有落曲齿枨子，并雕有流云纹。案形腿结构，但是无档板，只有上下两条稍宽且对称的枨子。腿子不同的部位宽窄有别，并做劈料状，系仿藤制家具的做法。

鉴藏指南

“高仿”与“作旧”

“高仿”与“作旧”是两个不同的概念。“高仿”不仅是仿器物的年代，也仿它的神韵。既要形似，也要神似。许多经典古家具，本身具有很高的艺术性，要仿出味道、仿出品位来，是需要极高的水平的，没有对传统家具艺术的深透理解是做不到的。“作旧”就简单了，只要看上去“旧”就成。有些厂家，新的好的做不了（没那个水平），干脆就做旧的，似乎老家具都是一些破烂货，以此来掩饰自己的无能和短处。真正“高仿”出来的家具，绝不是那种破破烂烂的家具，虽然说有些工艺与“作旧”手法有雷同，但结果却完全不一样。所以，不能只看过程，还要看结果。

清中期·红木拐子龙纹牙板琴桌

●尺　　寸：127厘米×53厘米×86厘米

●鉴赏要点：琴桌红木制成。面下有束腰，牙条下另安透雕夔龙纹花牙。四腿间里口起线，俗称混面单边线。回纹马蹄。做工精细。

⊙【棋牌桌】

棋牌桌是供弈棋、打牌的专用桌子，多为方形。这种桌子通常为双层套面，个别还有三层的，但不多见。套面之下，做出暗屉，供存放各种棋具、纸牌或骨牌之用。暗屉有盖，盖的两面各画一种棋盘。棋桌相对两边的桌侧，各做出一个直径10厘米、深10厘米的圆洞，供放围棋子用，上有小盖。如果不弈棋时，放好上层套面，则如同普通方桌。称之为棋桌，是指它具备下棋等娱乐游戏的功能和条件，实际上，它是一种包括弈棋等活动在内的多用途家具。

明清时期，棋桌相当流行。其造法与今天稍有差别，是将棋盘、棋子等藏在桌面边抹之下的夹层中，上面再盖一个活动的桌面。下棋时揭去桌面，露出棋盘；不用时盖上桌面，等于一般的桌子。凡用这种造法制作的棋桌，今天皆名之曰“活面棋桌”。至于桌子的大小和式样，并非一致，半桌式、方桌式都有，还有一种较为特殊的棋桌可以拉开伸展，形成相当于三张方桌大小的长方桌，实际上就是一种折叠式的桌子。

▲清·花梨木雕花嵌银棋桌

●尺　　寸：55厘米×45厘米×15厘米

●鉴赏要点：花梨木制。桌面嵌银，有束腰，牙板雕精美花纹。三弯式腿。

◀清·硬木活面棋桌

●尺　　寸：76.3厘米×76.3厘米×81.9厘米

●鉴赏要点：此棋桌双层套面，活动式面板。下装罗锅枨，中间安矮佬。

▼明·紫檀棋桌

●尺　　寸：长78厘米

●鉴赏要点：此桌通体为紫檀木质地。光素桌面，沿起双边阳线。高束腰雕竹节纹，并做劈料式，其下托腮雕波浪纹。鼓腿膨牙，腿也作劈料式，腿间有罗锅枨，正中镶海棠式卡子花，腿足内翻，落在托泥上。束腰之所以用料宽大，缘其内暗藏有空仓，桌面可随意取下，露出空仓时，可将棋、牌、筹码等放置其中。器物造型异常秀美，且结构巧妙。

▲清·铁梨木嵌螺钿云石棋桌

●尺　　寸：60 厘米 × 55 厘米 × 15 厘米

●鉴赏要点：桌面镶云石片，面边沿及牙板镶嵌螺钿，弯腿内翻马蹄式足。

▲清中期·红木嵌大理石棋牌桌

●尺　　寸：76 厘米 × 73 厘米 × 61 厘米

●鉴赏要点：棋桌双层套面，面下做出三抽屉。抽屉以大理石镶面。卷草式足。

▲清·黄花梨方桌式活面棋桌

●尺　　寸：88.3 厘米 × 88.3 厘米 × 84.5 厘米

●鉴赏要点：此棋桌为活面式，棋盘、棋子均被藏在桌面边抹之下的夹层中，上面盖活动桌面。桌面下有束腰，装罗锅枨，直腿内翻马蹄式足。

鉴藏指南

明代家具的装饰手法

明代家具的装饰手法，可以说是多种多样的，雕、镂、嵌及描，都为所用。装饰用材也很广泛，珐琅、螺钿、竹、牙、玉和石等，样样不拒。但是，决不贪多堆砌，也不刻意雕琢，而是根据整体要求，做恰到好处的局部装饰。如在椅子背板上，做小面积的透雕或镶嵌；在桌案的局部，施以矮佬或卡子花等。虽然已经施以装饰，但是整体看，仍不失朴素与清秀的本色，可谓适宜得体、锦上添花。

专题

古典家具的价值确定

一件家具的价值一般应包括材质价值、科学价值、艺术价值和实用价值等。百年以上的古家具，则具有历史价值。一般来讲，材质价值是指其用材的优劣及珍贵程度；科学价值是指其结构合理，榫卯精密；艺术价值，指做工及雕刻水平的优劣；实用价值，指能满足人们生活的需要。此外还有雕刻和装饰题材是否具有浓厚的思想性及文化内涵等问题。

价值标准	详解	示例
材质价值	檀香紫檀，短材（不超过1米）人民币6.6万元／吨；做大条案、长桌及柜类等大件家具，须用长材，长度在1～2米者，其价位为人民币110万～180万元／吨。	紫檀雕福寿圆盒
	草花梨木，老挝、缅甸产草花梨人民币8 000～9 800元／吨。越南花梨600～3 000元／吨。柬埔寨花梨人民币1万～1.6万元／吨。非洲花梨人民币4 000～5 000元／吨。黄花梨，海南岛特产，其做椅子等小件家具的短材一般人民币760万～800万元／吨；而做大件的原木要人民币6 000万元／吨。	
	黑酸枝木，带咖啡色或浅灰色，人民币3万～4万元／吨。深黑色密度大的黑酸枝木小料为人民币5万～6万元／吨，中料为人民币11万～16万元／吨，大料为人民币38万元／吨左右。红酸枝木与黑酸枝木价格差别不大。白酸枝木人民币1.1万～1.8万元／吨。	红木嵌粉彩花卉纹壁瓶挂镜
	黑鸡翅木人民币8 000元／吨。黄鸡翅木人民币6 000～7 000元／吨。	
科学价值	明显的侧脚收分。人的双眼看物存在视觉误差，越远则视之越小。例如人的视线高度在1.5米，桌子的高度是80厘米，椅面的高度是50厘米左右，如果没有侧脚收分，在视觉效果上必然有头重脚轻的感觉。有了侧脚收分，不仅视觉效果美观，而且使家具颇具稳定感。	核桃木官帽椅
	符合人体自然曲线的结构设计。如明代圈椅的后背角度，其背板全部用厚板挖制而成，呈“S”形，它是根据人体脊背的自然曲线而设计的。	燕尾榫
	科学合理的榫卯结构。利用硬木强度高的特点，以较小的断面制作出精密复杂的榫卯。一件家具，都要由若干构件组成，构件与构件之间，都通过各种形式的榫卯，把各个构件巧妙地结合起来，形成一个整体。有的部位，可以接纳来自不同方向的六至七个构件。一件好的古典家具，无论造型艺术，还是结构力学，都已达到炉火纯青的程度，具有重要的科学价值。	鼻头榫

价值标准	详解	仿品示例
历史价值	纪年价值。器物本身要有确凿的年代依据，如款识、年号款，标明此器为何朝、何年、何月制；有购置款和纪念款，即某人何年何月从何处购得此器，或某人何年何月在某地订作或制作而留的纪念款。	张照题诗及款识
	地域信息。有的家具反映出了生产地点，对了解各地方家具特色有很大帮助。	
文化价值	反映了中国传统的文化思想和审美情趣。审美观念体现在家具上，是在满足使用功能的前提下，将家具的每个部件施以不同艺术造型，或以各种手法对构件表面装饰各类纹饰，使器物既具实用性，又具观赏性，在视觉效果上给人以心情舒畅的感受。人们在这样一个赏心悦目的氛围中，既满足了舒适安逸的生活需要，同时家具上的装饰花纹所表现出的含义还可以给人以思想上和精神上的满足。	龙纹官皮箱
工艺价值	雕刻。雕刻手法又细分为平雕、浮雕、圆雕、透雕、综合雕和毛雕六种。	雕屏
	镶嵌。镶嵌又名“百宝嵌”。分两种形式，一种平嵌，一种凸嵌。	黑漆嵌螺钿圆碟
	彩绘。一般分为单色漆和加彩漆两大类。单色漆以黑素漆居多，其次为红漆、紫漆、褐漆或黄漆等。加彩漆都是在单色漆的基础上进行的，又包括洒金、描金、描漆、描油、填漆及戗划。	
保存现状	主要是看它的结构是否遭到破坏，破坏的程度如何，零部件是否丢损，丢损的数量多少。那些原结构未遭破坏，构件基本完整，仅是松动或是散架的，仍可算作保存完好，保持有原物价值。而因缺件、折断、豁裂、变形和腐朽，必须更换构件的古代家具，就不能保持原物价值，其价值高低，要看修复后主体的保存情况而定。	香几

橱柜类家具

橱柜类家具的主要用途是储藏物品。橱的形体与案相仿，有案形和桌形两种。柜是指正面开门，内中装屉板，可以存放多件物品的家具。门上有铜饰件，可以上锁。柜和橱的区别在于，柜的形体较大，有两扇对开的门；橱的形体较小，在橱面之下有抽屉。橱柜的形制很多，有圆角柜、方角柜、两件柜、四件柜、亮格柜和闷户橱等。

⊙【橱】

橱是案与柜的结合体，兼有案、抽屉和闷仓三种功能，是主要用于收藏日常衣物用品的家具。橱的形体与桌、案相仿，上面是桌、案的样子，面下有抽屉；下部是封闭的柜，民间使用较多。有炕橱、闷户橱及三联橱等形制。桌面下安抽屉，两屉称联二橱，三屉称联三橱，大体还是桌案的形式，只是使用功能上较桌案发展了一步。闷户橱是具备承放物品和储藏物品双重功能的家具。闷户橱与三联橱的区别是：闷户橱的抽屉下面有闷仓，没有能开启的两扇门；柜腿与柜面相交，上下不垂直，为上小下大，有“侧脚”。

⊙【橱柜】

橱柜是一种兼具柜和橱两种功能的家具，等于在橱的下面装上柜门，具有橱、柜及桌案三种功能。橱柜一般形体不大，高度相当于桌案，柜面可做桌案使用。面下安抽屉，抽屉下安柜门两扇，内装膛板，分为两层。门上装铜饰件，可以上锁。明清两代的橱柜种类很多，在做工、特点和风格上与桌案一样，分桌式和案式两种。桌式橱柜都没有侧脚和收分，或有侧脚也不明显，光凭眼看很难分辨。案式橱柜的板面长出橱身的两山，四框的立柱和腿足皆一木贯通，有明显的侧脚和收分，分为平头和翘头两种。不论桌式也好，案式也好，在明清两代居室陈设中，都是很普遍的家庭用具。

▲明·铁梨木独板二屉闷户橱

●尺　　寸：107厘米×40厘米×89厘米

●鉴赏要点：案形结构，设抽屉两具，屉面上开光，贴雕花券口。壶门光素，腿与橱面拐角处装卷叶纹托脚牙。四腿外撇，侧脚收分。此造型为典型的明式风格。

▲清中期·黑漆高浮雕花鸟葫芦万代四门六屉柜

●尺　　寸：135厘米×50厘米×65厘米

●鉴赏要点：无束腰桌型结构，通体罩黑漆。两上角各对开二门，中间有立栓。镶铜制合页、面叶、拉手。中间浮雕花篮、石榴，两侧绦环板为寿桃、绶带鸟纹。另有六具抽屉，皆有铜制拉手。直腿内翻回纹足，腿间大垂洼堂肚，牙板上浮雕葫芦万代及回纹。

⊙【圆角柜】

圆角柜全部用圆料制作，顶部有突出的圆形线脚（柜帽），不仅四脚是圆的，四框外角也是圆的，故名圆角柜，也可称为“圆脚柜”。圆角柜柜顶前、左、右三面有小檐喷出，名曰“柜帽”。从结构来看，柜角之所以有圆有方，是依有柜帽和无柜帽来决定的。柜帽的有无，则依装门的不同方法决定。柜帽转角处多削方棱，遂成圆角。此种柜多用较轻的木料制作，外表上麻灰，再罩红漆。尽管采用轻质木料，但因形体高大，又加上表面漆灰较厚，重量仍很大。圆角柜的四框与腿足不分开，各以一根圆料制作而成，侧脚收分明显。板心通常以纹理美观的整块板镶成，两门中间有活动立栓，配置条形面叶，北京人俗称“面条柜”。这类柜子两门与柜框之间不以合页（即铰链）结合，而采用门轴的做法，即用木门轴直接插入，既转动灵活，又便于拆卸。由于圆角柜多为木轴门，且木轴门多使用圆材，因此圆角柜也多有“木轴门柜”的别称。

圆角柜有两门的，也有四门的。四门圆角柜形式与两门相同，只是宽大一些。靠两边的两扇门不能开启，但可拆装。它是在柜门上下两边做出通槽，在柜顶和门下横带上钉上与门边通槽相吻合的木条。上门时，把门边通槽对准木条向里一推，木条便牢固地卡住柜门。两侧门安好后，再安中间的两扇门，中间两扇门因须开闭活动，做法与两门柜的形式相同。在中间两扇门的中间，还有一条可拆装的活动门栓，门栓和门边均钉有铜质饰件，可以上锁。

▲明·榉木圆角柜

●尺　寸：91.5厘米×46厘米×173厘米

●鉴赏要点：柜用榉木制成。柜顶四角为软角。四腿上端缩进，下端的跨度大于柜顶的长度，因此，随形的门子也是上窄下宽。两扇门子对开，不用合页，而是将两侧的大边高于抹头，使之为轴，在柜顶及柜门下的枨子上凿眼，眼位须与腿子齐平，使门子开启的角度可大小随意，这就需要柜顶及枨子高于腿子表面，这种结构称为户枢。两门之间有活动立栓，在边框及立栓上起灯草线，并安装铜制面叶。横枨下装券形牙子。四腿外圆内方，侧脚收分尤为明显。此柜造型简洁明快，表现出明式圆角柜的特点。

▲清·榆木圆角柜（一对）

●尺　　寸：110 厘米 × 54 厘米 × 208 厘米

鉴藏指南

从造型为家具断代

许多明清家具的年代早晚，都可以从造型及其变化上来判断。比如搭脑两端出头、扶手两端不出头的扶手椅，或搭脑两端不出头、扶手两端出头的扶手椅，多为明式家具扶手椅的早期式样，其制作年代一般不会晚于清代中期。再如柜子，明式柜子以圆角柜居多，侧脚收分明显，以各种流畅的线条装饰为主，不重雕刻。入清以后，这类圆角柜逐渐减少，代之而起的方角柜，方正平直，侧脚收分渐小，至清代中期以后基本无侧脚，并且装饰雕刻亦由简洁变烦琐。甚至家具的腿足造型的变化，也可作为断代的依据。

▶明·炕柜

●尺　　寸：40.3厘米 × 22.8厘米 × 49.5厘米

●**鉴赏要点**：此为小型圆角柜，常置于桌案之上。此柜不用合页，而是以门边做轴，柜顶及门下的枨子为户枢，这就要求后者必须高出腿子表面。当门子开启后，与柜子形成倾角，不用人力门子即可自动关闭。

明·黄花梨方材大圆角柜（一对）

●**尺　　寸：**109厘米×54厘米×187.5厘米

●**鉴赏要点：**此柜是典型的明式苏作黄花梨家具，无门杆，俗称“硬挤门”。有柜膛，柜帽打槽装板，穿带两根倒棱。柜门亦是打槽装板，穿带四根倒棱，柜门内髹黑漆。腿足、柜帽的边抹、门框边及底枨、中枨的看面均为混面线脚，具浑成之美。此柜用料精选，柜门心板、侧山板多是纹理流畅、花纹对称的实木整板，具有如此品相、格调，并成对保存完好的大型圆角柜十分难得，属传世的明代黄花梨家具重器。

明·黄花梨小圆角柜

●**尺　　寸：**70.5厘米×44厘米×110厘米

●**鉴赏要点：**小柜通体黄花梨木制，柜框四角削圆，侧脚收分明显，是明代常见的样式。白铜条形面叶，故又有“面条柜”之称。此柜难得之处在于两扇柜门系用一块整料一破两片制成，木材本身所具天然纹理纤细浮动，色泽光润柔和，实为同类作品中之上等佳作。

明·柏木面条柜

●**尺　　寸：**93厘米×55厘米×174厘米

●**鉴赏要点：**此柜也称圆角柜，通体为柏木质地。此柜不用合页，而是以门边做轴，柜顶及门下的枨子为户枢，这就要求后者必须高出腿子表面，门子开启后，与柜子形成倾角，不用人力，门子即可自动关闭。此柜的内部构造较为特别，其中有三层膛板，膛板下各有两具抽屉，不仅能更好地利用空间，且存取物品也很便利。门子中间及抽屉前脸皆装有铜制拉手。亮脚上有云头牙条。

⊙【方角柜】

方角柜没有柜帽，柜门是用合页来安装的，柜子的各角多用粽角榫，因而外形是方的。方角柜基本造型与圆角柜相同，不同之处是，四角均为直角，柜体上下垂直，柜身四边和腿足皆为方棱，四条腿全用方料制作，腿足部分皆无向外撇的侧足，一般与柜体以合页结合。方角柜的体形一般是上下同大，四角见方，柜门的形式如同圆角柜，有的有闩杆，有的无闩杆，后者在北京匠师的口语中有一个流行的名称叫"硬挤门"。方角柜从形式上可分为两种，一是无顶柜（或称顶箱），古人因其外形方方正正，顶部无箱，有如一部装入函套的线装书，故有"一封书式"之称。另一种是上有顶柜的设计，并与柜子成对组合，故也称为"顶箱立柜"，大小相差悬殊，小者炕上使用，大者高达三四米，可与屋梁齐。此外，柜上或柜下加屉的情况也较常见，柜内的结构则不拘一格，随意性很大。

中国古代家具造型的演变

古人起坐方式可分为席地坐和垂足坐两种方式，家具形体变化主要围绕着低矮家具和高型家具两大系列展开。其中，秦汉时期的家具是典型的低矮型家具。那时，人们席地而坐，所用的家具一般为低矮型，如席子、漆案和漆几等，随用随置，并没有固定的位置。到了三国时期，从少数民族地区传入了高型坐具胡床。经过演变，中原地区出现了渐高型家具如圆凳、方凳等，卧具床、榻等也渐渐变高，但占主导地位的仍然是低矮型家具。隋唐时期，多数人垂足而坐，高型家具由迅速发展到完全定型，形成了新式高型家具的完整组合。这时典型的高型家具椅子、凳子和桌子等已经出现，并且在上层社会中流行。直到宋代，高型家具才完全普及。中国古代家具发展到明清时代，基本定型为高型家具，而且能够依据人体的不同身形而设制其造型，形成了完善成熟的制作体系。

▲明·黄花梨大方角柜

●尺　　寸：123.5厘米×78.5厘米×192厘米

●**鉴赏要点**：这是一件罕见的大型方角柜，大柜及柜门边抹一律用素混面，两旁起灯草线，正面及两侧牙条为壶门式曲线。后背糊布，髹黑漆，断纹细而密。此柜造型雄伟，细部又很圆熟，饶有古趣。

◀清中期·紫檀大柜

●尺　　寸：126厘米×55厘米×194厘米

●**鉴赏要点**：大柜粽角榫结构，四面方正平直。门及两侧山板攒框镶心，落堂踩鼓。造型简练舒展，有明式风格。下侧牙条浮雕回纹洼堂肚，为明显的清代标志。

明·黄花梨方角四件柜（一对）

- **尺　　寸**：118厘米×53厘米×256厘米
- **鉴赏要点**：此柜属黄花梨包镶制作。前脸、侧山及柜门均用黄花梨木制作，比较珍贵。造型古朴、典雅，铜饰件装饰使整个柜子更显得高雅、明亮。四扇柜门使用四边攒框镶黄花梨独板，显示出黄花梨木质的木色美，两腿间的直牙板也显得朴素大方。这对黄花梨方角四件柜在明式家具中也属少见，且成对保存至今，十分不易。

明代家具的基本特征

明代家具是在宋、元家具的基础上发展成熟的，形成了最有代表性的民族风格——“明式”。明式家具的产地主要有三处：北京皇家的御用监、民间生产中心苏州与广州。明式家具的品种十分丰富，保留至今的，主要有椅凳类、几案类、橱柜类、床榻类和台架类等。此外尚有作为屏障之用的围屏、插屏、落地屏风等。明式家具多用花梨木、紫檀木、鸡翅木和铁梨木等硬木，也采用楠木、樟木、胡桃木、榆木及其他硬杂木，其中黄花梨木效果最好。这些硬木色泽柔和，纹理清晰。由于木质坚硬又富有弹性，且硬木是比较珍贵的木料，所以家具用料的横断面制作很小。为此，造型也就显得简练、挺拔和轻巧。明式家具制作工艺精细合理，全部以精密巧妙的榫卯结合部件，大平板则以攒边方法嵌入边框槽内，坚实牢固。造型上用高低宽狭的比例达到适用美观的目的。装饰以素面为主，局部饰以小面积漆雕或透雕，以繁衬简，精美而不繁缛。通体轮廓及装饰部件的轮廓讲求方中有圆、圆中有方及用线的一气贯通而又有小的曲折变化，家具线条雄劲而流畅。

▲清·榉木方角柜

●尺　　寸：88厘米×44厘米×154厘米

●**鉴赏要点**：通体以榉木制。柜为平顶立方式，两门之间有活动立栓。柜门取不落堂式镶板，两侧亦取同样做法，使柜身四面齐平。通体光素无纹饰，正面镶白铜面叶及合页，完全按照明代式样制作。尤其是两扇柜门采用整料劈开，是明式家具典型的做法。

⊙【顶竖柜】

顶竖柜是中国明清家具中重要的储藏类组合式家具。由底柜和顶柜组成，是在一个两开门立柜的顶上再叠放一个两门顶柜，顶柜的制作工艺及风格与下面大柜一致，看上去宛如一体。不用时，可取下独立成件。顶柜长宽与下面立柜相同。顶柜与底柜之间有子口吻合，故称顶竖柜。因它由一大一小两节柜组合，故又俗称“两节柜”。因顶上的小柜形如箱，又有了“顶箱立柜”的名称。

顶竖柜一般成对陈设，所以又称“四件柜”，是明清两代较常见的家具形式。这种柜有大有小，可根据殿堂大小摆放相应规格的四件柜。在大厅内可以并排陈设，也可以左右相对陈设。因有时并排陈设，为避免两柜之间出现缝隙，因而做成方正平直的框架。这类柜都用方料，且上下左右均方正平直，没有侧脚和收分。四件柜是由方角柜演变而来的，它的特征与圆角柜相反，各面都是垂直方正的，柜顶也没有伸出的顶沿，门扇与柜框采用铜合页。四件柜的制作材质，珍贵者有黄花梨、紫檀、楠木或红木等，普通的有榆木、柏木或榉木等。另外还有漆器描金与雕漆工艺的。四件柜表面的铜饰件也非常讲究，像合页、面叶、吊牌及纽头等，通常都要雕花镂纹，以增强美感。

▲明·黄花梨顶竖柜（一对）

●**尺　　寸**：142 厘米 × 60 厘米 × 267 厘米

●**鉴赏要点**：此对顶竖柜为黄花梨质地。分上下两节，柜两山均打槽装板，板心与腿、门两边齐平。柜门对开，顶柜、竖柜各两扇。两门之间有立栓，栓与门上各安装铜质面叶、上锁的曲曲及拉手。两侧均有圆形铜质合页。打开下节柜门，可见下边膛板分为两块，均有两个圆形钱眼，起到把手的作用。拿掉膛板后，下边又出现两个暗仓。腿下端有较高的亮脚，前脸及两山均有券形牙子。

▶清乾隆·紫檀福庆有余四件柜

●**尺　　寸**：101 厘米 × 56 厘米 × 210 厘米

●**鉴赏要点**：柜有门闩，门板通体做高浮雕装饰，蝠、磬、双鱼图案的四周以拐子龙纹转绕，寓意“福庆有余”。起地浮雕的刀工娴熟圆润。结构讲究，柜内中部设有两抽屉，下方设暗仓，顶箱内有一层屉板。柜内外所有金属合页、面叶和足套皆錾拐子龙纹，并以鎏金装饰。所用料几乎都是上等的牛毛纹紫檀，内设的抽屉、屉板和内帐的选料也是一丝不苟，皆是清代宫廷造办处特有的。紫檀用料之讲究，制作工艺之精湛，鎏金铜饰保存之完好，在传世紫檀家具中极为罕见。

由明至清，“四件柜”一直是家具中的主要门类，这是因为它具有陈设自由度大，储藏容量大，使用方便及装饰性强的特色，故而深受欢迎，尤其是得到达官显贵们的钟情。明代四件柜所用木材以花梨木居多，且大多光素无饰，雕刻镶嵌的占少数。清代四件柜所用木材以紫檀木居多，且装饰华丽，多在柜门上浮雕或镶嵌各种寓意纹饰。到了清末，随着西洋家具文化的进入，以及建筑形式的发展，“四件柜”向近代对门大衣橱演变，下橱的门上被安装上玻璃镜子，以便人们穿衣整容，制作的材质也变成单一的红木。顶橱的门也安上镜子，但它不是实用的，通常要置方形圆孔花板，只露出中间的圆镜，既美化了家具，又具天圆地方之寓意。这种红木顶竖橱，只是一种过渡性的家具，存在的时间不长，很快就被近代大衣橱所代替，而明清时的“四件柜”则成为古董了。

清·紫檀雕云龙纹大柜

●尺　寸：100 厘米 × 47 厘米 × 194 厘米

●**鉴赏要点**：顶竖柜的门正面打槽装板，落堂踩鼓。上下门心板对称雕云龙纹。柜门下有闷仓，俗称“柜肚”。边框安铜镀金合页及面叶。

明·黄花梨顶箱立柜

●尺　寸：114.5厘米 × 57.1厘米 × 253.3厘米

●**鉴赏要点**：大柜全身光素，只有下方的牙条上有透雕云头，柜面上两个合页为八出云头式，面叶为六出云头式，双鱼吊牌，制作精美。

鉴藏指南

收藏明清白木家具宜小不宜大

古典家具的用材可用黄、紫、红、白来归类，黄即黄花梨，紫即紫檀木，红有花梨、铁梨、鸡翅和影木等，白木为除上述以外的浅色质地的木材。白木家具，从制作工艺来讲，包括髹漆与不髹漆两个大类。从家具木材来讲，有硬质白木家具与软质白木家具两种。硬质白木主要有榉木、榆木、银杏木、楠木和柞榛木等，软质白木有松木、杉木、椴木、柏木和香樟木等。前者主要用于不髹漆家具的制作，后者常用作髹漆家具的材料。白木家具收藏，主要是指明清时期硬质木料家具的收藏。在收藏明清白木家具时，一定要注意以下几个方面。首先是年代。明清时期的白木家具绝大多数是民间乡村用器，但在存世的旧家具中，不乏文人及小康家庭的家具，一般在清朝以上的，存世量不会太多，尤其是造于明朝的更少。这些家具通常为黄花梨做工，有收藏价值。其次是材质工艺。木材以楠木、核桃木为上乘，银杏木与榉木次之。工艺要简洁，打磨要到位。第三是品类要精。书房家具为最佳，书案、条几和椅凳皆可，品类越奇越佳。所收家具以小型为主，切忌大型家具，如大橱柜、大案几和拔步床等，这些大型家具在博物馆有展示功能，但个人收藏意义不大。

▲ 清中期·黄花梨木小四件柜

●尺　　寸：80厘米×44厘米×158厘米

●**鉴赏要点**：此柜也称顶竖柜，分上下两节，上部顶柜的长、宽尺寸与下部立柜的长、宽相等，顶柜坐落在下柜上。上下各对开两门，中间有立栓。柜上有铜制圆形素面合页、条形面叶及拉手。方腿之间装壶门牙子，侧面的牙子为透榫。

⊙【亮格柜】

亮格柜，是格与柜的结合体，是集柜、橱和格三种形式于一器的家具。亮格柜的亮格是指没有门的格层，柜是指有门的格层，故带有亮格层的立柜，统称“亮格柜”。亮格柜通常下部做成柜子，上部做成亮格，下部用以存放书籍，上部存放古玩。一般厅堂或书房都备有这种家具。下层对开两门，内装膛板，分为上下两层，门上装铜饰件。柜门的上面或平装抽屉两具，或无抽屉；抽屉或露明安在亮格下的柜门上，或安在柜门之内。再上为一层或二层亮格，一层的为多，两层的较少。或后背镶板，两山及正面透空；或在两山及正面各装一道极矮的围栏；或在左右及上沿装一壶门式牙板。亮格柜还有一种比较固定的样式，即上为亮格一层，中为柜子，柜身无足，柜下另有一具矮几支撑着它，凡属这种形式的，北京匠师称之“万历柜”或“万历格”。亮格柜一般齐人肩或稍高，便于欣赏，重心在下，放置稳定。

亮格柜是明式家具中较为典型的一种，一柜两用，放置于书房或厅堂，既实用，又颇显风雅，很受当时文人士大夫的欢迎。清代亮格柜与其他柜一样，在雕饰上更为繁缛，细部雕刻细腻，整柜雕饰范围极大，整体看起来极为富贵豪华。

明·黄花梨亮格柜

●尺　　寸：103.6厘米×54.2厘米×182.5厘米

●鉴赏要点：此柜上格有壶门牙子，以镂雕海棠花纹为分心花，转角雕卷草纹。下柜对开两门，四角攒边框镶板心。边框镶素面铜制合页、圆形拍子及拉手。柜门下有暗仓。底帐下镶券形素牙板。

鉴藏指南

明代及清初家具辨别

关于明代及清初家具的特点，通常的说法是“精”、“巧”、“简”、“雅”。精，即选材精良，制作精湛。明式家具的用料多采用紫檀、黄花梨和铁梨木这些质地坚硬、纹理细密、色泽深沉的名贵木材。由于紫檀、黄花梨和铁梨木生长缓慢，经明代的大量采伐使用，这些材料日见匮乏。所以，清代以后家具在用料上发生了根本变化。鉴定和辨别是否为明代家具，用料的审鉴是至关重要的。巧，即制作精巧，设计巧妙。简，即造型简练，线条流畅。明代家具的造型虽式样纷呈，常有变化，但有一个基点，即简练。雅，即风格清新，素雅端庄。雅是一种文化，一种美的境界。雅在家具上的体现，即是造型上的简练、装饰上的朴素和色泽上的清新自然，毫无矫揉造作之弊。

清·红木亮格柜

- **尺　　寸**：83 厘米 × 43 厘米 × 177 厘米
- **鉴赏要点**：此亮格柜由柜、格两部分组成。上部分为格。中间有横枨，以格肩榫交于两山，枨与后背有带相连，铺设膛板，以此将格分为两层。每格都雕有回纹券口，形式相同，为藏书之用。下部分为柜。设两具镶铜制拉环的抽屉，分置在矮佬两侧。下边对开两门，四角攒边框，镶落堂踩鼓板心，边框上安铜制合页、条形面叶及拉手。底枨下有雕回纹牙板。

明末清初·黄花梨亮格柜

- **尺　　寸**：高 193 厘米
- **鉴赏要点**：此柜一层亮格，有背板，三面券口，装饰风格统一、朴素。亮格以下平装柜门，平淡简洁。牙板光素无纹。铜活保存完好，当为精品。

明·黄花梨方角亮格柜

- **尺　　寸**：87 厘米 × 44.5 厘米 × 188 厘米
- **鉴赏要点**：此亮格柜为黄花梨木制，上部亮格呈一面亮，两侧上为直棂装饰，这样的做法不多见。下部柜用面条柜做法，两门之间不用立柱，因此铜面叶较窄。柜门平装，铜活方形，似对亮格柜的点缀装饰，柜下用直条牙板，简洁、明快，当是明式家具的代表作。

【书格】

书格，或称“书阁”，即存放书籍的架格，为书房必备家具。正面大多不装门，且四面透空，只在每层屉板的两端和后沿装上较矮的栏板，目的是使书册摆放得整齐。书格有两层的，也有三层的。常见在书格正中间平装抽屉两三个，其作用一为加强整体柜架的牢固性，二可以放些纸墨等文房用品，也可以陈列古玩字画等，增加了使用功能。书格的主要特点是敞亮、大方，简便灵活。明式书架一般都高五六尺，依其面宽装格板，格板一般为三层或四层。明式书格一般很少装饰，造型简练，凸现木质光洁的纹理。清式书格多加雕饰，形体变化较多，整体造型错落有致，具有很高的艺术性。

▲清·红木书架

▶明·黄花梨书格

●**尺　　寸**：79.5 厘米 × 32 厘米 × 175 厘米

●**鉴赏要点**：书格通体光素，无任何雕饰。以黄花梨木制成。格三面开敞，分为三层，每层枨子以格肩榫与腿相交，枨子裁口镶装膛板，板心下有一条带，与前后枨子相连。方材腿，枨平直，底枨下有券形牙板。

清中期·榆木直棂书架

●尺　　寸：86 厘米 × 41 厘米 × 162 厘米

●**鉴赏要点**：书架的两侧及背面用圆柱构成透空棂格，书格中间隔以两抽屉，配以铜活，雕琢细腻，整体空灵有致。

清·红木书柜

清晚期·花梨木书格

●尺　　寸：94 厘米 × 39 厘米 × 188 厘米

●**鉴赏要点**：此书格为花梨木制。似亮格柜样式，只是加装了玻璃窗和抽屉。从外表看，仍保留了侧脚收分和直板牙条，说明工匠在制作这样的家具时，仍然保留中国古代家具优秀的结构，为了适应使用人或市场的需要，将这件家具图纸稍加改造，成为了一个古代与近代结合的家具。

从结构鉴定明清家具

鉴定明清家具的早晚，可以根据某些构件来判断。第一，观察结合处。主要观察古代家具的结合处是用榫卯，还是用钉子或是胶粘。艾克在鉴定明式家具榫卯结构方面提出的原则是："非绝对必要，不用木销钉；在能避免处尽可能不用胶粘；任何地方都不用镟制——这是中国家具工匠的三条基本法则。"这也是对中国古典家具榫卯结构特点的总结。古式家具具有精巧的榫卯结构，构件之间，不用金属钉固定，而是全凭榫卯即可做到上下左右、粗细斜直连接合理，面面俱到。而且工艺精确，扣合严密。第二，了解历代榫卯结构特点。由于不同的时代家具榫卯结构受到一定生产力的制约，所以也不尽相同。例如，先秦楚墓和汉墓出土的家具一般只有暗榫、透榫和半榫等几种方法。夹头榫大约在晚唐、五代时出现，匠师受到大木梁架柱头开、中央绰幂的启发而将夹头榫运用到桌案上来。插肩榫则是明清家具常用的榫卯特征。第三，注重榫卯使用的工具。作伪高手一般懂得古代家具都是用榫卯而很少用钉子和胶粘的，而且伪造得也很相似。但是无论作伪者怎样高明，毕竟不同时代家具榫卯所使用的工具和材料总会有所不同，仔细观察就会看出破绽。如明式圆角柜的透榫两侧呈圆弧形，就一定是伪作的。因为圆弧榫眼出自近代的打眼机，所以说辨别榫卯使用的工具和有无近代工艺的手法也是鉴定家具的重要方面。

清·黄花梨书格

● 尺　　寸：高 187 厘米

● **鉴赏要点**：书格造型简洁明快，通体光素。用料精良，结构考究，做工精细，配两屉。兼具装饰性和实用性。

清末·乌木书格

● 尺　　寸：高 105 厘米

清中期·核桃木小书柜

● 尺　　寸：86 厘米 × 41 厘米 × 175 厘米

● **鉴赏要点**：书柜下部素身，双开门；上部亮格，间以两抽屉。亮格边起灯草线，围栏以方材攒斗而成，简洁明快。顶部安柜帽，铜活工艺讲究，纹饰美观。

鉴藏指南

辨识仿制家具

古旧家具的收藏价值需要从品相、风格、年份和材质四个方面综合考量。中国传统的古旧家具多采用榫卯结构连接，通体不钉一颗钉子，但仿制家具为降低成本，会将工艺简化，在看不见的地方用钉子钉；真品家具多表里如一，但观察仿制家具的背板、底板，多为新材质；仿制家具一般没有经过烘干、抽脂处理，容易开裂；仿制家具表面多刷黑色油漆，真品家具则上无色生漆；仿制家具容易有色差，木质纹理不相同。总之，仿制家具第一眼给人的感觉是不自然，没有真品家具历经风雨的沧桑感，老家具使用的时间再长，也始终有柔和的光泽，但仿制家具则表面发乌发暗。

▲清中期·黄杨木黄花梨书格

●尺　　寸：83.5 厘米 × 40.5 厘米 × 134 厘米

●**鉴赏要点**：书格上侧有两个雕龙角牙，中部设抽屉三只，以黄花梨雕饰把手。特殊之处是框架、膛板与后背板均由黄杨木制成，框心与侧板由黄花梨制作。背板漆里十分古老。黄杨木一般料小，仅用作家具的衬件，如此以黄杨木为主体制作的家具十分少见。

⊙【多宝格】

多宝格又称“百宝格”或“博古格”，是一种类似书架式的木器，中设不同样式的许多小格，格内陈设各种古玩器物，是清代兴起并十分流行的家具品种，被公认为最富有清式风格的家具之一。清代由于满汉达官贵族嗜好佩戴饰物、贮藏珍宝，所以制造了多宝格这种架式贮藏家具。多宝格兼有收藏、陈设的双重作用，与一般纯作箱、盒略有不同。之所以称为“多宝格”，是由于每一件珍宝，按其形制巨细都占有一“格”位置的缘故。客厅里摆放一件多宝格可以增强观赏效果。多宝格的独特之处在于，将格内做出横竖不等、高低不齐、错落参差的一个个空间，人们可以根据每格的面积大小和高度，摆放大小不同的陈设品。在视觉效果上，它打破了横竖连贯等极富规律性的格调，因而开辟出新奇的意境来。多宝格形式繁多，各不类似。由于其制作精美，本身就是一件绝妙的工艺品。

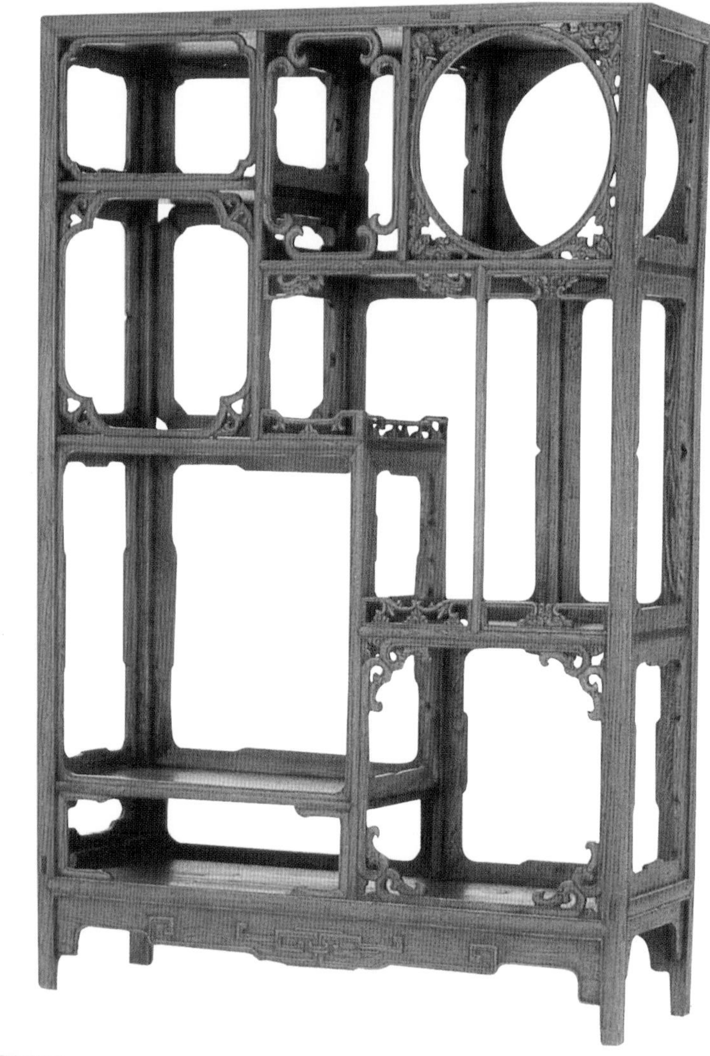

清·榆木四面空博古架

●**鉴赏要点**：此博古架共三层，架格当中设小格，高低错落，富于变化，大小无一相同且四面透空。每层以隔板间隔，有如意云头纹及各式花形开光。

清·紫檀雕花多宝格（一对）

●**尺　　寸**：40 厘米 × 103 厘米 × 214 厘米

●**鉴赏要点**：此多宝格为紫檀木制。颇具清乾隆时多宝格的风味，是典型的清式造型。雕花板及花牙做工精细玲珑，铜饰件美观典雅，烘托出整个多宝格繁复华丽的效果。

清·硬木多宝格

- **尺　　寸**：高 85 厘米
- **鉴赏要点**：此多宝格造型特殊，呈花瓶状，整体由多个不规则亮格组成，格架为竹纹，亮格有竹叶状角牙，十分雅致。架格上错落有致地摆放着各种古玩，显示了古代技工独特的匠心。

⊙【箱匣】

存贮家具品类中还有箱匣。一般形体不大，两边装铜质提环，便于搬动，是旅行和出门办事携带衣物的用具，平时在家也是很实用的器物。箱匣由于常被搬动，极易损坏，为达到坚固的目的，各边及棱角拼缝处常用铜叶包裹。箱盖四角饰铜质云纹包角；正面装铜质面叶和如意云纹拍子、纽头等，可以上锁。较大一些的箱子，常在室内接地摆放，为避免箱底受潮，多数都配有箱座，也叫“托泥”。箱类家具的制作在明清时最具特色，一是用料越来越讲究，多用紫檀、花梨或红木等良材制作，南方还流行防虫效果非常好的樟木箱。二是箱子的种类不断增加，大到衣箱、药箱，小到官皮箱、百宝箱，名目繁多。三是装饰手法非常丰富，有剔红、嵌螺钿或描金等，且多数有纪年款。

箱匣的种类很多，有小巧玲珑的官皮箱，有存放衣物的衣箱，有做工精细的百宝箱，还有具有冷藏作用的冰箱，内藏多层抽屉的药箱及盛放东西的提盒等。

▲明末清初·紫檀衣箱

•尺　　寸：49厘米×30厘米

•**鉴赏要点**：此衣箱用优质紫檀木制成。造型简洁素雅，无花纹装饰。边、角包镶铜面叶，两侧饰有铜环。用料讲究，制作工艺精美细致，具有明代风韵。

▲清·黄花梨镶白铜官皮箱

•尺　　寸：高53.3厘米

•**鉴赏要点**：该官皮箱形体硕大，正面对开门。通体装饰有白铜件（铜、镍、锌三种金属的合金），既加固了箱子，又增添了华贵之感，精美实用。

▲明·黄花梨衣箱

•尺　　寸：高48厘米

•**鉴赏要点**：此衣箱为典型明式造型。箱座下有壶门开光，铜面叶、吊牌等装饰手法是典型的明式家具装饰手法，整体上线条流畅，古朴典雅，是一件保存较好的明式黄花梨衣箱。

官皮箱，是一种旅行用的贮物小箱。形体较小，但结构复杂，是从宋代镜箱演进而来的。其上有盖，盖下约有10厘米深的空间，可以放镜子，古代用铜镜，里面有支架，再下有抽屉，往往是三层，最下是底座，是古时的梳妆用具。打开箱盖，内有活屉，正面对开两门，内安抽屉数个，柜门上沿有子口，顶上有盖，后墙安合页，将两侧及正面两门的上边做出子口，箱盖放下时正好扣住两门。关上柜门，盖好箱盖，即可将四面板墙全部固定起来。两侧有提环，多为铜质。箱的正面有锁具，假若要开箱的话，就必须先打开金属锁具，后掀起子母口的顶盖，再打开两门才能取出抽屉，这是官皮箱的特点。官皮箱适合存放一些精巧的物品，如文书、契约和玺印之类的物品。这种箱子除为家居用品之外，由于携带方便，常用于官员巡视出游，所以被称为“官皮箱”。

衣箱的盖子一般是向上打开的，正面有铜饰活锁，还有铜饰件及如意云纹拍子等。为了便于外出携带和挪动，一般形体不大，且在箱子两侧装有提环。

百宝箱也称首饰箱（匣），内有多层，做工精细，主要用于存放珍贵的首饰与珠宝。

冰箱是古人冷存食物之用具。内有若干层，可置冰块、食物。箱下有几或凳形的架子。

药箱一般较小，作为存放常用药物之用。

提盒即食盒，是多层合一，上有提梁的长方形箱盒，为一种提取运送食物的专门器具，可分为大、中、小三种形制。

还有在箱盖里面装上镜子，即为“梳妆匣”或“梳妆箱”。有的用于存贮文具，则为“文具箱”。

明·黄花梨素官皮箱

●**尺　　寸**：33厘米×28.6厘米×33厘米

●**鉴赏要点**：器型端庄大气，浑身光素，开启后有抽屉。黄花梨木纹美丽，抽屉制作精致。保存状态良好，包装光亮。

明·黄花梨提盒

●**尺　　寸**：34.5厘米×18.5厘米×22.7厘米

●**鉴赏要点**：此提盒为黄花梨木制。分两层。由黄铜皮包角，提梁上部呈罗锅枨式，下部两侧有透雕卷草站牙。提盒可携带文房用具，尺寸品种较多，为当时使用范围很广的一种家具。

明·黄花梨药箱

●尺　　寸：34厘米×27厘米×35厘米

●鉴赏要点：箱身通体为黄花梨木制。平角立方式，正面有白铜面叶及扣吊，两侧有铜提环。前设活插门，内装八具抽屉，心形吊牌，抽屉大小不等，高低错落，可根据需要存放不同大小的物品。此箱的独特之处在于色彩、纹理非常一致，显系一块整料做成。明代匠师们最讲究一木一器，即一件家具用一块整料制成，这样的家具不仅色彩、纹理一致，且木性一致，不会因材性不同而出现开裂变形现象。

明·黄花梨官皮箱

●尺　　寸：32厘米×23厘米×32厘米

●鉴赏要点：通体为黄花梨木制。上开盖，打开上盖，内有一浅屉。正面对开两门装抽屉，左侧两个，右侧一个，下层装一个大抽屉。箱外两侧有黄铜提手，箱门正面有铜质面叶吊牌纽头，亦用黄铜制成。箱盖与箱体的一侧还安有铜链，防止箱盖打开时不致后翻过大。

清初·黄花梨官皮箱

●尺　　寸：35.5厘米×26厘米×35厘米

●鉴赏要点：该件官皮箱正面对开门，门上刻有浮雕卷草纹，平顶，委角，顶式，盖下有平屉，两扇对开门上留子口，顶盖关好后，扣住子口，两扇门就不能打开。

明·黄花梨书箱（三件）

●**鉴赏要点**：箱用黄花梨木制成。其中最大一件，前后箱壁两端挖出燕尾式槽，箱堵两端出燕尾式榫，组合后的燕尾榫清晰可见。与盖接口处，上下均镶口条，开出子母口。券形箱底，留出通风口，易于隔潮。箱两侧装铜制环子，正面方形面叶与拍子都为素面。另外两件箱子，皆为燕尾式闷榫，以至不露榫眼痕迹。为使之牢固，在前脸两边或箱底都加装了铜制包角饰件。

清·紫檀蝙蝠铜吊牌药箱

●**尺　　寸**：21厘米×15厘米×21厘米

●**鉴赏要点**：此箱为插门式药箱，无顶盖，有提手，正面装饰有白铜方形面叶和蝙蝠形锁扣，可上锁。内设多只抽屉，适宜分抽屉存放多种药材，适合外出就诊随身携带。该器物通彻用紫檀制成，造型方正，花纹纹理精美，坚固实用，器物小巧玲珑，品相完整，传世至今，尚属少见。

清初·黄花梨状元箱

●**尺　　寸**：23厘米×14厘米×8厘米

●**鉴赏要点**：该盒以黄花梨木制成，全身光素无工，细致打磨而成，正面装饰有方形铜质面叶和锁扣拍子。四角拼缝处以铜包角。

清中期·紫檀雕云龙纹箱

●**尺　　寸**：长48.5厘米

鉴藏指南

明清家具纹饰之比较

明清家具的装饰纹样极为丰富，但明式和清式的装饰风格却截然不同。明式家具不追求繁缛的雕饰，主要突出其造型美和线条美。有的家具尽管也大面积雕花，但和清式家具相比，仍显文静、含蓄。清式家具则重点突出装饰美，在漆家具上体现得更为明显，给人以高贵华美、富丽堂皇的感觉。清代晚期家具的装饰花纹多以各种物品名称的谐音拼凑成吉祥语，如：两个柿子配一个如意或一个灵芝，名曰“事事如意”；蝙蝠、寿山石加上如意，名曰“福寿如意”；宝瓶内插如意，名曰“平安如意”；佛手、寿桃及石榴合起来叫作“多福、多寿、多子”；满架葫芦或满架葡萄称为“子孙万代”；一只猴子骑在马背上称“马上封侯”；鸡冠花配公鸡，名曰“官上加官”等，不胜枚举。晚清家具大多造型臃肿、呆板，雕刻又粗俗不堪，装饰花纹亦无意趣可言。凡属这类纹饰，大多为咸丰、同治以后的作品。

清·红木雕云龙纹文具匣

●尺　　寸：高50厘米

●**鉴赏要点**：此文具匣为红木制。通体雕云龙纹，颇有雕漆器的感觉。上层呈梯形结构，有两个小暗抽屉，下面的柜门满雕云龙纹。此文具匣造型别致，十分难得。

清乾隆·造办处制犀皮刻凤穿牡丹多宝箱

●尺　　寸：39.5厘米×33厘米×24厘米

●**鉴赏要点**：木制贴犀皮，造型大方，花饰多样，色彩鲜艳，是件极少见的犀皮多宝箱。

清·紫檀百宝嵌提箱

●尺　　寸：38厘米×18厘米×29厘米

清·紫檀提盒

●尺　　寸：32 厘米 × 18 厘米 × 23 厘米

●**鉴赏要点**：此提盒通体为紫檀木制。用料整齐，纹理优美，线条圆转流畅，连盖共四层，长方形底座，两侧立有站牙抵夹。

清早期·黄花梨百宝箱

●尺　　寸：34 厘米 × 23 厘米 × 35 厘米

●**鉴赏要点**：此百宝箱为黄花梨木制。正面对开两门，内安抽屉数个，箱下安底座，抽屉门上的铜拉手和门叶上的铜面叶使人耳目一新，门叶上可以上锁。此箱从外表看古朴简练，打开门又有功能齐全、方便实用的感觉。

清·柏木冰箱

●尺　　寸：58 厘米 × 58 厘米 × 72 厘米

●**鉴赏要点**：此冰箱为柏木制。造型似斗，腰部设四提手，两竹节铜箍，使造型看起来不至于单调。冰箱座有束腰，鼓腿膨牙，内翻马蹄坐在托泥上，给人以沉稳有力的感觉。

清·樟木箱

●尺　　寸：100 厘米 × 53 厘米 × 53 厘米

●**鉴赏要点**：箱为长方体，樟木质地。前后箱壁与两侧堵头以格肩燕尾榫相交，因此箱四边不露榫眼痕迹。箱正面及两侧安铜制面叶及提环。箱下有座，座以燕尾榫相交，前后有带，下端留有亮脚，易于通风。箱坐落在底座上，便于隔潮。

明·黄花梨六方盒

●尺　　寸：30.8 厘米 × 38.5 厘米 × 23.6 厘米

●**鉴赏要点**：通体光素，盒呈六方形。六边中有相隔的三边做燕尾槽，另外三边做燕尾榫。顶板为盒的外径，底板为盒的内径。组装后，在盒的上方约三分之一处将盒子锯开，形成盒盖。盒正面镶有铜制素面圆拍子、如意云头形扣吊。

屏风类家具

屏风是用来装饰、挡风及遮蔽视线的家具。屏风的制作早在汉代就已经很普遍，大都较实用。到了明清时期，屏风不仅是实用家具，更是室内必不可少的装饰品。明清两代屏风大体可分为座屏、曲屏及挂屏三种。座屏下有底座，又分为多扇和独扇两种。曲屏属于活动性家具，无固定陈设位置，用时打开，不用时折叠起来。挂屏为明末才开始出现的一种挂在墙上做装饰用的屏牌，大多成双成对出现。清朝后，此种挂屏十分流行，至今仍为人们喜爱。它已完全脱离实用家具范畴，成为纯粹的装饰品和陈设品。另外，又有由多扇组成，可以折叠或向前的“围屏”。可以折叠或向前兜转传世的围屏中，尚未发现清中期以前制作精美的硬木实例。

▲清 · 漆嵌东方朔插屏

●尺　　寸：高 29.5 厘米

●**鉴赏要点**：此插屏以漆为地，嵌东方朔偷桃故事纹。尽管山水、桃枝及人物十分简洁，但很有生气。

▲清中期 · 黄花梨大理石插屏

●尺　　寸：高 184.4 厘米

●**鉴赏要点**：此插屏为黄花梨边座，站牙、绦环板及披水牙上浮雕如意纹，披水牙雕壶门，屏心镶山纹大理石。此插屏造型为清中期样式，用黄花梨制作的清式插屏数量较少，所以此插屏是难得的藏品。

⊙【座屏风】

座屏风多陈设在居室正中的主要位置，相对固定。它又分多扇和独扇两种。多扇座屏为大型的座屏，呈“八”字形。有三扇、五扇、七扇及九扇之分，其规律是都用单数。每扇用活榫连接，屏风下的插销插在“八”字形底座上，屏风上有屏帽连接。这类屏风多数被放在正厅靠后墙的地方，然后在前边放上宝座。在皇宫里，每个正殿都有这种陈设。

独扇屏风又名插屏，是把一扇屏风插在一个特制的底座上的形制。底座用两条纵向木墩，正中立柱，两柱间用两道横梁连接。正中镶余塞板或绦环板，下部装披水牙。两条立柱前后有站牙抵夹。两立柱里口挖槽，将屏框对准凹槽，插下去落在横梁上，屏框便与屏座连为一体。形体有大有小，差异很大。大者高3米有余，小者只有20厘米。较大的插屏一般被放在挡门处，使人一进门不会有一览无余的感觉，同时又起到挡风遮光的作用。一般是根据房间和门户的大小，来确定插屏的高度。插屏既是实用品又是装饰品，可以装饰居室；小一点的插屏可以放在桌子或案子上，是纯装饰品。插屏以双面心为佳，如果是以山水、风景为内容，则更美。由于山水、风景都具有由近及远、层次分明的特点，虽置于室内，却能达到开阔视野、消除疲劳的效果，给人一种舒畅的感觉。

▲清中期·紫檀瓷仿石粉彩花鸟插屏

●尺　寸：高63.6厘米

●鉴赏要点：插屏边座为紫檀木制，屏心镶嵌粉彩花鸟瓷板。屏座呈“八”字形，站牙雕拐子纹，绦环板及披水牙子亦透雕拐子纹，座柱柱头雕回纹。

▲明·黄花梨大理石插屏

●尺　寸：高95.5厘米

◀清·红木嵌粉彩三阳开泰瓷板座屏

●尺　寸：高108厘米

●鉴赏要点：此插屏为红木材质。造型端庄，装饰华丽。屏心镶嵌瓷板，上绘三阳开泰吉祥图。屏风边框雕花纹，底部绦环镂空雕饰。

▲清·红木百宝嵌鹿鹤同春纹御制诗插屏

●**尺　　寸**：高 193 厘米

●**鉴赏要点**：此插屏为红木材质。座与屏心为分体式，大框洼堂减地平雕螭龙纹，屏心为百宝嵌鹿鹤同春图案，百宝嵌制作工艺一流。余塞板和披水牙均为减地平雕拐子纹。立柱头为拐子龙纹，抱鼓墩屏座腿。

▲清·红木插屏（连座）

●**尺　　寸**：高 190 厘米

●**鉴赏要点**：以雕有拐子龙纹的宽厚木墩为底座，立柱透雕的站牙抵夹，雕琢粗犷有力，插屏边框雕花卉纹。插屏上方配长方形底座。

▲清18世纪·剔红后赤壁赋插屏

▲清·红木高浮雕插屏

▲民国·红木嵌理石插屏（清式）

●**尺　　寸**：高98厘米

●**鉴赏要点**：此插屏有红木边座，台架透雕如意纹，屏心呈圆形，镶山云纹大理石。此大理石插屏，做工精美，造型别致，可称为同时期作品中的精品。

清中期·红木嵌玉五扇屏风

●尺　　寸：250 厘米 × 300 厘米

●鉴赏要点：此屏风形制较大，以红木雕成，屏帽满雕云龙纹，气势威猛。底座雕花卉、如意云纹等装饰图案。屏风主体以框架形成多宝格式样，镶嵌玉石，呈现出如意花卉、山石盆景、宝瓶洞石、山水人物等图案，寓平安、如意、富贵、吉祥之意，并配有御题诗。整体造型大方，工艺精细。

清·翡翠插屏（一对）

●尺　　寸：高 18 厘米

●鉴赏要点：此插屏以硬木做边框，边框上透雕缠枝花卉纹，内框玻璃地老坑翡翠。底座为螭头抱鼓墩，两立柱间安横枨两根，装透雕缠枝花卉纹绦环板，板下安透雕花卉披水牙。雕工精细，构图完美。

清·黄花梨小插屏

- 尺　　寸：37 厘米 × 15 厘米 × 56 厘米
- **鉴赏要点**：此插屏为黄花梨木制。底座绦环板雕夔龙，裙板雕回纹洼堂肚，屏心由一块整板制成，配巧色雕饰一路连科图案，寓意连连高中，寄托渴望学业有成的心情。

⊙【曲屏风】

曲屏风是一种可折叠的屏风，也叫“软屏风”。它与硬屏风不同的是不用底座，且都由双数组成。最少两扇或四扇，最多可达数十扇。屏心也和带座屏风不同，通常用帛地或纸地刺绣或彩画。曲屏风属活动性家具，每扇之间或装钩纽，或裱绫绢，可以随意折合。用时打开，不用时折合收贮起来，其特点是轻巧灵便。有以硬木做框的，也有木框包锦的。包锦木框木质都较轻，屏心用纸、绢裱糊，并彩绘或刺绣山水、花卉、人物及鸟兽等各式图画。有的用大漆髹饰，上面雕刻各式图画。做工、手法多种多样。由于纸绢难以流传至今，所以现存明代传世作品以木制和漆制为多，纸绢制屏风极为少见。一般说来，带座屏风较重，曲屏风较轻。

▲民国·铜胎掐丝珐琅六扇屏风

●尺　　寸：252 厘米 × 206 厘米

▲清·紫檀嵌百宝花鸟瑞兽安居乐业图屏风（八屏）

●尺　　寸：304 厘米 × 190 厘米

●鉴赏要点：此屏风为紫檀木制。其上施百宝嵌工艺，嵌出飞禽走兽、花鸟鱼虫等图，光彩夺目、绚烂无比，非常难得。

清 · 红木嵌瓷板四扇屏

●尺　　寸：243.8 厘米 × 182.8 厘米

●**鉴赏要点**：此屏风共四扇，有挂钩连接。单屏为四层五抹。上部三层屏心镶嵌青花山水纹瓷板，青花发色较好。裙板浮雕博古纹，牙板为回纹。

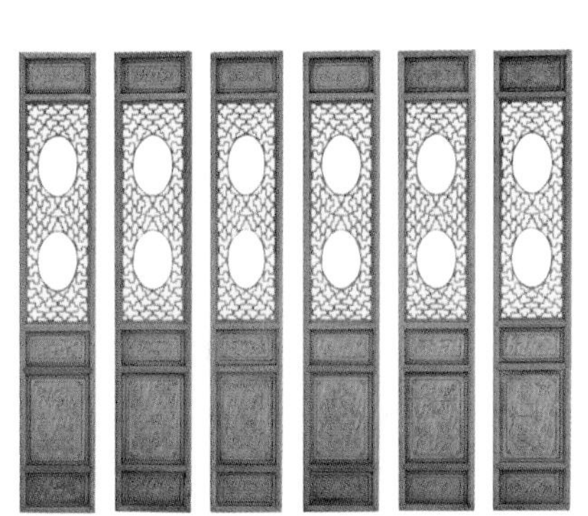

清 · 老花梨大屏风

●尺　　寸：330 厘米 × 58 厘米 × 7 厘米

清 · 嵌理石珍珠四扇屏

●尺　　寸：206 厘米 × 188.6 厘米

●**鉴赏要点**：屏风共四扇，每扇间以合页相连，可开可合。屏心嵌理石及珍珠为四季花卉人物，并配以诗句。屏下裙板镶嵌螺钿牡丹、菊花等纹饰。下有壶门式花牙。装饰华美，造型新颖，为典型的清式家具。

清末·镶翡翠浮雕山水花鸟片黄花梨四开围屏（一对）

●尺　寸：高176厘米

⊙【挂屏】

清初出现挂屏，多代替画轴在墙壁上悬挂，为纯装饰性的器物。它一般成对或成套使用，如四扇一组称四扇屏，八扇一组称八扇屏，也有中间挂一中堂，两边各挂一扇对联的。这种陈设形式，在雍、乾两朝更是风行一时，在宫廷中，皇帝和后妃们的寝宫内几乎处处可见挂屏。

明代以前，屏风多实用，主要用于遮蔽和临时隔断之用，大多是接地而设。好奇者出于欣赏目的，做炕屏（设在寝室后墙，充当炕围子）、桌屏（陈设在条案和书桌上的小型插屏）等，形制虽小，却不失屏风的形式。挂屏和小插屏所不同的是，它已脱离实用家具的范畴，成为纯粹的装饰品和陈设品。在上面镶嵌或雕刻绘画或书法，供人观赏。

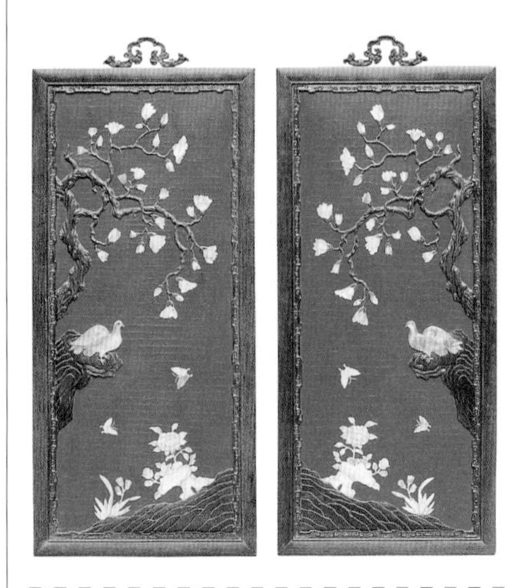

清中期·紫檀嵌百宝花鸟挂屏（一对）

●尺　　寸：高 99 厘米

●鉴赏要点：挂屏边框为紫檀木制。屏心正面蓝漆地，上用螺钿、松石等料嵌花鸟图案，形象生动逼真。

清·“迎喜迎祥”缂丝紫檀挂屏

●尺　　寸：高 95 厘米

●鉴赏要点：挂屏边框为紫檀木制。屏心为缂丝画幅，以八宝如意云纹为地，中间缂“迎喜迎祥”四个大红字，书法娴熟，缂技高超，是为精品。

清晚期 · 云石挂屏

●尺　　寸：90 厘米 × 180 厘米

●鉴赏要点：挂屏四扇成堂，硬木框柴木心，每扇各镶大理石两块，上圆下方，寓天圆地方之意。这类挂屏在清末至民国时有所见，然大多为小件，似此大者实属罕见，具有重要的收藏价值。

清乾隆 · 百宝嵌花鸟图挂屏

●尺　　寸：76 厘米 × 106 厘米

●鉴赏要点：长方形挂屏，红木为框，雕刻螭龙为饰。挂屏以黄漆为地，上以碧玉、青玉、白玉、碧玺等多种材质装饰树木花鸟，色彩搭配协调，设计制作十分讲究，雕饰极为工整，品种较少见，保存完好，原为清宫陈设器物，极为难得。

清 · 红木嵌瓷板挂屏（四屏）

●尺　　寸：高 139 厘米

●鉴赏要点：挂屏四扇成堂，红木边框。屏心嵌瓷板，绘人物故事纹，瓷板构图工整，描绘细腻。屏框浮雕蝙蝠纹。

台架类家具

台架类家具主要置于室内，是指日常生活中使用的悬挂及承托用具，用以挂放或承托日常生活所必需的物品和容器。主要包括衣帽架、盆架、灯架、灯台、镜台和梳妆台等。

【衣帽架】

衣架，即有支架和横杆的用于悬挂衣服的架子，一般设在寝室内，大多放置在卧室床榻附近或者进门的一侧，并与床、橱、桌和椅等家具在风格上相互协调，外间较少见。古代衣架与现代常用衣架不同，其形式多取横杆式，主要用于搭衣服而非挂衣服。两侧有立柱，下有墩子木底座。两柱间有横梁，当中镶中牌子，顶上有长出两柱的横梁，尽端圆雕龙头。古人多穿长袍，衣服脱下后就搭在横梁上。

明代衣架，继承古制，基本造型大同小异。下部以木墩为座，在两个底座之上植立柱，在墩与立柱的部位，有站牙挟持，两柱之上有搭脑，搭脑两端出头，一般都做圆雕装饰，有云纹、龙首及凤首等花饰。中部大都有雕饰华美的花板，称为“中牌子”。这种衣架的横向结构非常适合披搭明代宽大的袍服，搭脑两端可悬挂衣帽，与现代竖向的衣架结构完全不同。明清衣架的造型普遍简练大方，构件注重圆润流畅，装饰风格简洁明快，用料考究，做工精美细腻。

帽架是用来摆放帽子的架子。古代官员退朝回府，于大厅须宽衣脱帽。因帽子后面有帽翅或花翎，须有特制的支架摆放，故帽架成为古代官员家中的必备之物。其有帽架和帽筒之分，材质有木制和瓷制之分。

清·剔红帽架

●尺　寸：高 29.5 厘米

●鉴赏要点：帽架通体剔红，工艺浑朴圆润、纤巧细腻。架顶雕三道弦纹，刻龙纹及缠枝花卉纹。底座最外部亦刻缠枝花卉纹。帽架形制较小，适合摆放于桌案之上。

清末·描金彩绘漆衣架（一对）

●尺　寸：高 163 厘米

●鉴赏要点：此衣架与传统横杆式衣架不同，为竖式，上部为圆碗形托架，托架下有花形牙子。衣架立柱上有龙纹花牙。底座为三足形，雕刻花纹。衣架造型美观，装饰繁复，表明衣架形制正向现代形制过渡。

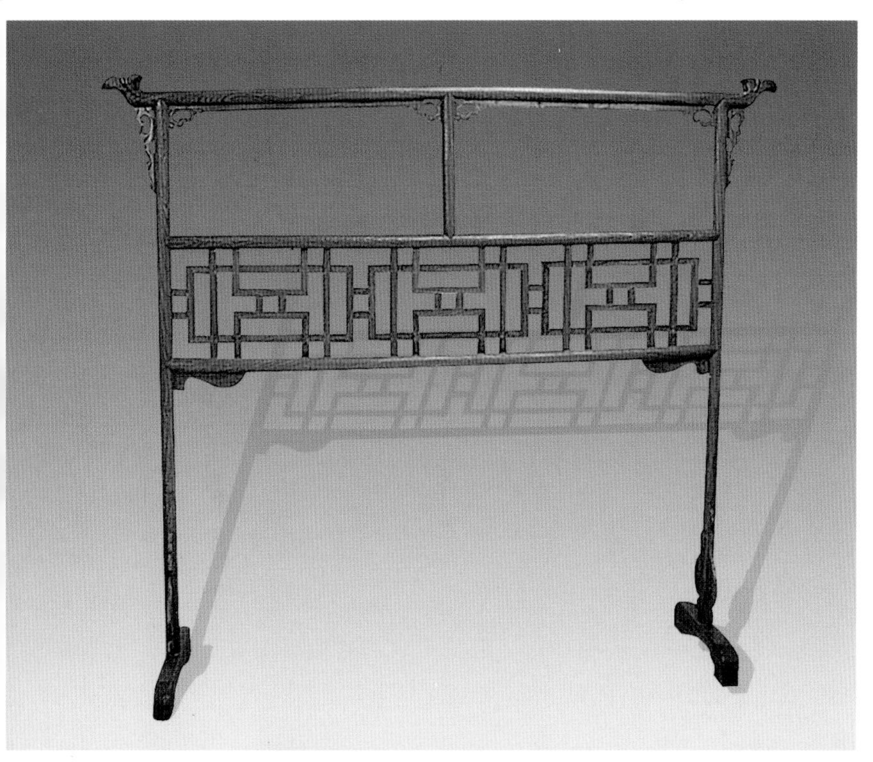

明·榆木几何图案衣架

●尺　　寸：145 厘米 × 45 厘米 × 165 厘米

明·黄花梨龙首衣架

●尺　　寸：191.5 厘米 × 57 厘米 × 188 厘米

●**鉴赏要点**：此衣架搭脑两端雕出须发飘动的龙首，牌子上分段嵌装透雕螭纹绦环板。两根立柱下端由透雕螭纹站牙抵夹，如意云头式抱鼓墩。中牌子下部和底墩间原有横枨和棂板，现尚留有被封堵榫窝的痕迹。各种榫卯均为活榫，可拆装。

⊙【盆架】

盆架，即多足且面心可以承托盆类容器的架子。分高低两种，高面盆架多为六腿，两条后腿高长，在盆架靠后的两根立柱通过盆沿向上加高，上部搭脑两端出头，上挑，中有花牌。搭脑之下常有挂牙护持，可以在上面搭面巾。低面盆架，一般都取朴素无饰的式样，有三腿、四腿、六腿等不同式样。结构上有整体和折叠两种。另一种是不带巾架，几根立柱不高过盆沿。

盆架有圆形、四角、五角及六角等形式。圆形盆架如大圆凳，略高，一般在70厘米左右，在板面正中挖出与盆大小相当的圆洞，用以坐盆。带角的盆架通常有几个角就有几条腿，而圆形的则不受角的局限，四腿、五腿及六腿均有。多为高束腰，三弯腿，下带几条交叉的横枨，有的附霸王枨。

▲清·红木火盆架

●尺　　寸：高63厘米

●鉴赏要点：此火盆架为红木制。上口呈圆形，有束腰，三弯腿下有珠形足，五条腿上有五根横枨交叉结合，牙条上雕五宝珠，又称洼堂肚。此火盆架造型别致，古朴典雅，是清式家具中的精品。

▶清·黄花梨木六足高面盆架

●尺　　寸：56.5厘米×50.5厘米×166.5厘米

●鉴赏要点：此面盆架为黄花梨木制。后柱上的搭脑两端透雕龙头，搭脑下方镶壶门式券口牙子，两侧装透雕云龙纹托角牙，架框正中镶透雕牌子，下装一横枨，横枨下有壶门式牙条，此下另一横枨装直板牙条，架间安上下两组横枨，分别由三条横枨交叉组合而成。

清·红木盆架

•尺　　寸：高 69 厘米

•**鉴赏要点**：盆架为红木制。五条腿呈三弯腿式，上部雕夔纹，上下用五根横枨相互连接，每根腿外部还浮雕卷云纹。此盆架古朴自然，又不失精巧典雅，虽为日用家具，却能带给人美的享受。

清·黄花梨六方形雕花火盆架

•尺　　寸：高 113.1 厘米

•**鉴赏要点**：此火盆架为黄花梨木制。束腰透雕如意纹，各腿上部及牙条浮雕花纹，三弯腿，卷云雕花足坐在托泥上，托泥下有龟足。此火盆架似六角方桌，雕饰华丽，稳重大方，是清代家具代表作之一。

鉴藏指南

如何"淘"老红木家具

首先要弄清木质材料。老红木是指从印度等地引进的酸枝木，其特点是木质坚硬，纹理光滑细密，初呈浅红色，时间一长逐渐变成深红色或黑红色。眼下市场上大多为缅甸和越南红木，这些红木的硬性指标不及老红木，故被人称为新红木。其次是看款式。红木家具中有明清式、法式、组合式、中西合璧式或传统式。明清式做工精细，雕刻精致，牢固强度大，国内拍卖场上见到的大多为明清式红木家具，其他相对比较少。三是看工艺。红木家具的接缝很讲究，工艺难度高，比如红木家具的小形门板就不能有拼缝。大面板、台面板最好是一块料，至多为二拼、三拼，若是有四拼、五拼则属于低等级产品。

清·黄花梨盆景架子

•尺　　寸：81 厘米 × 42 厘米 × 61 厘米

•**鉴赏要点**：此架为黄花梨木制。架面四周有拦水线，底枨为罗锅枨，枨和腿边缘起阳线，加之黄花梨木优美的纹理，显得静中有动。此盆景架形制颇为少见。

⊙【灯架】

灯架分两种，一种是挑杆式，一种是屏座式。挑杆式用以挂灯，屏座式用以坐灯。其中屏座式灯架犹如插屏的座架，只是较窄。屏框的里口开出通槽，用一横木两头做榫镶入槽内，可以上下活动。屏框上横梁正中打孔，将一圆形木杆插入孔内，下端固定在活动横木上。圆杆上端安一圆形木牌，下端用四个托角牙支撑。木牌之上，可以放灯碗，外面再套上牛角灯罩。

明清照明灯架大致可分为固定式、升降式和悬挂式三类。高型灯架中的固定圆杆式多为明式风格，可升降的灯架属于清式家具。固定式灯架，常见用“十”字形或三角形的木墩做成抵盘，上面立灯杆，四面用站牙将灯杆抵夹，杆头上为平台承托灯罩，盘下有托角牙辅助立柱支撑平台。升降式灯架的底座采用座屏式，灯杆下端有“丁”字形横木，两端出榫并置于底座立柱内侧的直槽中，灯杆可以顺直槽上下滑动，并有木楔起固定灯杆作用。还有形体结构更为精巧者，如将灯柱插于可升降的“冉”字形座架中间，通过机械作用来调节灯台的高度，使光照适合不同需要，既美观又实用。悬挂式灯架多为挑杆式，由挑杆和底座组成，底座正中安插立柱，有站牙抵夹，灯杆插入木柱圆孔中，上端常有做成龙凤形状的铜质拐角套在木杆上，下端钉有吊环以承灯笼，灯笼自然下垂，随风飘动。

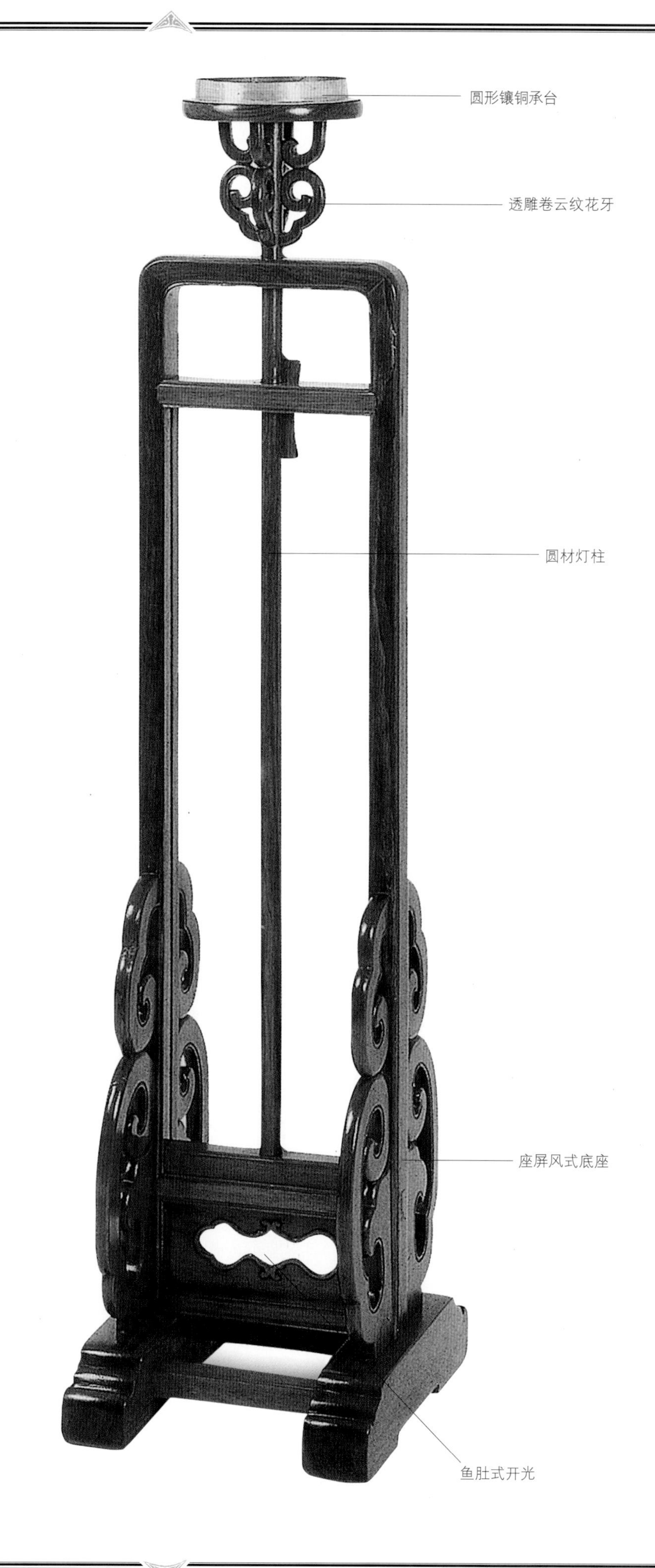

▶清·黄花梨木灯架

●尺　寸：29.8厘米×26.6厘米×119厘米

●鉴赏要点：灯台的边座皆为黄花梨木制作。拱形底座上竖两根立柱，有镂空的云纹站牙，在立柱前后相抵。立柱上下装双横枨。灯杆从上边二枨中央穿过，直抵下面的横枨上。当需要将灯杆升高时，用第二节枨子上的销子将灯杆卡住。灯杆上端有四个托角牙，承托一圆形平台，平台之上为铜制的圆盘，盛放蜡、油之用。

灯台属坐灯类，常见为插屏式，较窄较高，上横框有孔，有立杆穿于其间，立杆底部与一活动横木相连，可以上下活动。立杆顶端有木盘，用以放灯。为防止灯火被风吹灭，灯盘外都要有用牛角制成的灯罩。

▶清·紫檀台灯（一对）

●尺　　寸：高76厘米

▲清中期·红木灯台（一对）

●尺　　寸：高152厘米

●鉴赏要点：此为固定式灯台，两个墩子十字相交作为墩座，正中竖立圆材灯杆，四块透雕站牙从四面抵夹，使灯杆稳定直立。灯杆上方设圆形承台，并加挂四块透雕吊头牙与下边的站牙相对立，设计简洁而又结构合理。

▶清·紫檀灯架（一对）

●尺　　寸：高166.4厘米

⊙【梳妆台】

梳妆台，如小方匣，正面对开两门，门内装抽屉数个，面上四面装围栏，前方留出豁口，后侧栏板内竖三扇至五扇小屏风，边扇前拢，正中摆放铜镜。不用时，可将铜镜收起。小屏风也可以随时拆下放倒。它和官皮箱一样，是明代常见的家具样式。

梳妆台分高低两种，高者类似专用的桌子，台面上竖着镜架，旁设小橱数格，镜架中装一块大玻璃镜，又名“镜台”，在清代中期已很常见。低镜台形体较小，一般放在桌案上使用。镜台面下设小抽屉数个，面上装围子，常见的还有在台面后部装一组小屏风的，屏前有活动支架，用以挂镜，名“镜支”。也有的不装屏风和围子，而是在台面之上安一箱盖。打开盖子，支起镜架，即可使用。明清镜架做工十分精美，有木制的宝座式镜台和五屏式镜台等，其上雕龙画凤，镶嵌雕刻，工艺精湛。

现代梳妆台的样式

梳妆台一般由梳妆镜、梳妆台面、梳妆柜、梳妆椅及相应的灯具组成。提起梳妆台总会让人联想起古人“对镜贴花黄”的情景，如今它已成为现代家居中最富有魅力的一种装饰。近年来，梳妆台的设计逐渐人性化，强调满足人的生理、心理的需要，并要求实用与美观的协调。梳妆台依据设计与造型一般可分为三大类，即豪华型、古典型和实用型。按照功能和布置方式，可分为独立式和组合式两种。独立式是将梳妆台单独设立，而组合式是将梳妆台与其他家具组合设置。对于崇尚自我、喜欢随意的现代女性来说，她们会更喜欢独立式的梳妆台，因为独立式梳妆台比较灵活随意，装饰效果往往更为突出。而对于空间不太大的小家庭来说，组合式的梳妆台是首选，这种梳妆台将妆台与其他家具组合设置，便于节省空间和增强实用性。

▲清 · 红木三开梳妆盒

●尺　寸：40 厘米 × 29 厘米 × 22 厘米

▲清 · 黄花梨屏风式镜台

●尺　寸：53 厘米 × 33.5 厘米 × 79 厘米

●**鉴赏要点**：台座上安五扇小屏风成扇形，中扇最高，两侧渐低，并依次向前兜转。屏风上镶绦环板，透雕龙凤纹。上搭均高挑出头，圆雕龙头。台面四周有望柱栏杆，镶透雕龙纹绦环板。台座设抽屉五具，屉板上雕凤纹。

明·紫檀镜架

●尺　　寸：47 厘米 × 43 厘米

●鉴赏要点：此镜架为紫檀木制。架顶端边框呈罗锅枨式，两头雕龙头，底座前部有壶门，用黄铜皮包角，榫卯精巧，设计严谨，加工精细，是镜架中的精品。

清中期·紫檀宝座式镜台

●尺　　寸：高 58 厘米

●鉴赏要点：此镜台为宝座式样，较多地保留了明式家具的痕迹。分两层设抽屉五具，台座上的后背和扶手的装板上均透雕花鸟纹饰，俗称“一品清廉纹”，画面齐整生动。搭脑中间拱起，两端下垂，至端头又反翘，圆雕灵芝形状，扶手出头也是同样的形状。

鉴藏指南

作伪古家具包浆的鉴识

第一，观察木材纹理，色泽是否自然。木材若有修配，在纹理及色泽上或多或少地都会存在差异；另外，修配及作伪都要染色，观察色泽上是否为浸染所致。第二，注意表面风化程度。家具使用条件不同，其风化程度也会不同；另外，同样一件家具，靠墙面和正面、上面和下面都会存在风化差异，观察这个差异是否自然，如有人为痕迹就要小心。木材的风化是长期使用的结果，木材表面因纹理而产生的软硬不同，故风化现象随之产生。形象一点讲，如果把自己的眼睛当作放大镜，就可以理解貌似平面的木材风化现象。第三，注意接缝、拐角等连接处的细部。这一点也十分重要，许多作伪家具多搁几天，就会出现收缩现象，露出新茬的地方是作伪者无法顾及到的。

▲清·黄花梨木宝座式镜台

●尺　　寸：高53厘米

●**鉴赏要点**：镜台呈宝座式，台面上围子透雕各种纹饰和图案。整体构造巧妙，雕工精致，艺术性很强。

▶明·黄花梨宝座式镂雕龙纹镜台

●尺　　寸：52.5厘米×29.5厘米×79厘米

●**鉴赏要点**：屏风式围栏，中扇凸起。搭脑正中上方镶火珠纹，两端下沉后探出立柱，立柱上圆雕相对螭首。有螭纹站牙，与侧立的围栏垂直相交。侧立围栏上端也雕有探出向前张望的螭首。围栏中有形状不一的绦环板，均雕以螭纹。台面上有一瓜叶形座，系为卡镜之用。有冰盘沿式台面，下设三具抽屉，均装饰铜制拉环，下层抽屉另有拍子及插销。三弯腿内翻卷涡足。腿间壸门牙子雕卷草纹。

清·红木梳妆台

●尺　　寸：高204厘米

●鉴赏要点：此梳妆台为红木制，是中西合璧的家具款式。台面上竖着镜架，镜架中装有玻璃镜，镜面周围透雕、浮雕各种纹饰，雕工极其精湛。台面下为组合式橱柜，底设八足，设计巧妙，具有清代梳妆台的典型特征。

明末清初·黄花梨三屏风式雕龙纹镜架

●尺　　寸：高82厘米

●鉴赏要点：此件镜架共设五具抽屉，有三扇屏风，扇顶两端各有圆雕龙头一个。中扇最高，共分三段，左右屏各分两段，嵌板透雕海水云龙纹及鱼跃龙门纹。另设一可移动式的镜架，中段嵌板透雕圆形龙凤呈祥图，上段则是松鼠及葡萄串。镜架上有围栏，前面有四柱三板，柱头雕有狮子四只，三板则透雕梅花。后有莲花柱两个。

中式古典家具应三思而后买

中式古典家具有很高的保值性和增值性，对于普通的消费者来说，应该三思而后买。

一思：为什么买。若想买一件古典家具，首先要弄明白自己的购买动机是什么。是要保值收藏，还是想使用欣赏。其次还要考虑清楚两个问题：一是有足够充裕的资金吗？二是有成熟的经验吗？收藏需长期占用大笔资金，而且如果没有经验就可能会买到赝品。

二思：年代与造型。古典家具的年代基本上可以从材料上确定。明式家具以黄花梨木为主，极少使用其他木材。其中又以桌椅、橱柜较多，大都没有镶嵌和雕刻。明末清初由于黄花梨木材的匮乏，所以改用紫檀木加工制作家具。紫檀木家具大件甚少，较少有雕刻，也很少做镶嵌。紫檀木木种有十几种，不同材质的紫檀木价格差别较大，就现在的木材市场来说，1立方米紫檀木有几千元人民币的，也有十几万元人民币的。清中期以后逐渐使用鸡翅木、酸枝木、铁梨木及花梨木等。现代新家具则大多是用酸枝木和红木作材料。酸枝木家具中大件较多，雕刻花样繁杂，有嵌玉、石及螺钿等。花梨木家具上也多有雕刻和镶嵌，以近代产品为多。

三思：购买场所。古典家具的逐步走俏，使一批信誉好、资金雄厚的家具生产销售厂家脱颖而出。这些企业知名度高、信誉好，从中无论是购买古典家具还是仿古家具，都较为可靠。如北京的龙顺成家具厂、金漆镶嵌厂都经营和销售古典家具，同时也进行仿古家具的制作。除了较可靠的厂家外，各大古旧家具市场也是选择家具的较佳场所，位于潘家园的兆佳朝外市场是经营古典家具规模较大市场之一，古玩城、潘家园旧货市场内也有好几家经营古旧家具及仿古家具的店铺，琉璃厂也能看到一些经营古旧家具的店铺。

木器杂件类家具

木器杂件包括笔筒、镇纸、臂搁、摆件、雕件（观音、罗汉、山子等）等木制品。

笔筒出现于明朝嘉靖时期，大都造型简单实用，口底上下相似，呈筒状，是案头必不可少的装饰品，极具观赏和实用价值，深得文人墨客的喜爱。笔筒源自笔架和笔船，笔架至今仍在使用，笔船由于笨拙被笔筒所代替。笔筒先后有竹木、牙角、玉石、铜、瓷等材质。《长物志》云：“湘竹、棕榈者佳，毛竹以古铜镶者为雅，紫檀、乌木花梨亦间可用。”文中花梨就是黄花梨木。笔架又称笔格、笔搁，是架置毛笔的一种器具，为文房常用器具之一。往往作山峰形。为了能够载笔，笔架往往要有相连的四个凹处，凹处可置笔。笔架有圆形、方形、长方形的，每种式样花色繁多。也有人物和动物形的，天然老树根枝制成的笔架尤妙。

镇纸又称书镇，主要用以压住纸张或书册而不使其失散，方便在帛卷、宣纸等材质上书写。书镇所用材料为铜、石、玉、玛瑙、水晶或陶土等，明清以来木制镇纸很多。自古及今，镇纸形制多样，造型多为动物形象，如蟾蜍、卧马、辟邪和牛羊等，形象生动古朴。制作者争奇斗巧，镇纸变化万端，是文人案头的宝玩之一，使文房器物更完善。与镇纸具有同样用途的还有“压尺”，或叫“镇尺”。

臂搁是书写、绘画时垫臂肘的用器。也叫搁臂、腕枕或秘阁等，其中秘阁的称谓是从古代的藏书之所——秘阁转化而来。臂搁的出现与中国古代书写用具和方式密切相关。中国以前的书写格式，是自右而左，为了防止手臂沾墨，就产生了这种枕臂之具。臂搁这种文房用具则成了书斋中不可或缺、集实用与观赏于一身的案头小品。以各种木为材料刻制成的臂搁是极为常见的文房工具，功能是在古人书写时用以枕臂，以补书写者臂力的不足。其上大都雕刻丰富的图案，以花卉虫草、人物典故作为装饰，各具风格，使其既成为具有实用价值的文具，又是具有欣赏价值的艺术品。臂搁种类繁多，工艺精湛，名品荟萃。

清中期·黄杨木雕梅花臂搁

- 尺　寸：长 19 厘米
- 鉴赏要点：此臂搁色泽深黄，质地光润。截取梅树一节为型，雕做臂搁，镂雕梅枝、梅花与花蕾，构图清雅。器表镂空瘿瘤，更增变化。

鉴藏指南

判断木雕的收藏价值

判断木雕作品的价值要从三方面入手。第一，作品本身在时空点上与历史事件是否有过碰撞。如果那一木雕作品本身有故事、有渊源，打上了历史的烙印，自然收藏价值就高。第二，木雕要随形就势，依据材料本身特有的天然形状或纹理方向，巧加雕琢，七分天成，三分雕刻。第三，保存的品相很大程度上会影响木雕作品的价值，因为木雕很容易造成磨损、脱落甚至爆裂，保存比较困难，而且对保存环境的温度、湿度和通风条件也都有很高的要求。

清·黄杨木雕达摩站像

- 尺　寸：高 57.5 厘米
- 鉴赏要点：达摩左手抱拐杖，右手持念珠，瞠目而视，肋骨嶙峋。作者以敏锐的观察力，运用各种雕琢技法，通过细节刻画，将人物个性准确地表现出来。

木器杂件还包括很多摆件、雕件等。这些木器大多为装饰、陈设品，选材考究，造型别致，工艺精巧，体现了明清时代木器制作工艺的精湛水平。

清·红木雕莲花形盏托

●尺　寸：高18厘米

●**鉴赏要点**：色呈紫红。上下部呈对称处理，托部略高，有大小莲瓣各六瓣，相间排列而成，足部则以外撇莲瓣组成，器身中部一周也以平伸莲瓣为饰，偃仰交插，风格颇为独特。

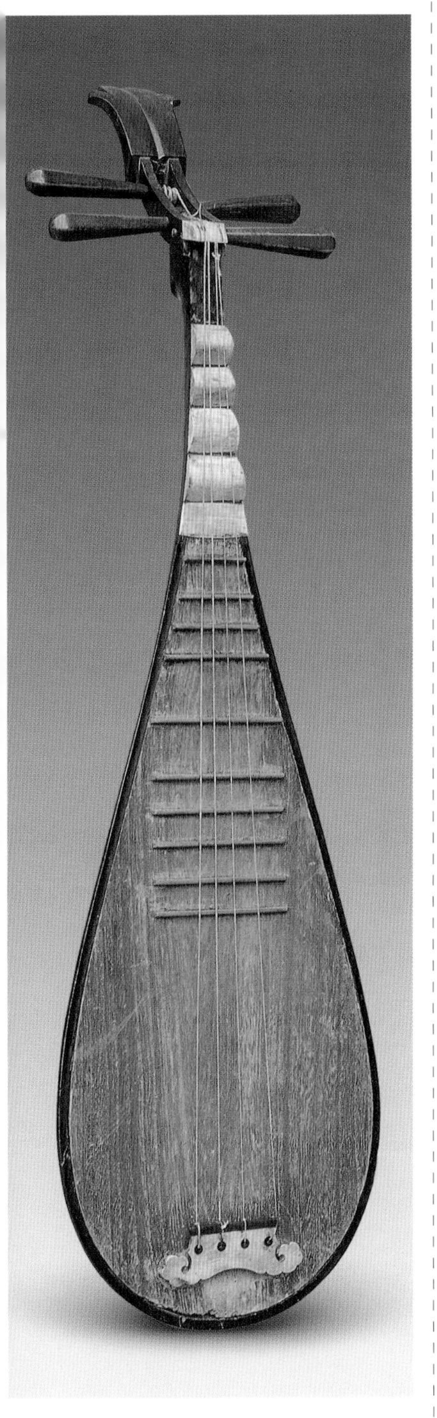

清·鸡翅木雕琵琶

●尺　寸：长99厘米

●**鉴赏要点**：鸡翅木花纹浮现，增添了器物的美感，加之制作精整，发音共鸣亦属不俗。

清·紫檀木雕荷叶形托盘

●尺　寸：宽17厘米

●**鉴赏要点**：此托盘为荷叶式，边缘卷曲，叶面镂空虫蚀，极为生动。底座镂雕荷花、荷叶、藕及浪花等，交错穿插，结构繁复，令人眼花缭乱。

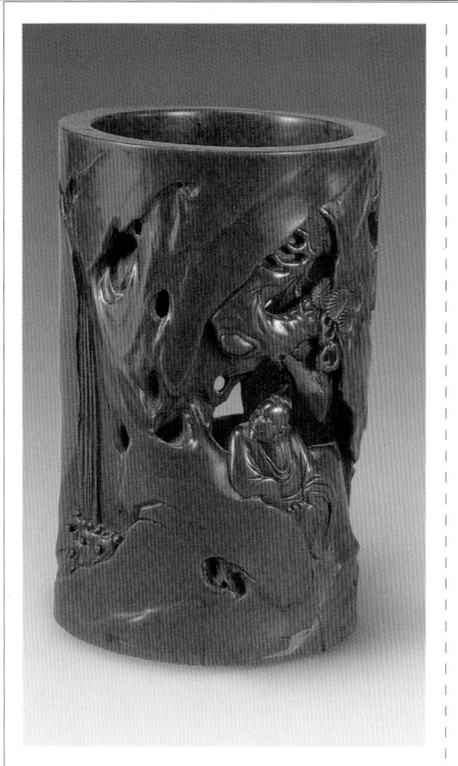

清初·黄杨木雕人物笔筒

●尺　　寸：高 11.7 厘米

●**鉴赏要点**：镂雕怪石嶙峋，松枝隐现，老者倚石倾身，如聆听流泉飞溅之声。山石孔窍有镂空，有低陷，加之枝叶穿插，形成极为复杂的构图。雕刻繁简相宜，磨工甚好，突显出了黄杨木雕的质感和效果。

清·影木雕松芝献寿笔筒

●尺　　寸：高 15 厘米

●**鉴赏要点**：此笔筒随树木自然形态雕制成松芝绕壁式，雕工繁密，浮雕感很强。

明晚期·黄杨木雕观音

●尺　　寸：23.5 厘米 × 6.1 厘米 × 5 厘米

●**鉴赏要点**：此观音像以黄杨木雕成。发挽高髻，双目微合，面容安详，胸垂璎珞，身披天衣，手持经卷，赤足，侧身玉立，如入物我两忘之境，澄明一片。观音为观世音菩萨的略称，因佛经中宣扬其有三十三化身，解救十二大难，故得到人们的普遍信仰。此作品为圆雕，人物肌圆骨润，呈现出柔和的曲线，极富美感。

清·黄杨木雕渔翁

● 尺　　寸：高 15.5 厘米

● 鉴赏要点：渔翁神态惟妙惟肖，作者巧夺天工，赋予人物以浓郁的生活情趣，通过细节的雕琢刻画，将渔翁生龙活虎的姿态呈现于眼前。

清·黄杨木雕松山楼阁杯

● 尺　　寸：直径 13.5 厘米

● 鉴赏要点：此杯呈倒置圆锥形，内部凹凸起伏，但打磨光滑。外部高浮雕及镂雕山石倒挂，山岩磊磊，松针密布，云气卷舒；下部雕楼阁飞檐，营造出一种神话氛围。刀法深峭简朴，多直线条几何块面，特点鲜明。

清中期·紫檀木雕花插

● 尺　　寸：高 18.2 厘米

● 鉴赏要点：此花插做“S”形，体侧有伸展的小枝，体表疤痕错落，线条多变，造型奇谲，意趣盎然。

清·黄杨木雕布袋和尚摆件

● 尺　　寸：高 22 厘米

● 鉴赏要点：作者以圆雕技法，将两位大耳垂肩、袒胸露腹的和尚悠闲自得的神情淋漓尽致地刻画了出来。整个作品浑厚朴实，刻画精细。

清·黑漆装金镂雕加罩椟子

●尺　　寸：65.5 厘米 × 47.5 厘米

●**鉴赏要点**：器物木制髹漆装金，内壁两侧立面及开门均饰高浮雕及镂雕纹饰，背立面以金漆描绘山水人物图景，与器身满密的雕刻恰成对照。下配束腰膨牙三弯腿底座。外罩风格统一，锼雕装金花牙，非常精美。此器雕刻繁难，装饰华丽，金墨辉映，效果强烈。

▲清·黄杨木雕祝寿仙女像

●尺　　寸：高 37 厘米

●鉴赏要点：圆雕二女并立于基座上，人物眉目如画，比例协调。雕刻刀法熟练，打磨光润。

▲清·沉香木雕观音像

●尺　　寸：高 18.5 厘米

●鉴赏要点：观音手捧书卷，宝相庄严，衣纹流利而富质感，是沉香木雕中不多见的佳品。

木雕装饰技艺

木雕技法的运用是否娴熟、得当，关系到艺术作品创作的成败得失，同时它也是鉴赏、收藏木雕必须了解的要点。其基本技法如下。第一，平雕。平雕是在平面上通过线刻或阴刻的方法表现图案的雕刻手法。常见有三种：线雕、锓阴刻及阴刻。第二，浮雕，也称落地雕。是将图案以外的空余部分（地子）剔去，从而使图案凸出来的雕刻方法。浮雕不同于平雕，高低错落，层次分明。第三，透雕。这种雕法有玲珑剔透之感，易于表现雕饰物件多面的整体形象，常用于分隔空间，两面观看的花罩、牙子及团花等物件的雕饰。第四，贴雕。贴雕是浮雕的改革雕法，兴于清代晚期，常见于裙板、绦环板的雕刻。第五，嵌雕。嵌雕是为了解决浮雕中个别高起部分而采用的技术手段，需另外雕出并嵌装在花板上。第六，圆雕。圆雕亦称混雕，是立体雕刻的手法。

漆家具

中国漆工艺术历史悠久，在商代遗址中多次发现描绘乃至镶嵌的漆器残件。在此之前，肯定还经历过一个漫长的发展过程。这说明在原始社会末期，我们的祖先就已认识并使用漆来涂饰日用器物，这样既保护了器物，又收到很好的装饰作用。几千年来，经过历代劳动人民的发展创新，到明清时期，漆工艺术已发展出14个门类，87个品种。这时期能工巧匠辈出，且有大批文物传世，在明清家具种类中，是不可忽视的一个方面。

▲明·红大漆双门柜

•尺　　寸：104厘米×56厘米×114厘米

•鉴赏要点：此柜上的红漆保留得还算完整，柜子的正面和框架皆起线，下部的透雕卷草纹角牙，显示出了明式家具的风格。

单色漆家具

单色漆家具又称素漆家具，即以一色漆油饰的家具。常见的有黑、红、紫、黄及褐诸色。以黑漆、朱红漆、紫漆为最多见。黑漆又名玄漆、乌漆。黑色本是漆的本色，故古代有“漆不言色皆谓黑”的说法。纯黑色的漆器是漆工艺中最基本的做法，其他颜色的漆皆是经过调配加工而成的。由于单色漆器不加任何装饰纹样，故完全以造型和色泽取胜。

漆家具的做法，首先以较轻软的木材做成骨架（这是因为软质的木材容易着漆，而硬质木材不易着漆），然后涂生漆一道，趁其未干，糊麻布一层。用压子压实，使下层的生漆从麻布孔中透过来，干后，上漆灰腻子。一般上两到三遍，分粗灰、中灰、细灰。每次都须打磨平整，再上所需色漆数遍，最后上透明漆，即为成器。其他各类漆器均在素漆家具的基础上进行。

北京故宫博物院保存着众多的大至柜橱桌案，小至箱盒盘碗等单色漆器，如黑漆圆腿书桌、朱漆香几和朱漆捧盒等，既具有实用价值，又是精美的艺术品。

▲清·雕漆花几

•尺　　寸：高40.05厘米

▲明·黑漆剑腿画桌

•尺　　寸：高85厘米

•鉴赏要点：案面长方形，腿牙为夹头榫结构。两腿侧间装二横枨，四腿外撇，侧脚收分。剑式腿。通体罩黑漆。

明·黑漆百宝嵌小插屏

●尺　寸：23 厘米 × 11 厘米 × 20.5 厘米

●鉴赏要点：屏心一面以螺钿、象牙、玉石和玛瑙等镶嵌成佛手、菊花及红叶；另一面为剔红开光花鸟纹，锦纹地。屏与座一木连作，明式抱鼓墩及站牙。黑漆边座。

明·红漆单屉书桌

●尺　寸：103 厘米 × 66 厘米 × 87 厘米

●鉴赏要点：此为桌案结体，面下装抽屉，前脸饰圈口，铁制钉锦。屉下牙条甚窄，牙头甚小，两侧腿间装双枨，四腿均倒棱，侧脚收分明显。具有浓厚的明式家具特点。全身木胎髹红漆，属漆家具品类中的素漆家具。

中国漆家具的发展

中国古人使用漆的历史很长，河姆渡文化就发现了原始漆器，距今已有7 000多年了。漆的本色单调，呈深棕色，反复髹饰后漆层加厚，近乎黑色。如在漆中加入朱砂，则呈朱红色。所以我们今天可以看到战国至汉代的漆器大都是黑红两色。元代以后，漆制家具开始增多。进入明朝以后，尤其明中叶，漆制家具争奇斗艳，剔犀、剔红、剔彩、款彩及彩绘等工艺大量被使用在家具上。漆制家具工艺复杂，厚漆类家具纹饰都以刀刻划出，纹饰类别有剔犀，也称云雕；图案类有剔红山水亭台、花卉鸟兽，这些都是在反复髹成的厚漆上雕刻的；款彩则不然，披麻挂灰后髹漆，在灰层施以刀刻，然后再填以彩漆，构成图案；彩绘与上述工艺不同，不用刀刻，而用笔绘制，表现力尤为丰富。清时期，大漆家具在北方黄河流域流行。大漆家具与晚清以后的擦漆工艺截然不同，表现力也不同。大漆家具以表现漆的美感为目的，完全放弃了木材的天然纹理，在制作好的家具上披麻挂灰，厚者可达数毫米，然后再在打磨后的灰胎上髹漆，反复数道甚至十数道，以凝重的色调取胜。而擦漆家具要兼顾木材纹理的表现力，透明的漆下还有木纹显现，所以髹漆较薄，也不挂灰，这种擦漆家具对家具木材有纹理要求，北方最常见的就是榆木擦漆家具。

清·雕漆花卉纹几

雕漆家具

雕漆家具是在素漆家具上反复上漆，少则八九十道，多则一二百道而成的。每次在八成干时漆下一道，漆完后，在表面描上画稿，以雕刻手法装饰所需花纹。然后阴干，使漆变硬。雕漆又名剔漆，有红、黄、绿、黑几种。以红色最多，又名剔红。雕漆家具是漆家具中的主要品种，传世很多。其中最有代表性的是北京雕漆。一般所说的漆器，主要的表现手法是把漆涂在漆胎上或是在漆器上刻花之后再涂一层漆，也有的是镶上或用漆色画上图案、花纹等，产品的品种主要是室内家具。北京雕漆则不然，它是以雕刻见长。在漆胎上涂几十层到上百层漆，厚约15～25毫米，再用刀进行雕刻，故称“雕漆”。在史书上雕漆又被称为“剔红”，这是习惯性的称法，因为在古代的雕漆制品中，主要是以红、黑颜色为主。雕漆工艺和其他的传统艺术一样，有其自身的发展和风格演变过程。史料记载，北京雕漆始于唐代，兴于宋、元，盛于明、清。明代，雕漆工艺发展很快，是中国雕漆艺术成熟的时期，并以明永乐、宣德两世为最盛。当时的雕漆名手，都是世代相传，如张成之子张德刚，杨茂的后代杨埙，都是技艺高超的名匠。当时的雕漆制品，仍以红为多，朱红含紫，稳重沉着。品种也以盒为多，盘、匣次之。小件较多，大件较少。制胎则以木胎、锡胎为主，也有金银胎。在图案方面，山水人物、花卉鸟兽的题材较多，这与元代花卉、锦地的做法大不相同，其刀法流畅，藏锋清楚，较宋、元两代的刀法变化要多，雕刻工细，表现形象生动。这一时期的优秀作品在北京故宫博物院、上海博物馆和南京博物院都有珍藏。清代的雕漆工艺品，大多数是在乾隆和嘉庆年间制作的。

清·剔彩王质遇仙图插屏（一对）

●尺　　寸：高43.2厘米

●鉴赏要点：此插屏为木胎，髹红漆，漆色肥厚。屏座剔红浮雕山水、亭台、楼阁及折枝牡丹等纹饰，屏心为锦地上浮雕王质遇仙图。工艺熟练，艺术价值较高。

清乾隆·雕漆山水战士图挂屏（一对）

●尺　　寸：高112.5厘米

●鉴赏要点：挂屏髹红漆，屏心雕刻山水战士图，边框镀金，雕刻蝙蝠纹。雕刻细腻、生动。

乾隆年间，由于皇帝本人喜爱雕漆制品，因此，大力提倡生产，宫廷所用的雕漆品种繁多，这样便使雕漆生产在乾隆时期出现了空前的繁荣局面。当时的雕漆制品，品种丰富，屏风、桌椅、小盘、小盒、小瓶和小罐等都有。以木胎、锡胎为主，也有用脱胎的，造型精致，富于变化，颜色也增多，并且还有与玉石镶嵌结合而成的产品。图案方面，除花鸟、人物外，开始有各种吉祥如意的图案。在构图上绵密多层次，以多见长。和明代不同的是不注重磨工，但具有严谨、精致、华丽的特色。以花卉题材为多，有自然灵活、层次鲜明、立体感较强等特点。

清中期 · 雕漆人物挂屏（一对）

●尺　　寸：高 12.6 厘米

●鉴赏要点：此挂屏以木为胎，外髹红漆，一屏心雕刻山水人物纹，另一屏心雕刻楼阁人物纹，两屏边框雕刻缠枝花卉纹。雕工精细，色彩鲜艳。

清 · 剔彩缠枝花卉蝠纹官皮箱

●尺　　寸：39.5 厘米 × 33 厘米 × 45 厘米

●鉴赏要点：此官皮箱盖内为一浅屉。正面对开门。箱盖、门上安铜饰件，箱体两侧装铜提手。下有座台，底边镂出壶门式曲边。箱盖、对开门及箱两侧皆为剔红浮雕西番莲纹。底台托腮上饰连续如意云纹。

清乾隆 · 剔红山水人物图多层盖盒

●尺　　寸：宽 16.7 厘米

清·剔红八吉祥方胜套盒

●**尺　　寸**：17.6 厘米 × 24.1 厘米 × 13.6 厘米

●**鉴赏要点**："方胜"形指的是两个重叠一角的正方形，本件作品采取的造型即是。此件作品的特别之处是，工匠先做成一个雕漆框架和台座，再将绘有吉祥图案的小方盒放进框架之中，设计十分繁复而富有创意。朱漆框架雕菊花，緫作篆书"寿"字。侧面支架上透雕花卉锦纹。框架间露出里面的描漆方盒。底下的台座连六个象鼻式的脚，小雕上花纹。里面的漆盒施五彩，大小五个相叠。漆器的内部、底及盖内，皆髹黑漆，无款。整个套盒上遍布法轮、法螺、宝伞、白盖、莲花、宝瓶、金鱼及盘长（肠）等代表佛教的八种吉庆祥瑞之物，又称"八吉祥"，是始见于元代，而明清时期十分流行的图案。

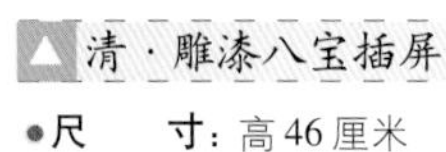

清·雕漆八宝插屏

●**尺　　寸**：高 46 厘米

清乾隆·剔红雕花卉纹菱式多宝格盖盒

●**尺　　寸**：高 17.5 厘米

●**鉴赏要点**：盒为木胎，盖髹红漆，上及四面开光内浮雕折枝牡丹纹，外为锦地。内体开光剔彩装饰，开光外则为锦纹。底座有披牙，三弯腿，外翻云纹足，踏托泥，皆髹红漆。

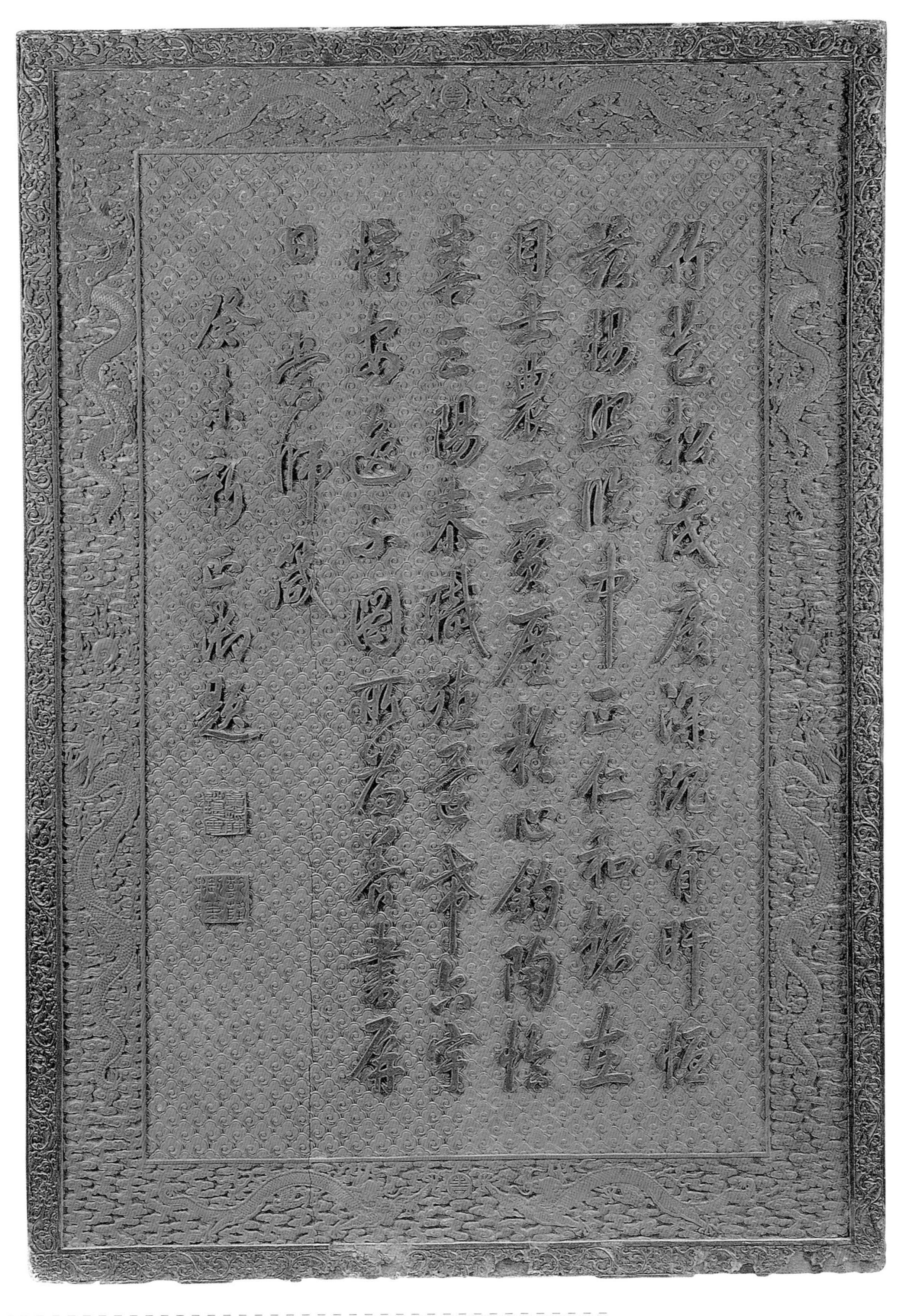

清乾隆·雕漆嵌绿石御题挂屏

●尺　　寸：86 厘米 × 122 厘米

清·剔红座架三叠式盒

●**鉴赏要点**：此盒为木胎，共三叠，盒盖为银锭式开光，于金色锦地上浮雕博古纹。盒内层以剔彩手法为主，外层以剔红手法为主，底座用剔红手法做成楼阁状，纹饰繁缛。

清·填漆方桌

●**尺　寸**：13.2厘米×18.3厘米

陇中雕漆

陇中雕漆堪称一枝独具魅力的奇葩，为中华漆艺之一绝。地处黄土高原中部的陇中地区，南依秦岭，北临渭水，山区森林中长有大量的漆树，其漆质地优良，为雕漆工艺提供了绝好的天然原料。雕漆工艺源于民间，有着悠久的历史，早期的雕漆工艺主要用于家具油漆，只有简单的图案嵌雕于漆器上。随着社会的进步和人们鉴赏水平的提高，近数十年中，雕漆工艺进入突飞猛进发展的黄金时期，逐渐成熟并形成了一种独特完善的艺术风格。雕漆工艺，做工精细，品种繁多，大到茶几、桌椅、屏风、壁挂；小到茶碗、杯垫、托盘、妆盒，均可一显雕漆风采。自古以来，具有较高欣赏保存价值的工艺品大多为手工制作。雕漆器具的制作，工序十分繁杂，且都须手工完成。首先选用优质松、桦、椴等木材制成器物后，再用当地林间的老漆(即生漆)厚厚涂于器物表面，干后打磨光滑，此时，漆色黑亮照人，漆膜光彩饱满。然后，用选自各地的天然彩石及珍贵的玛瑙、象牙、玉石、珊瑚等雕刻成仕女人物、花草鱼虫或山石林木。其刻技严密精湛，有时一个人物或一朵花卉需分别刻制成几十个组件。随后，经精心拼配镶嵌于漆面之上，到此，才算功告大半。再经边框描金，彩绘背景图案，细微之处糅刻，一件完美的雕漆艺术品才全部完工。制作程序环环紧扣，稍有不慎，便会前功尽弃。因此，每一件工艺品都浸透和饱含着雕漆艺人的心血和智慧。雕漆工艺品具有极高的实用和艺术欣赏价值，漆面耐磨耐蚀，不易褪色，且不怕烧烫；同时，又是一件艺术佳品，山水人物，栩栩如生，典雅庄重，富丽堂皇。件件五光十色，风姿独具，置于室内，异彩纷呈，满屋生辉，如一幅定格的立体风光图画，让人百看不厌。

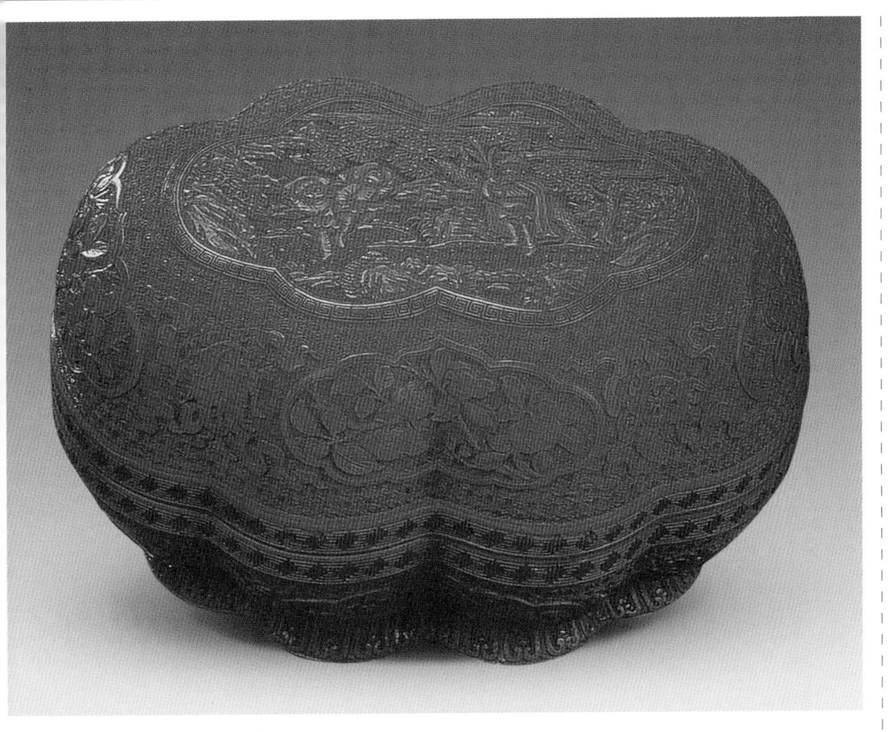

清 · 剔红山水人物纹圆盒

- **尺　　寸**：直径 37 厘米
- **鉴赏要点**：此盒弧形盒盖的圆平面上是剔红山水人物纹，天、地及水均雕刻细腻，围以回纹与莲瓣纹；盒与盖两边上的海棠形开光内浮雕山水人物纹，开光之间为莲花纹；圈足回纹，盒内底髹黑漆，上署“大清乾隆年制”六字篆体印章款。

清 · 木雕楠木香几（一对）

- **尺　　寸**：75 厘米 × 48 厘米

清乾隆 · 雕漆山水人物纹卷几

- **尺　　寸**：长 40 厘米

鉴藏指南

富丽华贵的清式家具

到了清代，家具总的来看造型已趋向笨重，并一味追求富丽华贵，繁缛的雕饰破坏了造型的整体感，并且触感也不好。但在民间，家具仍沿袭“明式”程式，保留了朴实简洁的风格。根据学者们的研究，清代家具工于用榫，不求表面装饰：京作重蜡工，以弓镂空，长于用鳔；广作重雕工，讲求雕刻装饰。装饰方法有木雕和镶嵌。木雕分为线雕（阳刻、阴刻）、浅浮雕、深浮雕、透雕、圆雕或漆雕（剔犀、剔红）；镶嵌有螺钿、木、石、骨、竹、象牙、玉石、珐琅、玻璃及镶金、银，装金属饰件等。装饰图案多为象征吉祥如意、多子多福、延年益寿、官运亨通之类的花草、人物或鸟兽等。家具构件常兼有装饰作用。如在长边短抹、直横档，背板脚柱上加以雕饰；或用吉字花、古钱币造型的构件代替短柱矮佬。特别是腿的造型变化最多，除方直腿、圆柱腿或方圆腿外，又有三弯如意腿、竹节腿等；腿的中端或束腰或无束腰，或加凸出的雕刻花形、兽首；足端有兽爪、马蹄，如卷叶、踏珠、内翻、外翻、镶铜套等。束腰变化有高有低，有的加鱼门洞、加线；侧腿间有透雕花牙档板等。北京故宫博物院太和殿陈列的剔红云龙立柜，沈阳故宫博物院收藏的螺钿太师椅、古币蝇纹方桌、紫檀卷书琴桌、螺钿梳妆台和五屏螺钿榻等，均为清代家具的精粹。

描金漆家具

描金漆家具，是在素漆家具上用半透明漆调彩漆描画花纹，然后放入温湿室，待漆干后，在花纹上打金胶（漆工术语曰“金脚”），用细棉球着细金粉贴在花纹上。这种做法又称“理漆描金”。如果是黑漆地，就叫黑漆理描金；如果是红漆地，就叫红漆理描金，也有紫漆理描金等。黑色漆地或红色漆地与金色的花纹相衬托，具有一种绚丽华贵的气派。

描金漆家具的做法有用一色作画的，也有用金色深浅不一的几种原料作画的，即描金和彩绘。在漆家具上施以描金彩绘，是清代工匠的惯用手法。当时生产漆家具的地区很多，如湖南浏阳生产的彩漆人物屏障，广东制造的漆几、漆匣等，山西绛县生产的橱柜、屏风及隔扇等，无不做工精细，技艺纯熟。彩绘中有金漆彩绘、银漆彩绘、朱漆彩绘及黑漆描金等不同手法，堪称五花八门。

清中期 · 红漆描金大皮箱（一对）

● 尺　　寸：93 厘米 × 70 厘米 × 40 厘米

● 鉴赏要点：此箱木胎包牛皮，罩红漆，三面皆为贴皮镂空描金狮子滚绣球和五蝠捧寿图，黄铜面叶、拉手与箱子整体协调一致，色彩华丽，为祝寿时所用器物。

清中期 · 黑漆雕花描金罗汉床

● 尺　　寸：213 厘米 × 143 厘米 × 77 厘米

● 鉴赏要点：此罗汉床造型奇特异常。座面上三面围子，似一幅长卷，蜿蜒舒卷、层层叠叠。画面似隐似现，内容丰富，有彩绘人物故事、树木、山石、花卉及博古等纹饰。边缘部分及两端描金。座面攒框镶席心，冰盘边沿下带束腰。两腿间大垂洼堂肚牙子，浮雕拐子纹并描金。腿足描金雕螭纹，足下踏有怪兽。

明早期·黑漆描金山水插屏

●尺　　寸：48 厘米 × 27 厘米 × 53.5 厘米

●**鉴赏要点**：屏扇四边以粽角榫攒框镶板，框上依稀可见描金万字锦纹。屏心有描金山水、树、石和花草痕迹，四周环有绦边。屏座以短柱为界，分出二格，内装梭子形开光的绦环板。前后皆有壶门式披水牙，两侧锼出云纹。屏柱立于抱鼓墩中间，并有站牙抵住。座下装有托泥。此物相貌异常古朴，画面描金已有缺失。

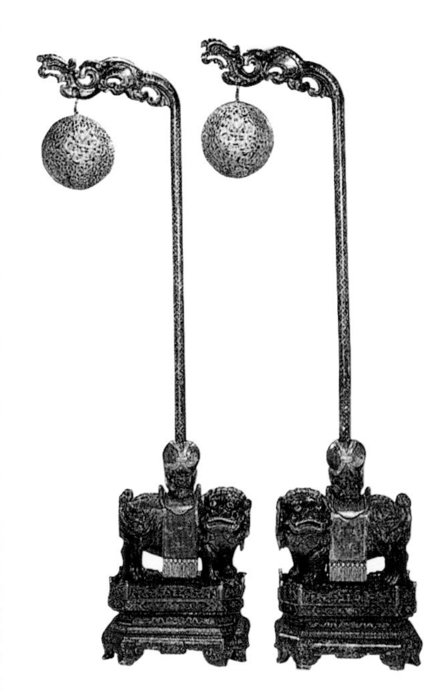

清乾隆·彩绘描金漆楼台狮子灯台(一对)

●尺　　寸：高 179 厘米

清早期·黑漆描金大皮箱（一对）

●尺　　寸：119 厘米 × 64 厘米 × 64 厘米

●**鉴赏要点**：此箱木胎包牛皮，黑漆描金，五面皆有不同图案，内容为清前期常用的五老观图、携琴访友、指日高升、双凤戏牡丹等。此箱描绘精细，白铜面叶、拉手更衬出此箱的雅致。

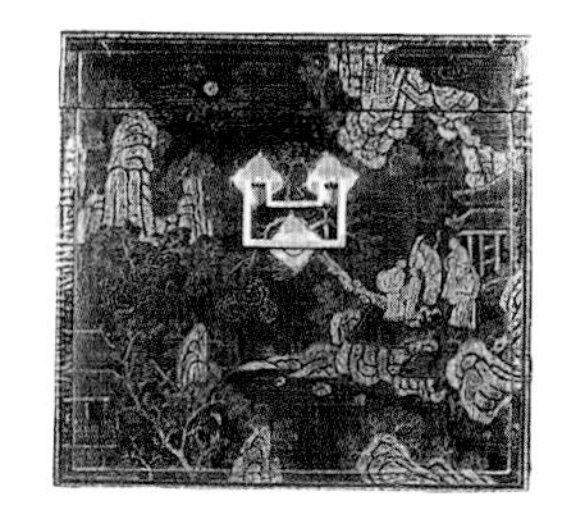

明 · 黑漆描金条桌（一对）

● 尺　　寸：99 厘米 × 45 厘米 × 86 厘米

● 鉴赏要点：条桌攒框镶板桌面，面下两根穿带直透大边。冰盘沿下束腰平直。腿子缩进桌面，下端内翻马蹄。腿间高拱罗锅枨，留出角位空间，以镂雕描金螭纹填充其间。此桌与半桌相仿，可组合使用。

明 · 黑漆描金山水图立柜

● 尺　　寸：高 158 厘米

● 鉴赏要点：柜为四面平式，对开两扇门，门上有铜合页、锁鼻和拉环，分上下两层，腿间有壶门牙板。立柜门及牙板各绘描金漆楼阁山水人物图，两侧绘湖石、花木。

清 · 黑漆描金柜格

● 尺　　寸：85.1 厘米 × 57.2 厘米 × 189.2 厘米

● 鉴赏要点：柜格齐头立方式，格下对开两扇门。中间立栓，四角攒边门框，内装板。直足，铜包脚。格内板上下对称描金双龙戏珠纹，门板为描金升龙纹。其余边框部分为描金花草纹等。

清·黑漆描金灯台

●尺　　寸：高 203.2 厘米

清中期·描金彩画桃蝠纹方胜形几

●尺　　寸：45 厘米 × 25.7 厘米 × 14 厘米

●鉴赏要点：此几为方胜形，几面彩画桃蝠纹。面沿饰描金回纹。有束腰，束腰上描金连续纹饰，直腿内翻马蹄，下踩圆珠，腿足及托腮上描金西番莲纹。足下踩方胜形托泥，有龟足。

明万历·缠莲八宝彩金象描金紫漆大箱

●尺　　寸：高 97 厘米

巧鉴古董家具

第一，气韵辨伪。气韵是中国古典家具的文化内涵，它渗透到家具的每一根线条之中，体现于每一个造型中。古家具行家常常会说："一件精品的家具自己会说话。"如明代黄花梨圈椅的扶手端头，它的外撇造型如流水般洗练，而在其上常常雕以简洁的线纹，给人以富有弹性的感觉，这就是古典家具的气韵。而现在的仿制古家具仅仅停留在形似上，绝不可能有气韵。学会辨别气韵，是鉴赏古家具的基础，需要多欣赏真品，增长眼力。第二，髹漆辨伪，主要是指珍贵硬质木材家具，即黄花梨、紫檀及红木类家具。这类家具的传统髹漆技法是"揩漆"工艺，首先进行打磨，以体现木材的天然纹理，然后用天然漆（生漆）髹涂于器物的表面，待漆要干未干时，用纱布揩掉表面漆膜。如此反复多次，直至表面呈现光亮，这就是"清水货"。而仿制家具，常采用"混水货"工艺，即用有色的漆膜覆盖家具的表面，看不到木材的天然纹理。

清晚期·黑漆描金人物故事图书柜

●尺　　寸：141 厘米 × 41 厘米 × 161 厘米

●鉴赏要点：柜身为柴木髹漆，粽角榫结构，四面方正平直。前脸两扇硬挤门，攒框镶心制成。每门上部横开两方孔，下部开四孔，外侧金漆书对联，里侧三孔中间稍长，两侧稍短，除靠外侧的金漆对联外，其余各孔均以金漆描绘人物故事图。柜腿甚高，正面装落曲齿式攒框牙子。论做工算不上精品，但具有浓厚的文化气息，时代虽较晚，但存世不多，较为罕见。

清乾隆·雕漆描金嵌葫芦形瓷板挂屏

●尺　　寸：高 57.4 厘米

●**鉴赏要点**：挂屏中心瓷板为葫芦形，常见于清宫各殿房墙壁装饰。绶带系于中央，两端下垂呈飘带状，“绶”谐音“寿”，长长的绶带象征长寿。挂屏地子采用雕漆描金饰葫芦花卉纹饰，藤叶饱满，枝连蔓带，象征子孙万代。木框凹凸线条干净利落，美观大方。

明·描金大漆盒

●尺　　寸：30 厘米 × 16 厘米 × 13 厘米

明·褐漆描金桌

●尺　　寸：158.7 厘米 × 59.7 厘米 × 85 厘米

●**鉴赏要点**：此桌采用攒框装板，有束腰，牙板与腿足为抱肩榫结构，直腿内翻马蹄。桌沿、牙板及腿足等描金饰花蝶纹等。

识文描金家具

识文描金是在素漆地上用泥金勾画花纹。其做法是用清漆调金粉或银粉，要调得相对稠一点，用笔蘸金漆直接在漆地上作画或写字。其特点是花纹隐起，犹如阳刻浮雕。由于黑漆地的衬托，色彩反差强烈，使图案更显生动活泼。

清·识文描金蝶形盒

●鉴赏要点：此盒呈蝶形，蝶的翅、身以识文描金为之，高高隆起。蝶的前方为瓜果纹，栩栩如生，充分显示了匠师的高超技艺。

明·识文描金花鸟箱

●尺　　寸：高24.2厘米

●鉴赏要点：上开盖，箱体正面有铜制面叶和拍子，箱体四周和顶盖先用厚漆堆出花鸟纹饰，然后用稠漆勾纹理，再打金胶，上金泥。

清乾隆·识文描金花蝶纹八方盒

●尺　　寸：直径42厘米

●鉴赏要点：此盒八方形，随形圈足，盒壁上、下各有金丝编织透空八开光，盒金漆地识文描金、描红、黑色漆，八团“寿”字，蝙蝠、蝴蝶及瓜果纹，红漆里，黑漆底，盒胎骨轻巧，全彩鲜丽。

清·蝶纹洒金地识文描金葵瓣式捧盒

●鉴赏要点：此盒呈葵瓣式，木胎。盒面葵瓣式开光，内洒金地识文描金蝶纹和瓜果纹。纹饰色彩对比清晰，层次感强，描金效果非常明显。

罩金漆家具

罩金漆是在素漆家具上通体贴金的，然后在金地上罩一层透明漆的一种工艺。罩金漆，又名“罩金”，北京故宫博物院太和殿的金漆龙纹屏风、宝座即是罩金漆家具的典型实例。这件屏风横525厘米，纵102.5厘米，高425.5厘米。清初制作。屏风由七扇组成，正中最高，两侧分别递减。每扇上下各有三条横带，内镶绦环板心，正中雕海水纹或云龙纹。屏风正中镶大块绦环板，雕刻双龙戏珠图案，每扇均雕升龙、降龙各一。屏风的边框，用料粗壮，正中起双线，按屏风的制作多为组合式，拆装方便。而这件屏风由于它特定的位置，不需挪动，故制作时采用诸扇榫卯衔接，使整个屏风形成一个坚实牢固的整体。屏风前的宝座上层高束腰，四面开光透雕双龙戏珠图案。透孔处以蓝色彩地衬托，显得格外醒目。座上为椅圈，共有13条金龙盘绕在六根金漆立柱上。椅背正中雕一盘龙，昂首张口，后背盘金龙，中格浮雕云纹和火珠，下格透雕卷草纹，两边饰站牙和托角牙，座前有脚踏。拱肩，曲腿，外翻马蹄。高束腰，上下刻莲瓣纹托腮。中间束腰饰以珠花，四面牙板及拱肩均浮雕卷草及兽头，与宝座融为一体。整套屏风宝座通体贴金罩漆，这种工艺一般要贴两三遍金箔才能达到预想效果。贴金工序完成后，在外面罩一层透明漆，即为成器。整套屏风宝座，不仅形体高大，而且还坐落在一个长7.05米，宽9.53米，高1.58米的台座上。加上六个沥粉贴金龙纹大柱的衬托，交相辉映，使整个大殿都显得金碧辉煌。也正由于它非凡的气势，封建统治者都把它作为皇权至高无尚的象征。

太和殿金漆龙纹屏风、宝座（北京故宫太和殿）

古家具收藏三忌

一忌盲目跟进，随波逐流。初入收藏市场的投资者一般对古家具的鉴别知识掌握得很少，对古家具市场行情的走向也不了解，如果一味地跟着市场表象走，一味地跟着“大玩家”的操作路子走，也许你就会在不知不觉中被套住，一旦走眼，你就会损失惨重。二忌猎奇好胜，急于成交。目前，古家具收藏市场尚未规范，古家具的投机者在市场的运作中有很多可乘之机，他们时常会造出一种让收藏者怦然心动的市场假象，如把一件作旧家具吹嘘成是一件珍贵收藏品，几个暗托借势哄抬价格，只要初入市场的收藏者介入其中，便会进入他们事先设好的圈套，这些投机者利用的是收藏投资者猎奇好胜的心态。收藏投资者遇到这种情形时，千万不要急于成交，要三思而后行。三忌投机取巧，弄巧成拙。目前，中国古家具在国际拍卖市场上的价格仍然持续走强，特别是明式家具，以其简洁明快、典雅实用的风格成为古家具收藏的宠儿。在这种古家具收藏市场日益看好的情形下，许多刚涉收藏市场不久的投资者，仅凭自己懂得的一点鉴定常识，就去家具古董商贩那里买进自认为是真正的明清家具，然后去拍卖会参拍，殊不知买进的却是那些古董商贩作旧的赝品，这不仅使自己拍不出高价，还会血本无归，元气大伤。

明崇祯·彩绘描金人物图漆盒

●尺　　寸：高29.5厘米

填漆戗金家具

填漆和戗金是两种不同的漆工艺手法。填漆即填彩漆，是先在做好的素漆家具上用刀尖或针刻出低陷的花纹，然后把所需的彩漆填进花纹。待干固后，再打磨一遍，使纹地分明。这种做法使花纹与漆地齐平。戗金、戗银的做法大体与填漆相似。也是先在素漆地上用刀尖或针划出纤细的花纹。然后在低陷的花纹内打金胶，再把金箔或银箔粘进去，形成金色或银色的花纹。它与填漆的不同之处在于花纹不是与漆地齐平，而是仍保持阴纹划痕。填漆和戗金虽属两种不同的工艺手法，但在实际应用中经常混合使用。以填漆和戗金两种手法结合制作的器物在明清两代备受欢迎，北京故宫博物院的收藏品中这类实物很多。

明·龙纹戗金细钩填漆箱

●**鉴赏要点**：上开盖，正面有长方形面叶及拍子，面叶为铜错金，两侧安铜提环。箱体四周及箱盖皆开光锦地饰海水江崖、双龙戏珠和缠枝花卉纹，开光外饰锦地缠枝莲纹。下有须弥台式箱座，饰缠枝纹。

清·锦地凤纹戗金细钩填漆莲瓣式捧盒

●**鉴赏要点**：此盒呈莲瓣式，盒面中间莲瓣形开光内绘双凤纹和缠枝莲花纹，边缘饰回纹一周。六瓣莲花瓣内开光绘云鹤纹。此盒最突出的特点是双凤纹和缠枝莲花纹不仅轮廓戗金，纹理也密施戗划，因而金色成为花纹的主调，十分醒目，起到了锦上添花的效果。

清早期·填漆戗金龙戏珠纹十屉柜（背面）

●**尺　寸**：52.5 厘米 × 42 厘米 × 56 厘米

●**鉴赏要点**：正面原为对开两扇门，现缺损一扇门。门上有铜饰件，柜两侧安铜提环。门内平设十个抽屉，底承云头形足。通体戗金双龙戏珠纹，下部为海水江崖纹，间布朵云。抽屉面上填漆描金斜“卍”字锦地纹。

菠萝漆家具

菠萝漆是将几种不同颜色的漆混合使用的一种工艺。做法是在漆灰之上先油一道色漆，一般油得稍厚一些。待漆到七八成干时，用手指在漆皮上揉动，使漆皮表面形成皱纹。然后再用另一色漆油下一道，使漆填满前道漆的褶皱。之后再以同样做法用另一色漆油下一道。待干后用细石磨平，露出头层漆的皱褶来。做出的漆面，花纹酷似影木，俗称“影木漆”。有的花纹酷似菠萝皮或犀牛皮，因此又称“菠萝漆”或“犀皮漆”。这类漆器家具传世品极为少见。

明·犀皮金漆长方箱

●尺　　寸：37.4 厘米 × 20.7 厘米

●鉴赏要点：上开盖，正面有菱花形面叶及拍子，两侧有提环。通体髹菠萝漆。造型简洁，髹漆肥厚，风格明显。

清末民初·俞金海制菠萝漆竹胎笔筒

●尺　　寸：高 17.5 厘米

●鉴赏要点：此笔筒呈圆形，为常见的文房用具之一。该笔筒以竹为胎，改变了漆器多以木为胎的传统制作方法。笔筒以菠萝漆工艺制作而成，饰有行云流水般的图案。传世的民国制品并不是很多。

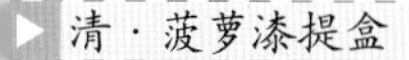

清·菠萝漆提盒

●尺　　寸：高 22 厘米

●鉴赏要点：此提盒为两层，外有提梁，携带方便。通体以菠萝漆工艺制成，饰多色不规则的纹饰。提盒有“同治三年春朱府用”字样，说明此盒曾为“朱府”所有。该提盒的器型在明早期的雕漆中已有，但以菠萝漆工艺制作的提盒尚不多见。

堆灰家具

堆灰又名堆起，是在家具表面用漆灰堆成各式花纹，然后在花纹上加以雕刻，做进一步细加工，再经过髹饰或描金等工序形成的独具特色的家具品种。堆灰又称隐起描金或描漆。其特点是花纹隆起，高低错落，有如浮雕。现藏于北京故宫博物院的黑漆地堆灰龙纹大柜，横92厘米，纵75.5厘米，高90厘米。现存八件，清初制品。原为坤宁宫西炕两侧所设立柜，据清宫档案记载，乾隆十八年（1753）因坤宁宫大柜底柜年久，漆面破损，即将原柜撤下收贮，另做一对花梨木大柜陈放原处。漆柜的底柜因漆面伤损严重，着令改作别用，只留这八只顶柜保存至今。这八只顶柜分为两组，每两只合拼为一层，重叠两层放在一个底柜上。其高度几乎贴近天花板，达518.5厘米。每柜对开两门，门板正中以堆灰手法做菱形开光，当中用漆灰堆起到一定高度后雕刻龙纹，经磨光后上金胶，将金箔粘上去。除纹饰部分外，其余全部为黑漆地，金碧辉煌的龙纹在黑色漆地的衬托下，显得格外醒目。

▲ 黑漆地堆灰龙戏珠纹顶柜（局部）

▶ 清早期·黑漆地堆灰龙戏珠纹顶柜

- **尺　　寸**：92厘米×75.5厘米×90厘米
- **鉴赏要点**：四面平式，对开两扇门，门面堆灰菱形式开光，饰龙戏珠纹。柜一侧也有菱形式开光，饰龙戏珠纹。

刻灰家具

刻灰又名大雕填，也叫款彩。一般在漆灰之上油黑漆数遍，干后在漆地上描绘画稿。然后把花纹轮廓内的漆地用刀挖去，保留花纹轮廓。刻挖的深度一般至漆灰为止，故名刻灰。然后在低陷的花纹内根据纹饰需要填以不同颜色的油彩或金、银等，形成绚丽多彩的画面。其特点是花纹低于轮廓表面，在感觉上，类似版画。在明代和清代前期，这种工艺极为常见，传世实物较多，小至箱匣，大至多达十二扇的围屏。

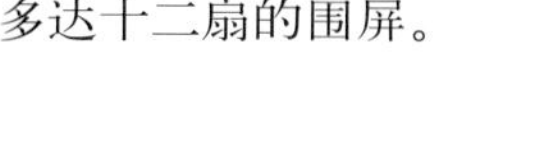

▲清康熙·通景庭院博古纹黑漆款彩屏风

●尺　　寸：40.6 厘米 × 214 厘米

▼清·黑漆款彩八扇屏

●尺　　寸：高 275 厘米

古典家具别有洞天

近十几年来，不少海外的著名书画、瓷器或玉器收藏家转向收藏明清家具，并卓有成绩。他们深刻地认识到，明清家具承载着丰富的历史内涵，具有艺术价值，作为古玩，又能使用，在生活中最贴近于人，时时给人以美的享受，而且硬木家具不易损坏，“千年牢”，何乐而不为？在传世的明清家具中，三类家具尤应值得藏家注意：其一，是具艺术价值的明式家具，多为黄花梨制成，它们有文人气质，属艺术品。其二，是清康、雍、乾时期宫中制造的紫檀家具，其工艺达到了历史的巅峰。其三，是一些较富个性或很独特的民间家具。这三类能够代表中国古典家具之精华，在收藏时则应特别注意藏品要真，要精，要保存得较好。

清康熙·黑漆款彩屏风（六扇）

- **尺　　寸**：293 厘米 × 278 厘米
- **鉴赏要点**：此屏风共六扇，边框为乌木制。屏心正面绘楼阁人物纹饰，四围饰博古纹。结构规整，图案丰富，充分表达了福寿吉祥之意。

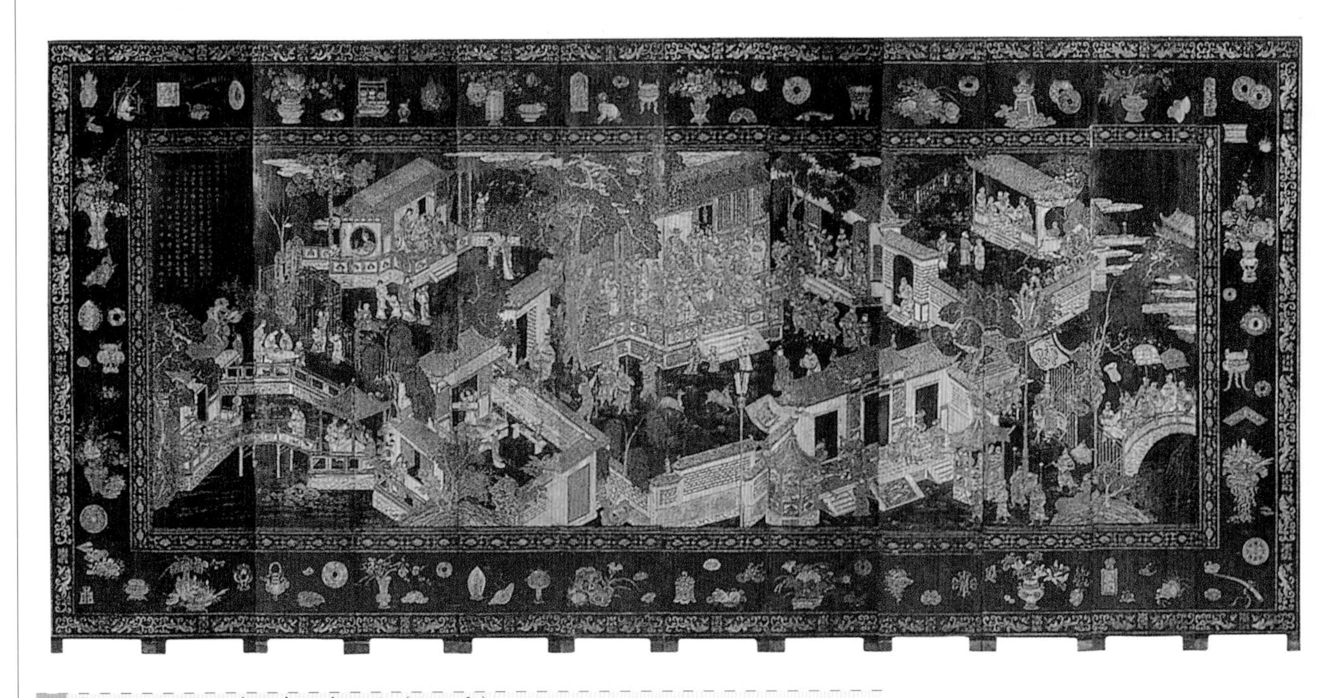

清康熙·彩绘黑漆供奉贺寿围屏（十二扇）

- **尺　　寸**：268 厘米 × 48 厘米
- **鉴赏要点**：此屏风共12扇，有挂钩连接。屏心绘一幅贺寿图，场景热闹非凡。圈边内绘缠枝花卉纹，边外绘博古及花卉。此屏纹饰内容丰富，刻画精细入微，色彩明快艳丽。

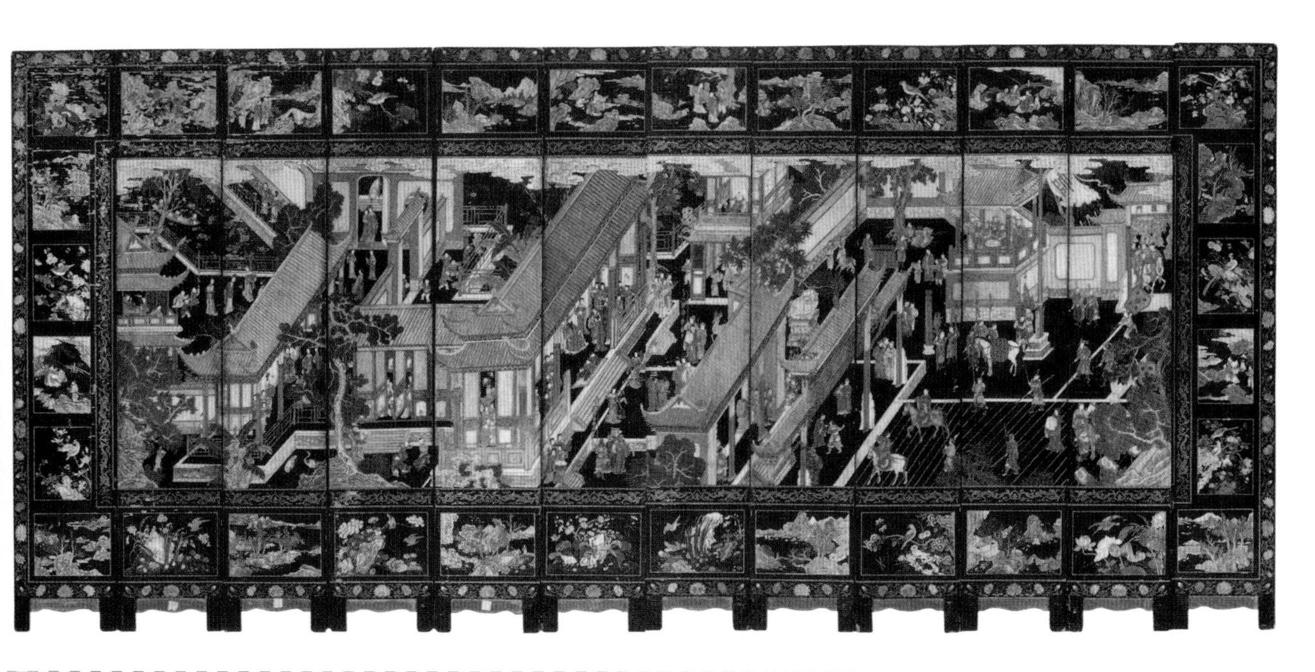

明 · 黑漆款彩楼阁人物纹屏风

● **尺　　寸**：656 厘米 × 312 厘米

● **鉴赏要点**：此屏风共 12 扇，髹黑漆。每扇屏风可分可合。屏心款彩绘楼阁人物图，楼阁崔巍，气势非凡，人物众多，熙来攘往。屏风四围各饰博古纹。

明 · 刻灰庭院人物纹屏风

● **尺　　寸**：高 275 厘米

● **鉴赏要点**：此屏风共 12 扇，屏心内刻灰绘庭院人物图，有小桥流水、曲沼风荷和垂柳摇曳等景象，人物刻画千姿百态，艺术性极高。

嵌螺钿家具

嵌螺钿家具常见的有黑漆螺钿和红漆螺钿两类。螺钿分厚螺钿和薄螺钿两种。厚螺钿又称硬螺钿，其工艺是按素漆家具工序制作，在上第二遍漆灰之前将螺钿片按花纹要求磨制成形，用漆粘在灰地上，干后，再上漆灰。要一遍比一遍细，使漆面与花纹齐平。漆灰干后略有收缩，再上大漆数遍，漆干后还需打磨，把花纹磨显出来，再在螺钿片上施以必要的毛雕，以增加纹饰效果，即为成器。

薄螺钿又称软螺钿，是与硬螺钿相对而言的，其材取自贝壳之内的表皮。常见薄螺钿如同现今使用的新闻纸一样薄。唯因其薄，故无大料，加工时在素漆最后一道漆灰之上贴花纹，然后上漆数道，使漆盖过螺钿花纹。再经打磨显出花纹。在粘贴花纹时，匠师们还根据花纹要求，区分壳色，随类赋彩，因而收到五光十色、绚丽多彩的效果。

清代螺钿注重选料，装饰风格华美。清中期的螺钿镶嵌漆家具在继承明代的基础上得到很大发展，代表了清代螺钿工艺的最高水平，不仅数量多，而且制作的器物范围也很广，大到屏风、宝座、床及柜，小到案几、桌及椅，品种齐全。

▲清·硬木嵌镙钿圆桌

●尺　　寸：85 厘米 × 110 厘米

▲清·嵌螺钿花鸟人物漆盒

●尺　　寸：30 厘米 × 21 厘米 × 35 厘米

●鉴赏要点：此盒为木胎，盒的正面开光饰螺钿楼阁人物纹，开光外为锦地。盒盖及两侧嵌螺钿花鸟纹。盒下有壶门式牙板，上嵌螺钿饰缠枝花草。装饰风格华美，纹理清晰。

▲清·漆嵌螺钿桌

●尺　　寸：长 47 厘米

●鉴赏要点：此桌桌面攒框装板，有拦水线，板心海棠式开光嵌螺钿荷鹭纹，开光外饰嵌螺钿折枝牡丹。有束腰，束腰上分段饰嵌螺钿花卉纹，鼓腿膨牙，牙板及腿足饰嵌螺钿缠枝牡丹纹。

▲元·黑漆嵌螺钿人物图摆屏

撒嵌螺钿沙加金银家具

撒嵌螺钿沙加金、银家具是在上最后一遍漆时，趁漆未干，将金箔、银箔或螺钿碎末撒在漆地上，并使其黏着牢固，干后扫去表面浮屑，打磨平滑即成，其特点是绚丽华贵。现藏于北京故宫博物院的明万历时期的黑漆撒螺钿加描金龙纹书格，长157厘米，宽63厘米，高173厘米。书格为齐头立方式，分三层，后有背板，两侧面各层装壶门形券口牙子。此书格通体黑漆地撒嵌螺钿碎沙屑加金、银箔，格内三层背板前面饰描金双龙戏珠纹，间以朵云立水。边框开光描金赶珠龙纹，间以花方格锦纹地。屉板描金流云纹，两侧壶门形券口牙子饰描金串枝勾莲纹，足间镶拱式牙条和牙头。黄铜足套，背面绘花鸟三组，边框绘云纹。背面上边刻“大明万历年制”填金款。

▼明万历·黑漆撒螺钿描金龙戏珠纹书格

●尺　　寸：157厘米×63厘米×173厘米

●鉴赏要点：格分三层，后有背板，两侧面各层均装壶门行券口牙，腿间镶拱式牙条，黄铜足套，架内背板正面每层均描金双龙戏珠纹。屉板饰描金流云纹。背板背面分别绘月季、桃和石榴三层花鸟图，第一层上方刻“大明万历年制”填金款。

明清家具的款识

明清家具上的款识，大致分为三类：一是纪年款，二是购置款，三是题识。纪年款只是记录器物的制作年代，这种款大多出自工匠之手。北京故宫博物馆藏品中，有漆木家具上刻写着“大明宣德年制”、“大明嘉靖年制”及“大明万历年制”等。购置款是记载此器物的购置地点、购置经过，或是定制的造价、地点等的一种款。题识是收藏家、鉴赏家等名人题在家具上的墨迹，或是记载此家具的来历，或是记载得此家具的感慨与欣喜等。这种留在家具上的题识，一经名人之手，也就身价倍增，成为名器而令人瞩目和珍爱了。明代家具中，这种有款识的名器在《清仪阁杂咏》中就记载有“天籁阁书案，高二尺二寸三分，纵一尺九寸，横二尺六寸八分，文木为心，梨木为边，右二印曰项，曰墨林山人，左一印曰项元汴字子京”。此书案就是明代书画家、鉴赏家项元汴收藏的。

▲清初·螺钿加金银片婴戏图黑漆箱(顶部)

●尺　　寸：27.3厘米×27.3厘米×28.4厘米

●鉴赏要点：箱为黑漆地，两侧有鎏金凤纹铜环，正面及上顶有可以抽插的门。箱内装抽屉，共五具，是为贮放图章一类小器物而设的。箱的插门、两侧面、背面以及抽屉的外面立墙，都嵌婴戏图。

清·红木嵌理石螺钿扶手椅（一对）

古典家具风格

随着手工业的进一步发展，家具成了流通的商品，许多文人雅士参与了室内设计和家具造型研究。这些都促成了古代家具的大发展。明代家具在继承宋代家具传统的基础上，发扬光大，推陈出新，不仅种类齐全，款式繁多，而且用材考究，造型朴实大方，制作严谨准确，结构合理规范，逐渐形成稳定鲜明的“明式”家具风格，把中国古代家具推向了顶峰。明式家具的产地主要有三处：北京皇家的“御用监”，民间生产中心苏州与广州。明代家具的品种十分丰富，保留至今的，主要有凳椅类、几案类、橱柜类、床榻类和台架类等。明式家具制作工艺精细，全部以精密巧妙的榫卯结合部件；大平板则以攒边方法嵌入边框槽内，坚实牢固，能适应冷热干湿变化。装饰以素面为主，局部饰以小面积漆雕或透雕，以繁衬简，朴素而不简陋，精美而不繁缛。通体及装饰部件的轮廓讲求方中有圆、圆中有方及用线的一气贯通而又有小的曲折变化。

清代家具多结合厅堂、卧室及书斋等不同的格局进行设计，分类详尽，功能明确。其主要特征是，造型庄重，雕饰繁缛，体量宽大，气度宏伟。脱离了宋、明以来家具秀丽实用的淳朴气质，形成了“清式”家具的风格。清代家具作坊多汇集在沿海各地，并以扬州、冀州和惠州为主，形成全国三大制作中心，产品分别被称为苏作、京作或广作。

明式家具风格

明式家具是明代匠师们在总结前人的经验和智慧，并加以发扬光大，在传统艺术方面取得的一项辉煌成就。它除了在结构上使用了复杂的榫卯外，造型工艺也充分满足了人们的生活需要。因而它是一种集艺术性、科学性和实用性于一身的传统艺术品。

明式家具风格特点

明式家具的风格特点主要表现在以下几个方面。

1.造型稳重，大方；比例尺寸合度；轮廓简练舒展。

2.结构科学，榫卯精密。

3.精于选料配料，重视木材本身的自然纹理和色泽。

4.雕刻及线脚装饰处理得当。

5.金属饰件式样玲珑，色泽柔和，起到了很好的装饰作用。

【明式家具的造型】

明式家具的造型及各部比例尺寸基本与人体各部的结构特征相适应。如：椅凳座面高度为40～50厘米，大体与人的小腿高度相当。大型坐具，因形体硕大座面较高，往往附有脚踏，人坐在上面，双脚踏在脚踏上，实际使用高度（由脚踏面到座面）仍是40～50厘米。桌案也是如此，人坐在椅凳上，桌面高度基本与人的胸部齐平，双手可以自然地平铺于桌面，或读书写字，或挥毫作画，极其舒适自然。两端桌腿之间留有合理的空间，桌牙控制在一定高度，以便人腿向里伸屈，使身体贴近桌面。椅背大多与人的脊背高度相符，后背板根据人体脊背的自然特点设计成“S”形曲线。且与座面保持100°～105°的背倾角，这正是人体保持放松姿态的自然角度。其他如座宽、座深、扶手的高低及长短等，都与人体各部的比例相适合，有着严格的尺寸要求。

明·榆木框椴木板心药橱

•尺　寸：102厘米×40厘米×164厘米

•鉴赏要点：此柜为四面平式，榆木框，两侧及顶部攒边装椴木板，正面下部有三个明屉，上部有42个小屉，屉上皆装铜饰件。直腿方足，带牙板。这是典型的晋作家具。

明·黄花梨禅凳

•尺　寸：66厘米×61厘米×50厘米

明·黄花梨酒桌

•尺　寸：69厘米×40厘米×80厘米

明·黄花梨架几式书案

•尺　寸：192.2厘米×69.5厘米×84.5厘米

•鉴赏要点：书案的支架为两个长方几，上搭一块面板，匠师们称为“搭板书案”。两几方材，足端内翻马蹄，踩托泥。几的中部设扁屉，上下空当任其开敞，不加圈口。案面攒边打槽装板，全身光素，线脚棱角，爽利明快。

明式家具造型的突出特点是侧脚收分明显，在视觉上给人以稳重感。一件长条凳，四条腿各向四角的方向叉出。从正面看，形如飞奔的马，俗称“跑马叉”。从侧面看，两腿也向外叉出，形如人骑马时两腿叉开的样子，俗称“骑马叉”。每条腿无论从正面还是侧面都向外叉出，又统称“四劈八叉”。这种情况在圆材家具中尤为突出。方材家具也有这些特点，但叉度略小。有的凭眼力可辨，有的则不明显，要用尺子量一下才能分辨。

明式家具轮廓简练舒展，是指其构件简单，每一个构件都功能明确，分析起来都有一定意义，没有多余的造作之举。简练舒展的格调，收到了朴素、文雅的艺术效果。

▶明·黄花梨矮靠背扶手椅

●尺　　寸：57厘米×46厘米×83厘米

●鉴赏要点：靠背与扶手空当内为券口式，搭脑为波浪形，装角牙。立柱间装横枨两根，内安透雕花鸟纹绦环板，下枨与椅面间有壶门式牙子。扶手为“S”形，后立柱与鹅脖间装横枨。攒框装藤心，面下壶门券口，直腿圆足，装步步高赶枨，迎面枨下有牙条。

▼明·花梨云龙纹长案

●尺　　寸：359厘米×48厘米×89.5厘米

●鉴赏要点：此长案案面平直狭长，腿与案面以夹头榫相接。直牙条，两端雕出云形牙头，上雕云龙纹。两侧腿间安横枨，镶装两块绦环板，上层雕云纹开光，下层透雕云龙纹，方直腿，腿中间起皮条线，足下承托泥。此案体型硕大，雕工精美，为一件难得的大器。

⊙【明式家具的材质】

明式家具的又一特点是材质优良。多用黄花梨木、紫檀木、铁梨木、鸡翅木、榉木或楠木等珍贵木材制成。这些木材硬度高，木质稳定，可以加工出较小的构件，并做出精密的榫卯，成器异常坚实牢固。明代匠师们还十分注意家具的木本效果，尽可能把材质优良、纹理美丽的部位用在表面或正面明显位置。不经过深思熟虑，绝不轻易下手。因此，优美的造型和木材本身独具的天然纹理和色泽，给明式家具增添了无穷的艺术魅力。

⊙【明式家具的艺术风格】

明式家具分为两种艺术风格，简练型和秾华型。简练型所占比重较大，无论哪种形式，都要施以适当的雕刻装饰。简练型家具以线脚为主，如把腿设计成弧形，俗称“鼓腿膨牙”、“三弯腿”、“仙鹤腿”或“蚂蚁腿”等，各种造型，有的像方瓶，有的像花尊，有的像花鼓，有的像官帽。在各部构件的棱角或表面上，常装饰各种各样的线条，如：腿面略呈弧形的称“素混面”；腿面一侧起线的称“混面单边线”；两侧起线，中间呈弧形的称“混面双边线”；腿面凹进呈弧形的称“打洼”。还有一种仿竹藤做法的装饰手法，是把腿子表面做出两个或两个以上的圆形体，好像把几根圆材拼在一起，故称“劈料”。通常以四劈料做法较多，因其形似芝麻的秸秆，又称“芝麻梗”。线脚的作用不仅增添了器身的美感，同时把锋利的棱角处理圆润、柔和，形成浑然天成的风貌。秾华型家具与简练型家具不同，它们大多都有精美繁缛的雕刻花纹或用小构件攒接成大面积的棂门和围子等，属于装饰性较强的类型。秾华的效果是雕刻虽多，但做工极精；攒接虽繁，但极富规律性，整体气韵生动，给人以豪华绮丽的富贵相，而没有丝毫烦琐的感觉。

▲明·黄花梨方背椅

●尺　　寸：61.5 厘米 × 47 厘米 × 92.5 厘米

●鉴赏要点：此椅的靠背板、扶手、鹅脖及联帮棍均做成曲形。联帮棍上细而下粗，成夸张的“S”形，给全器增添了不少活泼之感。座面下装罗锅枨，安矮佬，与腿间双横枨形成呼应。

▲明·黄花梨卷草纹腿炕桌

●尺　　寸：102.5 厘米 × 67 厘米 × 31 厘米

●鉴赏要点：此炕桌束腰与牙板一木连做，腿起弯，向内弯曲。

⊙【鉴别明代及清初家具】

明式家具常用金属做辅助构件，以增强使用功能。由于这些金属饰件大都有着各自的艺术造型，因而又是一种独特的装饰手法。不仅对家具起到进一步的加固作用，同时也为家具增色生辉。明代及清初家具的特点通常的说法是“精、巧、简、雅”四字。因此，判别明代及清初家具，也常以此为标准。

精，即选材精良，制作精湛。明式家具的用料多采用紫檀、黄花梨及铁梨木这些质地坚硬、纹理细密和色泽深沉的名贵木材。在工艺上，采用榫卯结构，合理连接，使家具坚实牢固，经久不变。由于紫檀、黄花梨及铁梨木生长缓慢，经明代的大量采伐使用，这些材料日见匮乏，到了明末清初，这些木材已十分难觅。所以，清以后家具在用料上发生了根本变化。鉴定和辨别是否是明代家具，用料的审鉴是至关重要的。

巧，即制作精巧，设计巧妙。明代家具的造型结构，十分重视与厅堂建筑相配套，家具本身的整体配置也主次井然，十分和谐。使用者坐在上面感到舒适，躺在上面感到安逸，陈列在厅堂里有装饰环境、填补空间的巧妙作用。

简，即是造型简练，线条流畅。明式家具的造型虽式样纷呈，变化多端，但有一个基点，即是简练。有人把它比作八大山人的画：简洁、明了、概括。几根线条和组合造型，给人以静而美、简而稳、疏朗而空灵的艺术效果。

雅，即是风格清新，素雅端庄。雅，是一种文化，即“书卷气”；雅同时还是一种美的境界。明代文人崇尚“雅”，达官贵人和富商们也附庸“雅”。由于明代很多居住在苏州的文人、画家们直接参与造园艺术和家具的设计制作，工匠们也迎合文人们的雅趣，所以，形成了明式家具“雅”的品性。雅在家具上的体现，即是造型上的简练，装饰上的朴素，色泽上的清新自然，全无矫揉造作之弊。

明·花梨方杌

●尺　　寸：43 厘米 × 43 厘米 × 44.5 厘米

●鉴赏要点：座面四角攒边框，镶席心。四腿外圆内方带侧脚，俗称“四劈八叉”，腿间安罗锅枨加矮佬。这件方杌通体光素，只在腿间施以简练的线脚装饰，充分体现了明式家具简洁明快的特点。

明·填漆戗金双龙献宝纹立柜

●尺　　寸：92 厘米 × 60 厘米 × 158 厘米

●鉴赏要点：此柜四面平式，对开两扇门，中间有立柱，下接裙板，直腿间镶拱式牙条。柜内装膛板。黄铜素面合页，包铜足。柜门各雕填紫漆地戗金升龙，两龙高举聚宝盆，红“卍”字黑方格锦纹地。四周及中柱戗金填缠枝莲纹。裙板戗金雕填双龙戏珠纹。柜侧雕填戗金正龙，下部戗金填金立水，满布红“卍”字黑方格锦纹地，围以戗金填漆缠枝勾莲纹边饰。柜背黑漆地，上部描金加彩海屋添筹图，下部金彩花鸟。阴刻“大明宣德甲戌年制”楷书款。

明·黄花梨四出头官帽椅

●尺　　寸：59.5 厘米 × 47.5 厘米 × 120 厘米

●鉴赏要点：搭脑中间凸起，两段弯曲上翘。扶手与座面间安联帮棍，鹅脖与扶手相交处有云纹角牙扶持。座面下装罗锅枨，上安矮佬。腿间是步步高管脚枨。此椅结构简洁，用料精细，风格独特。

明式家具风格分类

明式家具以做工精巧，造型优美及风格典雅著称，现代家具中仍有仿明式家具出现，而且受到人们的偏爱，但价格偏贵。明式家具按其风格可分为苏式家具、京作家具和晋作家具。

⊙【苏式家具】

明式家具论地方特色以苏式家具为主，这是由于以苏州为中心的长江中下游地区在宋代以前一直是中国政治、经济和文化中心之一，各项民族手工业也相对集中在这一地区。到了明代，随着经济的繁荣、城市建设和造园艺术的发展，更重要的是众多文人、画家的参与，给家具艺术注入了丰富的文化内涵。

明·黄花梨双螭纹玫瑰椅

●尺　　寸：58 厘米 × 46 厘米 × 80.5 厘米

●**鉴赏要点**：此椅靠背有两根立柱做框，背板加横枨打槽装板，上部长方形开光，中部浮雕抵尾双螭，翻成云纹，下部为云纹亮脚。两侧扶手中间安有围栏，下有矮佬与座面相接。座面落堂做，镶硬板心。座面下装替木牙条，腿间安步步高赶枨。

明·黄花梨交椅

●尺　　寸：69 厘米 × 47.5 厘米 × 104 厘米

●**鉴赏要点**：弧形椅圈，椅背板上部如意开光透雕凤纹，中部镂雕螭纹，下部为如意纹壶门亮脚。有联帮棍，联帮棍的下端装在后横枨上。后立柱、背板与椅圈交接处装挂角牙。下部用材硕大，造型奇特，不失为苏作家具的精品。

明·黄花梨滚凳

●尺　　寸：77 厘米 × 31.2 厘米 × 21 厘米

●**鉴赏要点**：滚凳有束腰。直腿内翻马蹄，面板被中枨分割为两大块，各留长条空当，装中间粗两头细的活轴四根。滚凳一般置于桌案之下，人的双脚可放于其上，活轴转动时，可促进脚部的血液循环。

明·剔红嵌百宝博古竖柜

●尺　　寸：71厘米×36厘米×129厘米

●鉴赏要点：竖柜通体髹红漆。对开双门，中有立柱，门心板上下开光，于剔红锦地上施百宝嵌博古纹，两山亦如之。门下有柜肚，开光浮雕花鸟纹。边框安铜錾花纹合页及面叶。纹饰细腻，器型规整。

明·黄花梨嵌玉扶手椅

●尺　　寸：高98厘米

●鉴赏要点：搭脑、扶手及鹅脖均用弧形圆材，靠背板上部镶玉，浮雕正龙纹，中部镶影木，下部为云纹亮脚。座面落堂踩鼓作。面下壶门券口，直腿圆足，腿外撇，安管脚枨。迎面枨下有牙条。

明·柞榛棋桌

●尺　　寸：70厘米×70厘米×83厘米

明·刻诗文金砖配苏作红木桌

●尺　　寸：68厘米×35厘米×71厘米

●鉴赏要点：红木小条桌为四面平式。腿、枨及桌面边沿皆为平面。腿间无花牙。取而代之的是霸王枨，一头连着桌面下的带上，另一头卡在腿子内侧，起到支撑及拉紧的作用。腿子内边沿起阳线，与上横枨交圈。方腿上宽下窄，是为做出内翻马蹄，而将多余之料削去。

⊙【京作家具】

由于工匠来自全国各地，且优秀工匠都在皇宫造办处服役，故京作家具较其他地区独具风格。在紫禁城外西南角曾设有专为皇家制作漆家具的果园厂，所制漆家具无论造型还是艺术风格，均代表了全国最高水平。及至后来的硬木家具，在明式家具中占有重要地位。

▲明·黑漆嵌螺钿龙戏珠纹香几

●尺　　寸：高82厘米

●鉴赏要点：海棠式几面，鹤腿象鼻式足，落在须弥式几座上。几面彩绘嵌螺钿龙戏珠纹，四周饰折枝花卉。边缘沿板均开光，描彩折枝花卉纹。腿部嵌螺钿描彩龙戏珠纹，间饰折枝花卉纹。座面开光绘鱼藻折枝花纹。此器乃明代京作家具的代表作。

▶明·红漆雕麟凤纹插屏

●尺　　寸：58厘米×27厘米×62厘米

●鉴赏要点：屏心雕麒麟、翔凤，四周衬以松竹、花草及山石，天有红日，地陈杂宝。边框绦环板开光内雕花卉纹。边镶七块"十"字形开光绦环板。梯形座墩，逐阶而上，座墩间安横枨，云纹披水牙。

▲明·黄花梨百宝嵌番人进宝图顶竖柜

●尺　　寸：187.5厘米×72.5厘米×272.5厘米

●鉴赏要点：此顶竖柜以杂木为骨架，以黄花梨木三面包镶。分为上下两节。正面上下各装四门，正中可开，两侧可卸。柜面用各色叶蜡石、螺钿等嵌出各式人物、异兽、山石及花木等图案，上层为历史故事图，下层为番人进宝图。

明·红漆嵌珐琅面梅花式香几

●尺　　寸：高 88 厘米

●**鉴赏要点**：几面为梅花式，嵌珐琅面心。高束腰上分段镶装绦环板，板上开长方形透光。带托腮，壶门式牙子。三弯腿，中下部起云纹翅。外翻如意云头足，雕卷草纹，下承圆珠，落在须弥式几座上。

明·黑漆立柜

●尺　　寸：115 厘米 × 74 厘米 × 174 厘米

●**鉴赏要点**：柜为杂木制，髹黑漆。柜顶出沿，对开双门，中间有立柱，装铜饰件。柜门上下均为攒框落堂装板作，无纹饰。裙板亦为攒框装板作，直腿圆足，带牙条。

明·黑漆描金山水图顶箱立柜

●尺　　寸：120.5 厘米 × 64.5 厘米 × 207 厘米

●**鉴赏要点**：此顶箱立柜分为上下两部，上部为顶箱，下部为立柜。箱柜各对开两扇门，门上有铜合页、锁鼻和拉环。顶箱内分两层，立柜内分三层。腿间有壶门牙板。顶箱、立柜门各绘描金漆楼阁山水人物图，边沿绘折枝花纹。柜的两山描金绘桂花、月季、牡丹、湖石和兰草等。

⊙【晋作家具】

明式家具中还有晋作家具，也是不可忽视的一个品种。明代晋作家具也以漆家具为主，尤以大漆螺钿家具最为著名。其特点是漆灰较厚，螺钿亦较厚。造型沉稳、凝重，富丽堂皇。除漆家具外，也有一定数量的硬木家具。民间则以核桃木和榆木最为常见。装饰花纹以类似西洋卷草的忍冬纹为主。北京故宫博物院收藏的黑漆螺钿花鸟床、黑漆螺钿花鸟罗汉床以及黑漆螺钿花鸟翘头案等，都是晋作家具的典型实例。

▼明万历 · 黑漆描金龙戏珠纹药柜

●尺　　寸：78.8 厘米 × 57 厘米 × 94.5 厘米

●鉴赏要点：此药柜为四面平式，柜门下接三个明抽屉，腿间镶拱式牙板。柜内中心有八方转动式抽屉，每面十个，两边又各有一行十个抽屉，每屉分为三格，可盛药材 140 种。柜门、抽屉及足部都有黄铜饰件。正面两门及两侧面上下描金菱花式开光内绘双龙戏珠纹，门里绘花蝶纹。柜背绘松竹梅“三友”图。柜背描金书“大明万历年制”款。

▲明晚期 · 黑漆款彩百鸟朝凤图八扇围屏

●尺　　寸：351 厘米 × 218.5 厘米

●鉴赏要点：屏分八扇，有挂钩相连。屏心一面为百鸟朝凤图，以一凰一凤为中心，百鸟围绕四周，衬以奇花异木，树石流水。另一面为狩猎图，雕刻远山近水、树石花草及人马、旗帜和营寨等，四周以花卉和菱纹开光圈边，开光内刻螭虎灵芝纹，开光外雕刻博古纹及花卉纹。

明·黑漆嵌螺钿花鸟纹罗汉床

●尺　　寸：182 厘米 × 79.5 厘米 × 84.5 厘米

●**鉴赏要点**：床身四面齐平，三面整板围子。牙条甚宽，与腿足形成壸门曲线。马蹄矮扁。围子嵌螺钿牡丹、莲花、桂花树以及锦鸡、喜鹊等花鸟纹。牙条及腿足嵌螺钿折枝牡丹。这件罗汉床是典型的明代晋作家具。

明·黑漆嵌螺钿花蝶纹架子床

●尺　　寸：207 厘米 × 112 厘米 × 212 厘米

●**鉴赏要点**：床为四面平式，四角立矩形柱，后沿两柱间镶大块背板。床架四面挂牙，以勾挂榫连接，上面压盖顶。腿足短挫粗壮。扁马蹄，外包铜套。通体黑漆地嵌螺钿花蝶纹，背板正中饰牡丹、梅花、桃花、桂花树等四季花卉以及蝴蝶、蜻蜓及洞石，团花纹边饰，两侧矮围两面饰花蝶纹。此床为山西制作，结构稳重，通体采用大漆螺钿工艺，显示出雍容华贵、富丽堂皇的气派。

清式家具风格

清代家具大体分为三个时段。康熙前期，家具基本保留着明代风格特点，尽管和明式相比有些微妙变化，但还应属于明式家具。自雍正至乾隆晚期，则发生了根本的变化，形成了独特的清式风格。嘉庆、道光以后至清末民国时期，由于国力衰败，加上帝国主义的侵略，国内战乱频繁，各项民族手工艺均遭到严重破坏，在这种社会环境中，根本无法造就技艺高超的匠师。再加上珍贵木材来源枯竭，家具艺术每况愈下，从而进入衰落时期。

清式家具比之明式家具在造型艺术及风格上，首先是用材厚重，家具的总体尺寸较明式宽大，相应的局部尺寸也随之加大；其次是装饰华丽，表现手法主要是镶嵌、雕刻及彩绘等，给人的感觉是稳重、精致、豪华、艳丽，与明式家具的朴素、大方、优美及舒适形成鲜明的对比。其虽不如明式家具设计得那样科学，显得厚重有余，俊秀不足，给人沉闷笨重之感，但从另一方面说，由于清式家具以富丽、豪华、稳重和威严为准则，为达到设计目的，利用各种手法，采用多种材料，多种形式，无所不用其极地装饰家具，所以，清式家具仍不失为中国家具艺术中的优秀作品。

▲清乾隆·紫檀四开光坐墩

•尺　　寸：28.5厘米×51厘米

•鉴赏要点：墩身上下各雕出弦纹四道，上下弦纹之间饰朵云纹，同时又增添绦纹与扁圆的连环纹两道。四足及牙子均浮雕翻卷的花叶，为受欧洲罗可可风格影响的结果。此墩是典型的广式家具。

▲清·紫檀扶手椅

•尺　　寸：高92.5厘米

•鉴赏要点：背板、扶手皆饰拐子纹，座面落堂踩鼓作，下有束腰，牙板上雕回纹。直腿，内翻回纹马蹄，腿间安管脚枨。

▲清·紫檀木嵌百宝博古纹插屏

•尺　　寸：高107厘米

•鉴赏要点：插屏紫檀边框，屏心嵌百宝为博古图案。底座为卷书几式，有束腰，站牙为镂空蟠螭纹。

广式家具

清式家具的产地主要有广州、苏州及北京三处。它们各代表一个地区的风格、特点，被称为清式家具的三大名作。其中以广式家具最为突出，并得到皇家的赏识。明末清初，西方传教士大量来华，传播一些先进的科学技术，促进了中国经济和文化艺术的繁荣。广州由于它特殊的地理位置，便成为中国对外贸易和文化交流的一个重要门户。随着对外贸易的进一步发展，各种手工业也都随之繁荣和发展起来。

加之广州是贵重木材的主要产地，南洋各国的优质木材也多由广州进口，制作家具的材料比较充裕，这些得天独厚的有利条件，赋予了广式家具独特的艺术风格。

广式家具的特点之一是用料粗大充裕，以北京故宫博物院收藏的紫檀边座点翠插屏为例，在两侧瓶式立柱上用料粗大充裕的特点最为突出。每个立柱从底座墩木的上平面算起，就高达63.5厘米，瓶腹最宽处19厘米，厚6.5厘米。要用这么大的木料削成细脖、大腹、小底的方瓶形式，自然要挖去许多木料。再看插屏底座的木墩，长55.5厘米，宽11厘米，高15厘米，下面挖出曲线轮廓，两端留足。其用料的大小，关系到插屏的稳定与否，因此，广式家具的腿足、立柱等主要构件不论弯曲度有多大，一般都不用拼接做法，而习惯用一块木料挖成。其他部位也大体如此，所以广式家具大都比较粗壮。

为讲求木性一致，广式家具大多用一种木料制成。通常所见广式家具，或紫檀、或酸枝，皆为清一色的同一木质，决不掺杂其他木材。而且广式家具不加漆饰，使木质完全裸露，让人一看便有实实在在，一目了然之感。

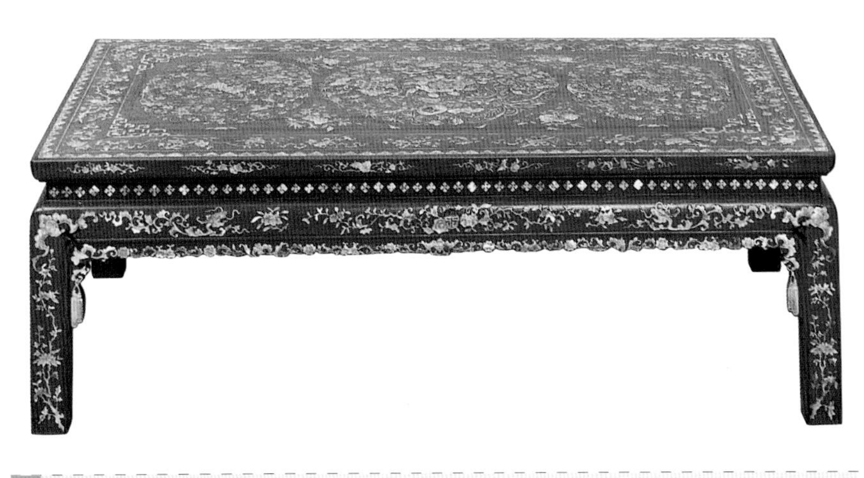

▲清·红木嵌螺钿炕桌

●尺　　寸：80厘米×33厘米×35厘米

●**鉴赏要点**：此炕桌为红木制，桌面攒边装板，有束腰。直腿方足。桌面圆形开光嵌螺钿花卉禽鸟纹，四周饰以折枝花卉，边上饰以锯齿形纹。冰盘沿及束腰各饰以缠枝花卉及菱形花纹，牙条和腿足嵌螺钿西番莲纹。

▲清·紫檀西番莲纹椅

●尺　　寸：56厘米×52厘米×110厘米

●**鉴赏要点**：如意形搭脑，靠背板和扶手板上满雕西番莲纹。座面下有束腰，壶门式牙条满雕西番莲纹。三弯腿，卷叶纹马蹄，下承托泥。

广式家具特点之二是装饰花纹雕刻深峻，刀法圆熟，磨工精细。它的雕刻风格，在一定程度上受西方建筑雕塑的影响，所刻花纹隆起较高，个别部位近似圆雕。加上磨工精细，使花纹表面莹滑如玉，丝毫不露刀凿痕迹。以紫檀雕花柜格为例，柜格正面两门板心都饰以阳刻花纹，四角及正中雕折枝花卉，花朵及枝叶叉芽四出，雕刻较深而极富立体感。所饰西洋巴洛克风格花纹，翻转回旋，线条流畅。图案间隙留出衬地，在雕刻时，除图案纹饰外，其余则用刀铲平，再经打磨平整。虽有纹脉相隔，但从整个地子看，决无高低不平的现象。在板面图案纹理复杂，铲刀处处受阻的情况下，能把地子处理得这样平，在当时手工操作的条件下，是很不容易的。这种雕刻风格，在广式家具中尤为突出。

广式家具的装饰题材和纹饰，也受西方文化艺术影响。明末清初之际，西方的建筑、雕刻和绘画等技艺逐渐为中国所应用，自清代雍正至乾隆、嘉庆时期，摹仿西式建筑的风气大盛。除广州外，其他地区也有这种现象。如：在北京兴建的圆明园，其中就有不少建筑从形式到室内装修，无一不是西洋风格。为装饰这些殿堂，清廷每年除从广州定做、采办大批家具外，还从广州挑选优秀工匠进京，为皇家制作与这些建筑风格相协调的中西结合式家具。即以中国传统工艺制成家具后，再用雕刻、镶嵌等工艺手法装饰西洋花纹。这种西式花纹，通常是一种形似牡丹的花纹，亦称“西番莲”。这种花纹线条流畅，变化多样，可以根据不同器型而随意伸展枝条。它的特点是多以一朵或几朵花为中心，向四外伸展，且大都上下左右对称。如果装饰在圆形器物上，其枝叶就多做循环式，各面纹饰衔接巧妙，很难分辨它们的首尾。

清·红木博古架

●尺　　寸：81.5 厘米 × 81.5 厘米 × 84 厘米

清末民国·红木广式靠背椅（一对）

●尺　　寸：58 厘米 × 44 厘米 × 110 厘米

●**鉴赏要点**：此为清末至民国时期广州流行的一种椅子式样。四腿做成展腿式，牙条甚宽，颇显郁闷。后背呈卷云纹，中间镶圆环，内镶大理石心。椅背看似攒框，实际两边柱与腿一木贯通。代表了清代广式家具的风格特点。

清·红木书柜

●尺　　寸：90 厘米 × 41 厘米 × 158.5 厘米

广式家具除装饰西式花纹外，也有相当数量的传统花纹。如：各种形式的海水云龙、海水江崖、云纹、凤纹、夔纹、蝠、磬、缠枝或折枝花卉，以及各种花边装饰等。有的广式家具中西两种纹饰兼而有之；也有的广式家具乍看都是中国传统纹饰，但细看起来，总或多或少地带有西式痕迹。为人们鉴定广式家具提供了依据。当然，也不能仅凭这一点一滴的痕迹就下结论，还要从用材、做工、造型和纹饰等方面综合考虑。

清初，为适应对外贸易的发展，广州的各种官营和私营手工业都相继恢复和发展起来，给家具艺术增添了色彩，形成与明式家具截然不同的艺术风格。这种艺术风格主要表现在雕刻和镶嵌的艺术手法上。镶嵌作品多为插屏、挂屏、屏风、箱子和柜子等，原料以象牙、螺钿、木雕、景泰蓝和玻璃油画等为主。

提到镶嵌，人们多与漆器联系在一起。原因是中国镶嵌艺术多以漆器作地。而广式家具的镶嵌却不见漆。是有别于其他地区的一个明显特征，传世作品也很多，内容多以山水风景、树石花卉、鸟兽、神话故事及反映现实生活的风土人情等为主题。如：紫檀边座点翠象牙插屏，屏心以黑色丝绒为衬地，用点翠嵌成山水树石，象牙着色人物，描绘出农家一年一度的灯节情景。人物雕刻细腻，点翠色彩艳丽。

广州还有一种以玻璃油画为装饰材料的家具，也以屏风类家具最为常见。中国现存的玻璃油画，除直接由外国进口外，大部分由广州生产。它与一般绘画画法不同，是用油彩直接在玻璃的背面作画。而画面却在正面。其画法是先画近景，后画远景，用远景压近景。尤其是人物的五官，要画得气韵生动，极为不易。

清·红木嵌理石螺钿扶手椅（一对）

●**尺　　寸**：高 81 厘米

●**鉴赏要点**：椅为红木制，椅背镶大理石，两边装螭纹卡子花。扶手亦镶理石。椅面攒框镶大理石面，有束腰，直腿，云纹足，四腿间安管脚枨。椅背、扶手和牙板上嵌螺钿折枝花卉纹。

清中期·紫檀嵌珐琅面方凳

●**尺　　寸**：38 厘米 × 38 厘米 × 43 厘米

●**鉴赏要点**：凳面攒框装珐琅面，内绘勾莲团花纹，冰盘沿，有束腰，束腰上开长方形圈口，安透雕螭纹花牙。直腿内翻云纹马蹄，踩托泥，下有龟脚。

苏式家具

苏式家具是指以苏州为中心的长江中下游地区所生产的家具。苏式家具形成较早，举世闻名的明式家具即以苏式家具为主。它以造型优美、线条流畅、用料及结构合理、比例尺寸合度等特点和朴素、大方的格调博得了世人的赞赏。进入清代以后，随着社会风气的变化，苏式家具也开始向烦琐和华而不实的方面转变。这里所讲的苏式家具主要指清代而言。

以紫檀席心描金扶手椅为例，从外观看，颇为俊秀华丽，但从其用料方面看，是异常节俭的。先从四条腿说起：直腿下端饰回纹马蹄，上部饰小牙头，这在广式家具中通常用一块整料制成。而此椅却不然，四条直腿平面以外的所有装饰全部用小块碎料粘贴，包括回纹马蹄部分所需的一小块薄板亦如是。椅面下的牙条也较窄较薄，座面边框也不宽，中间不用板心，而用藤席，又节省了不少木料。再看上部靠背和扶手，采用拐子纹装饰，拐角处用格角榫拼接，这种纹饰用不着大料，甚至连拇指大小的小木块都可以派上用场，足见用料之节俭。

清 · 黄花梨方桌

- 尺　　寸：高 87 厘米
- 鉴赏要点：桌面攒框装板，面沿为劈料裹腿作。面下券口与面沿间装分段开光绦环板，挂角牙子。直腿劈料作。此桌具有明式家具风格，为苏式。

清 · 红木方胜形香几（一对）

- 尺　　寸：高 83 厘米
- 鉴赏要点：几面攒框装板作，为方胜形。有束腰，束腰上分段长方形开光。直腿内翻云纹足。腿间有横枨，落堂装板。足下踩方胜形托泥。

清乾隆 · 紫檀福寿纹扶手椅

- 尺　　寸：65.5 厘米 × 51.5 厘米 × 108.5 厘米
- 鉴赏要点：靠背正中搭脑凸起，靠背板雕“寿”字和蝙蝠，扶手为四回纹形。座面下束腰平直。方腿直足，各上角皆饰托角牙，四面平底枨。

苏式家具注重装饰，又处处体现节俭意识。床榻椅子等类家具的座围，多用小块木料两端做格角榫攒成拐子纹，既有很强的装饰作用，又达到物尽其用的目的。座面多用藤心，既有弹性，透气性又好，同时也节省了木料。清代苏式家具的镶嵌和雕刻主要表现在箱柜和屏联上，以普通柜格为例，通常以硬木做成框架，当中起槽镶一块松木或杉木板，然后按漆工工序做成素漆面。漆面阴干后，先在漆面上描绘画稿，再按图案形式用刀挖槽，将事先按图做好的嵌件镶进槽内，用蜡粘牢，即为成品。苏式家具的镶嵌材料也大多用小碎料堆嵌而成，整板大面积雕刻成器的不多。常见的镶嵌材料多为玉石、象牙、螺钿和各种彩石。也有相当数量的木雕，在各种木雕当中又有不少是鸡翅木制作的。

苏式家具的大件器物还常采用包镶做法，即用杂木为骨架，外面粘贴硬木薄板。这种包镶做法，费力费时，技术要求也较高，好的包镶家具不经仔细观察或移动，很难看出木质。聪明的工匠通常把拼缝处理在棱角处，而使家具表面木质纹理保持完整，既节省了木料，又不破坏家具本身的整体效果。为了节省材料，制作桌子、椅子和凳子等家具时，还常在暗处掺杂其他柴杂木。这种现象，多表现在器物里面穿带的用料上。现在北京故宫博物院收藏的大批苏式家具，十之八九都有这种现象。而且明清两代的家具都是如此。苏式家具大都油饰漆里，目的在于使穿带避免受潮，保持木料不致变形，同时也有遮丑的作用。

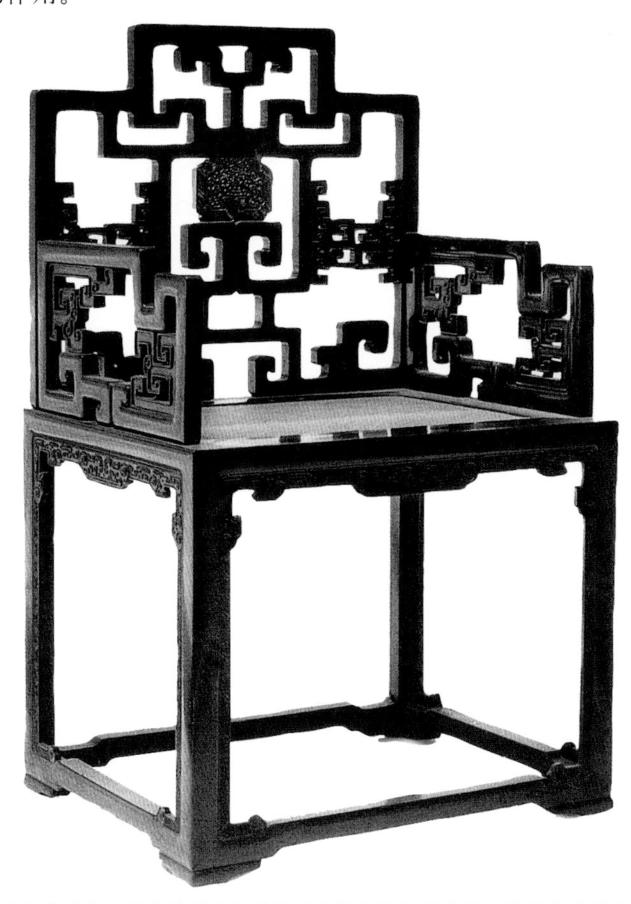

清 · 紫檀木扶手椅

●尺　　寸：高 92 厘米

●鉴赏要点：靠背板及扶手镂空拐子纹，座面四角攒框落堂踩鼓作。正面下有壶门式牙条，侧面为雕螭纹的壶门式券口。直腿，腿的中部有云纹翅，装罗锅枨式管脚枨，腿底部与管脚枨结合处装坐角牙，足下有龟脚。

清 · 黄花梨柜格

●尺　　寸：高 204 厘米

●鉴赏要点：上层格正面及两侧敞开，装三面券口牙板，透雕双螭纹，边起阳线，券口下镂空雕螭纹栏杆。下层柜对开两扇门，柜门为落堂踩鼓作，雕博古纹、螭纹和蝠纹等。安白铜合页及面叶，柜下壶门券口雕双螭纹。

清 · 红木盆架

●尺　　寸：高 76 厘米

●鉴赏要点：盆架六条三弯腿，上雕成卷云纹，外翻卷草纹足，踩圆珠。腿上部及下部皆以一组圆材横枨相连，每组横枨分别由三条横枨交叉而成。

总之，苏式家具在用料方面和广式家具截然不同。苏式家具以俊秀著称，用料较广式家具要小得多。由于硬质木材来之不易，苏作工匠往往惜木如金，在制作每一件家具前，要对每一块木料进行反复观察、衡量、精打细算，尽可能把木质纹理整洁美丽的部位用在表面上。不经过深思熟虑，决不轻易动手。

苏式家具镶嵌手法的主要优点是可以充分利用材料，哪怕只有黄豆大小的玉石或螺钿碎渣，都不会废弃。

苏式家具的装饰题材多取自历代名人画稿。以松、竹、梅、山石、花鸟、风景以及各种神话故事为主。其次是传统纹饰，如海水云龙、海水江崖、龙戏珠和龙凤呈祥等。折枝花卉亦很普遍，大多借其谐音寓意一句吉祥语。局部装饰花纹多以缠枝莲或缠枝牡丹为主，西洋花纹较为少见。一般情况下，苏式的缠枝莲与广式的西番莲，已成为区别苏式还是广式的明显特征。

清 · 红木火盆架

●尺　　寸：高 55 厘米

●鉴赏要点：盆架面攒框作，有束腰，束腰间有长方形开光。托腮上雕蕉叶纹，牙板上雕缠枝花卉纹。三弯腿，外翻如意足，下踩托泥，有龟脚。

清 · 剔红雕漆云龙纹多宝立柜

清乾隆·黄花梨拐子纹靠背椅

●尺　　寸：56 厘米 × 44 厘米 × 121 厘米

●**鉴赏要点**：卷云纹搭脑两端出头，靠背板与立柱均做弯曲状，背板浮雕拐子纹，背板下端安角牙，立柱与搭脑相接处有倒挂牙，立柱与座面相交处有坐角牙。落堂式座面下为卷云纹牙子。方腿直足，步步高管脚枨。

清·黄花梨香几

●尺　　寸：45 厘米 × 45 厘米 × 95.5 厘米

●**鉴赏要点**：几面攒框装板，有束腰，束腰隔段开椭圆形圈口，下承托腮。拱肩直腿，腿间有长方形圈口，四周以卡子花与腿相连，腿间安管脚枨，下承托泥，带龟脚。

清·黄花梨棋桌

●尺　　寸：高 88.5 厘米

●**鉴赏要点**：桌面为活心板，刻划双陆棋盘，盘两侧有带盖棋盒，可装棋子。面下腿与面板抱肩榫结合，腿间装罗锅枨，直腿内翻马蹄。此桌用料节省，结体轻巧，是典型的清代苏式家具。

清·红木竹节搁台

●尺　　寸：141 厘米 × 69 厘米 × 83 厘米

京作家具

京作家具一般以清宫造办处所制家具为主。造办处中设有单独的木作，从全国各地招募优秀工匠到皇宫服役。由于广州工匠技艺高超，故造办处又在木作中单设一广木作，作中全为广州工匠，所制家具带有浓厚的广式风格。它与纯粹广式家具的不同之处主要表现在用料方面。广木作所使用的优质木材全部从广州运来，一车木料辗转数月才能运到北京，沿途人力物力，花费开销自不必说。皇帝本人也深知这一点。因此，造办处在制作一件家具之前，先画样呈览。经皇帝恩准后，方可开工。在造办处档案中，经常记载着这样的事，皇帝看过图纸后提出修改意见，准做小样。小样制成后再经皇帝御览，皇帝看后如觉得某部分用料过大，会令其改小。久而久之，形成京作家具较广作家具用料小的特点。在造办处普通木作中，多由江南地区招募优秀工匠，其做工趋向苏式。不同的是，他们在清宫造办处制作的家具较江南地区用料要大，而且没有掺假的现象。

从纹饰上看，京作家具较其他地区又独具风格。工匠们从皇家收藏的古代玉器、铜器上吸取素材，巧妙地装饰在家具上。这一点清代在明代的基础上又发展得更加广泛了。明代多限于装饰翘头案的牙板和两腿间的镶板，清代则在桌案、椅凳、箱柜上普遍使用。明代多雕刻螭虎龙（北京匠师多称其为拐子龙或草龙）；而清代则以夔龙纹最为常见，其他还有夔凤纹、拐子纹、螭纹、虬纹、蟠纹、饕餮纹、兽面纹、雷纹、蝉纹或勾卷云纹等。根据家具造型的不同特点，而施以各种不同形态的纹饰，显示出各式古色古香、文静典雅的艺术形象。

清·黄花梨西番莲花卉、麟凤纹五屏式镜台

●尺　　寸：高 77 厘米

●鉴赏要点：台座上安五扇小屏风，为扇形，中扇最高，依次向两侧递减。屏风上装绦环板，透雕缠枝花卉纹、麟凤纹，上搭脑均高挑出头，圆雕凤头。台面四周有望柱栏杆，镶透雕螭纹绦环板。台下为明屉五个，屉面浮雕折枝花卉。底座三弯腿，外翻云纹马蹄，壶门式牙板，牙板上雕忍冬纹。

清·黑漆方桌

●尺　　寸：96 厘米 × 96 厘米 × 87 厘米

●鉴赏要点：桌面四角攒框装板，有束腰，面下装透雕花纹枨。直腿外翻回纹马蹄，腿中部有回纹翅。

清早期 · 款彩汉宫春晓屏风

●**尺　　寸**：536 厘米 × 227 厘米

●**鉴赏要点**：此屏风共 12 扇，屏心仿绘仇英《汉宫春晓图》，布局人物、花草楼台皆仿仇英。外围以博古、花鸟及异兽等图案，极尽富丽堂皇。

清 · 紫檀五屏风式镜台

●**尺　　寸**：高 75 厘米

●**鉴赏要点**：台座上安五扇小屏风，为扇形，屏风上装绦环板，皆为描彩龙凤呈祥纹，中屏风上有一"囍"字，当为皇帝大婚时所用。上搭脑均高挑出头，圆雕龙头。台面四周有望柱栏杆，镶浮雕龙凤呈祥绦环板。下为对开门式柜，装铜面叶、合页，浮雕龙凤呈祥纹。

清中期 · 紫檀雕雍正耕织图立柜

●**尺　　寸**：94 厘米 × 42 厘米 × 200.5 厘米

●**鉴赏要点**：立柜对开两扇门，门板上有对称的满月式、梅花式、海棠式、花瓣式及委角长方形开光，内雕雍正耕织图，开光外衬以云纹地。边框嵌铜面叶和合页，安鱼形拉环，四腿直下，包铜套足。

清中期·剔彩博古图小柜

●尺　　寸：39.5 厘米 × 20 厘米 × 60.5 厘米

●**鉴赏要点**：此柜分三层，下部为一明屉，中部及上部对开双门，门板皆落堂踩鼓作。装铜饰件。柜的门板、两侧及顶部裙板等部位皆剔红，雕博古、花鸟、西番莲及折枝花卉等纹饰。

清·紫檀嵌理石罗汉床

●尺　　寸：200 厘米 × 103 厘米 × 92 厘米

●**鉴赏要点**：七屏风式床围，床围镶大理石。面下有束腰，牙板上雕回纹。直腿内翻马蹄。并配有脚踏。

清·黄花梨雕花顶竖柜

●尺　　寸：高 165 厘米

●**鉴赏要点**：柜分上下两层，两柜均为对开门，边框安铜面叶和合页，门板雕回纹及西番莲纹。

清·髹金漆龙纹屏风

●尺　　寸：高 142 厘米

清·紫檀如意纹方凳

●尺　　寸：41.5 厘米 × 35 厘米 × 50 厘米

●鉴赏要点：凳面四角攒框装板，面下有束腰，有托泥。鼓腿膨牙，内翻马蹄。牙板及腿部浮雕如意纹，下踩托泥，带龟脚。

清·鸡翅木嵌正龙纹扶手椅

●尺　　寸：66.5 厘米 × 50.5 厘米 × 108.5 厘米

●鉴赏要点：靠背板及扶手雕螭纹，靠背中心嵌墨玉，其上阴刻描金正龙纹。座面下束腰，有透雕螭纹角牙。方腿内侧边缘起阳线，四面平式管脚枨，内翻回纹马蹄。

清早期·紫檀坐墩

●尺　　寸：高 55 厘米

●鉴赏要点：圆形墩面与底座的侧面各饰鼓钉纹一匝并弦纹一道，墩壁中间为四个海棠式开光洞，两开光洞之间的墩壁凸雕如意拐子纹。

清·剔红云龙纹宝座

●尺　　寸：231 厘米 × 125 厘米 × 108.5 厘米

●鉴赏要点：三屏风座围双面饰鱼龙变化图。座面里勾填金饰五龙，一条正面龙，四条行龙，满布海水纹，座边沿凸雕海水螭纹。座面下有海水纹束腰及牙条。内翻四足，下承雕海水纹托泥。

清早期·紫檀缠枝莲纹四开光坐墩

●尺　　寸：高 53 厘米

●鉴赏要点：圆形墩面与底座的侧面各饰鼓钉纹一匝并弦纹一道，在弦纹之间的墩壁凸雕两道缠枝莲纹，墩壁中间为四个海棠式开光洞。

专题

明代家具与清代家具比较

比较项目	详解	图例
用料	明代家具与清代家具在用材方面，因受社会环境、生活习惯及材料来源等影响，是有区别的。明代家具主要使用的材料有黄花梨、紫檀、鸡翅木、铁梨木及榉木等五个主要品种。这段时期制造考究家具的首要材料是黄花梨。清代家具就木材品种而言，有紫檀、酸枝木、花梨、楠木、乌木或榉木等。从北京故宫博物院收藏的传统家具来看，京作家具重紫檀、酸枝，而轻黄花梨，以致许多黄花梨家具都被染成深色，这也是清代黄花梨家具存世不多的原因。清式家具发展到后来，由于紫檀来源枯竭，价格昂贵，只好采集酸枝、花梨等木料充数。清代家具中，在形式上还常见有仿竹、仿藤、仿青铜器，甚至仿假山石的木制家具；而反过来也有竹制、藤制的仿木家具。	大果紫檀
制作工艺	明代家具发展到清代，在制作工艺方面也有所改变。例如明代椅子的座面都以棕和藤皮编成，在边抹上穿孔装镶，扶手和直枨交接处有一简朴的托角牙子，一方面是为了美观，另一方面也使家具舒适度大大增强。家具除直足外，还有鼓腿膨牙、三弯腿等向内或向外兜转的腿足，线条自然流畅。而清代的椅子一般都用木板装镶。清中期后，椅子迎面的牙条仅有一直线，椅、几等家具的腿往往喜欢挖缺做。明式家具在制作风格上和清式家具另有一个明显区别是榫卯制作。明式较合乎规矩，精密严谨，不易散架；而清式家具往往一脱胶便全部散架。	榫卯结构 椅靠背
装饰花纹	家具上的装饰花纹是反映时代的最好依据，因为它和其他工艺品的花纹一样本身有比较鲜明的时代性，有的花纹甚至可以作为确切年代的重要依据。明代器物上有较抽象的缠枝纹；而清代家具花纹图案整体较满，通常是一些代表吉祥瑞庆的花鸟纹等装饰花纹。同样类别的花纹，在明代与清代出现的面貌也大不相同。例如龙纹在宫廷家具中是应用得较为普遍的一种纹饰，明代时筋骨演变为在腿上全部拉结线，头上毛发上冲，龙须外卷或内卷，并出现风车状五爪；清代，龙头毛发横出，出现锯齿形腮，尾部有秋叶形装饰等。	清代龙纹

比较项目	详解	图例
装饰风格和手法	从装饰风格到手法，明代家具与清代家具都截然不同。清代家具骨架粗壮结实，方直造型多于明式曲圆造型，题材生动且富于变化，装饰性强，整体大方而局部装饰细腻入微。与明代家具相比，在装饰风格上，两者的追求有本质上的不同。明代家具注重造型，常以很小的面积，饰以精细雕镂，崇饰增华，并点缀装饰在最适当的部位，与大面积、大块面、大曲率暨总体形成强烈、有序、适宜和醒目的对比，使家具整体愈显明快、简洁、洗练、大方。明代家具在细部刻画上技巧手法众多，综合起来大致分为雕刻、镶嵌(百宝嵌)和髹饰三大技法。明代家具装饰的另一特点就是附属配件的使用，它通常指镶入凳、墩、桌、案面心及门框、床围子的各种纹饰，用丝绒、藤丝纺织成的软屉，铜铁片叶在柜、箱、橱、椅、交杌等上的裹饰家具及作为面叶、拉手、合页的多种饰件等。它们根据功能要求配置附件，特别是铜饰件，既起到保护家具的作用，又起到了增强装饰性的功能。而清式家具则注重形式，不惜功力、用料，工艺精良达到了无以复加的程度。在装饰上力求华丽，使用了金银、玉石、宝石、珊瑚、象牙、百宝等不同质地的装饰材料；珐琅嵌、瓷嵌也是当时重要的装饰手法；描金、彩绘在清式家具中也占有一定地位。	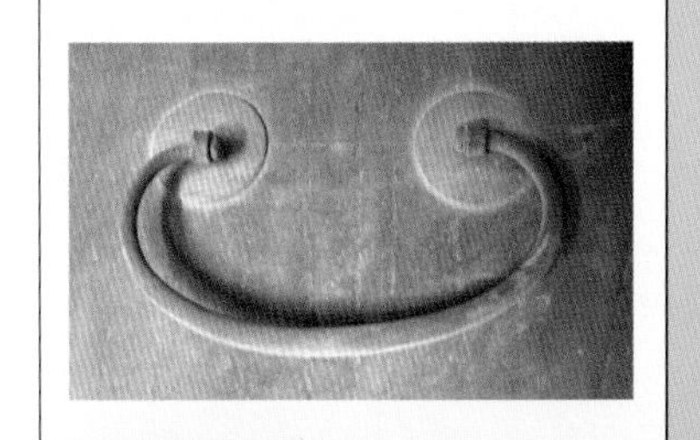 提环   浮雕人物纹
 造型特征	清代家具和明代家具在造型特征上表现出不同的美学风格。合理的功能与简练优美的造型是明代家具的重要特征。明代的家具设计讲求严密的比例关系和适宜的尺度，在此基础上与使用功能紧密地联系在一起，力求达到功能与形式的完美结合。例如明代的靠背椅，根据人体休息时的需要，靠背成100° 倾角且呈“S”形曲线，如此人的后背与椅背有较大的接触连带面，韧带和肌肉即能得到充分的休息；且椅背的搭脑高度与人的颈部平齐，头部恰好搭靠其上。明代家具在造型中运用曲线，无论是大曲率的着力构件还是小曲率的装饰线脚、花纹及牙板，大多简洁挺劲，圆润流畅，而无矫饰。家具设计在统一与变化这一美学法则中达到了较完美的高度。清代家具变肃穆为流畅，化简素为雍贵，从适用走向艺术，把清新典雅的明代风格衍化转变成繁缛富丽的清代风格。清代家具的总体尺寸趋于宽、高、大、厚，与此相应，局部尺寸与部件用料也随之加大变宽。如清三屏背式太师椅，稳妥浑厚的三屏背与粗硕流畅的腿脚扶手等浑然一体，协调一致，造成十分稳定、大气、宽厚和繁冗的气势。	 花盆架  靠背椅

清末·红木嵌理石美人榻

古典家具结构与装饰

古典家具的结构最为突出的是榫卯结构。家具到了明清时期，榫卯结构发展到了高峰。家具结构改进所取得的成果的另一来源是宋代的小工木艺。入明以后，工匠对于硬木的操作又积累了丰富的经验。性坚质密的硬木能使匠师们把复杂而巧妙的榫卯按照他们的意图制造出来。构件之间，全不用金属钉，单凭榫卯就可以做到上下左右粗细斜直连接合理，面面俱到。其工艺之精准，扣合之严密，间不容发。

明清家具的装饰手法丰富多彩。由于仿自古建筑的装饰手法，于是产生了明显的三维感觉，看起来从整体到细部都经过精心的处理。明清匠师对于整个家具结构部件中显眼部位进行简单的美化加工，达到了画龙点睛的效果。无论是总体比例、点面关系还是安装位置，都经过精心地构思，达到了繁简适度、美观得体的装饰效果。匠师们通过不同的装饰手法，使得家具在质感、色彩上形成强烈对比，给人以美的享受。明清家具的装饰，主要是通过选料、线脚、攒接、雕刻、镶嵌及附属构件等六个方面来体现的。

可以说，认识明清家具的结构和装饰，对于深入了解明清家具大有裨益。鉴别一件家具是否真是明清时期的，从其结构和装饰手法去判断往往也非常重要。

古典家具结构

明代家具由于大量运用质地坚硬，强度高，色泽和纹理优美等特点的木材，采用木架构形式，所以结构合理、造型优美；明代家具在制作上使用了极其精密科学的榫卯结构，加工工艺精巧，构件断面小而强度大，造型简洁、秀丽、朴素，强调家具形体的线条形象且能做细致的雕饰和线脚加工，确立了以“线脚”为主的造型手法，体现了明快、清新的艺术风格。清代家具运用各种精湛的工艺技术，融合明代家具形制结构，使清代家具形成了有别于明代风格的独特面貌。在造型上，它以豪华繁缛为风格，突出强调稳定、厚重的雄伟气度；装饰上大量采用隐喻丰富的吉祥瑞庆题材，来体现人的生活愿望和幸福追求；制作采用多种材料，手段汇集雕、嵌、描、绘、堆漆和剔犀等，镂镂雕刻巧夺天工，达到了威严、豪华和富丽的目的；另外，吸收了外来文化的长处，在家具的外在形式上大胆创新，变肃穆为流畅，化简素为雍贵，一改前代风格。

横材与竖材结合的丁字形结构

横材与竖材的结合又称“格肩榫”。如桌子、椅子及凳子的横枨，柜身与柜门的横带与腿足的结合，都用这种做法。格肩又分大格肩、小格肩、实肩和虚肩。

▲清·紫檀束腰刻花炕桌

●尺　　寸：96 厘米 × 57.5 厘米

●**鉴赏要点**：炕桌为紫檀制成，桌面冰盘沿，中间打洼，带束腰。壸门牙子，牙板上满雕花纹，展腿，外翻马蹄。此桌做工细腻，结构严谨。

▲清·红木独块瘿木面板棋桌

●尺　　寸：74 厘米 × 74 厘米 × 83.5 厘米

▲明·鸡翅木石面方台

●尺　　寸：76 厘米 × 76 厘米 × 87 厘米

▲清·铁梨木狩猎桌

●尺　　寸：102.5 厘米 × 85.5 厘米

●**鉴赏要点**：通体为铁梨木制，桌腿与牙板用插肩榫结构。四腿甚矮，尽端作出外翻马蹄。两侧腿间另安活腿，活腿中间有活动杆，用于固定活腿。并使活腿可以折叠。活腿上窄下宽，打开时有明显的侧脚收分。这类家具多用于室外活动，或外出巡幸，便于携带。

⊙【大格肩与小格肩】

大格肩有实肩和虚肩之分，小格肩都是实肩。实肩是在横材两端做出榫头，在榫头的外侧做出45° 等边直角三角形斜肩，三角形斜肩紧贴榫头，然后在竖材上凿出榫窝，并在外侧开出与榫头上三角形斜肩相等的豁口，正好与榫头上的斜肩契合。格肩的作用，一是辅助榫头承担一部分压力，二是打破接口处平直呆板的气氛。这种做法称为大格肩。

小格肩是把紧贴榫头的斜肩抹去一节，只留一小部分，其目的是为了少剔去一些竖材木料，以增加竖材的承重能力，是一种较科学的做法。它既保持了竖材的支撑能力，同时也照顾到了辅助横材承重的作用。这种做法一般用于柜子的前后横梁或横带上。

▲清·黄杨木花架

●尺　　寸：44 厘米 × 83 厘米

●鉴赏要点：几面下有束腰，隔段有长方形开光。束腰下有托腮，牙条上雕饰花纹。拱肩直腿，装管脚枨。造型大方。

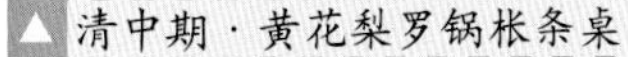

▲清中期·黄花梨罗锅枨条桌

●尺　　寸：167 厘米 × 72.5 厘米 × 84 厘米

▼明·黄花梨画案

●尺　　寸：218 厘米 × 62 厘米 × 83.5 厘米

清·柞榛木供桌

●尺　　寸：63.5 厘米 × 47 厘米 × 84.5 厘米

清·明式柞榛木方台

●尺　　寸：97 厘米 × 97 厘米 × 88 厘米

明末清初·黄花梨盆架

●尺　　寸：73.7 厘米 × 48.9 厘米

●**鉴赏要点**：盆架为黄花梨木制。架间安上下两组横枨，分别由三条横枨交叉结合而成，每一横枨以格肩结构与竖材结合，架上上仰，架下六足外撇。通体无任何纹饰，简洁明了，有典型的明式家具风格。

清初·黄花梨海水云龙纹单门柜

●尺　　寸：79 厘米 × 53 厘米 × 175 厘米

●**鉴赏要点**：此柜为单门方角柜，门框内镶板，板上满雕海水云龙纹。边框装合页。做工精细，雕饰华美。

⊙【虚肩与实肩】

虚肩也叫飘肩，它与实肩的区别是三角形斜肩不是紧贴榫头，而是与榫头之间留出空隙，不与榫头相连。在竖材的榫眼外侧，也挖出与虚肩大小相同的豁口，但不与榫眼相连。这样做的目的也是为了少剔去一些竖材，以免削弱立柱的支撑能力。在桌类、椅凳类家具的上下横枨上，就常用这种做法。

飘肩的做法是横材与竖材都是圆材，为了把横竖材连接得圆润、柔和，使横竖材的圆面齐平，在横材的榫头两边做出弧形圆口，榫头与榫窝合严之后，弧形口正好与竖材圆面合严。这种做法称为飘肩。

▲长方案（局部）

鉴藏指南

拍卖场上的"新宠"

古典家具一直是收藏领域中的一个大门类。近年来，其价格在国内外市场持续走高。20世纪80年代，一把黄花梨圈椅千元可得，但现在没有几十万元根本别想搬回家；那时红木八仙桌没人要，四五年前就涨到了4 000元，而今却可以卖到1万元。1996年，纽约佳士得拍卖公司中国古典家具的拍卖就获得了巨大成功，其中一件清代早期黄花梨大座屏以100万美元成交。2002年，中国嘉德拍卖公司举行拍卖会，一对黄花梨顶箱柜以980万元的价格刷新了中国家具成交纪录。2004年9月，纽约佳士得特别举行了一场大型明式家具拍卖会，推出68件由全球拥有最多明式家具的收藏家叶承耀所珍藏的明式家具，并成功卖出40件，拍卖成交总额达2 262万港元。其中，成交最高的三件家具包括明黄花梨三屏风独板龙纹围子罗汉床、明黄花梨灵芝纹衣架和明黄花梨两卷角牙琴桌，成交价分别是273.3万港元、230.5万港元及196.2万港元。现在，要购买一件明代家具已非易事，花上20万元人民币也许只能买得一件明代的长条靠背椅或一对碗橱；若要收藏一副明代对椅的话，最起码要出到50万元以上。

▲清·榆木平头案

- 尺　　寸：226厘米×62厘米×83.5厘米
- 鉴赏要点：此案采用夹头榫结构，圆腿，素牙板。为明式家具的最基本形式。浑身光素，不琢一刀。

【丁字形结构】

丁字形结构也有格肩与不格肩的区别。如果在明面上，为追求美观，一般都用格肩榫。但在人们视线看不到的地方，往往不用格肩榫，常见多为双头榫，即把横材的两端各开两个榫头，把竖材开出两个榫窝。这种不用格肩的做法，又有透榫与闷榫的区别。有的家具透榫与闷榫混合使用，使用时二者比例要视桌面长短、穿带多少而定。如桌面四框中间的穿带，为了加强边框的牢固性，通常将其做一条或两条透榫，其余做暗榫；如果是三条穿带，则只在中间一条做透榫，其余做暗榫；如果是五条，则把中带和两外侧带做成暗榫，间隔的两条做透榫。

▲现代·紫檀平头案（明式）

●尺　寸：160厘米×42厘米×82厘米

●鉴赏要点：此案以经典的明代平头案为蓝本，设计者对部件之间的比例关系和相互位置关系进行了调整，使其风格焕然一新，既保留了明代平头案的韵味，又使之具有了明快的现代感。

▼明式·黄花梨夹头榫大平头案

●尺　寸：208.6厘米×63.5厘米×85.6厘米

●鉴赏要点：通体为黄花梨木质地。光素的案面，四边格角攒框镶板，板心下横穿五条带，俱为透榫。牙板两端锼出云纹牙头，且为一木连作，牙板贯穿两腿，腿子上端打槽开榫，夹着牙头与案面相交，名为夹头榫结构。方腿委角，装双横枨，皆为透榫。

明清家具升值潜力无限

目前，因全国许多地方的古代建筑名胜与博物馆的修葺重建和扩建之需，明清家具的收集对修建者来说至关重要，加之民间居家装饰对明清家具的需求也越来越大，从而使得明清家具的价格正以每年20%的速度递增。明清家具有“三优”。一是优美的形态。线条流畅、整体比例均衡，具有独特之神韵。二是优秀的工艺。工艺是明清家具最为关键、难度最高的一环，除工艺精湛，结构、接驳依足古法外，其细部的雕刻深浅和艺术手法，均合乎传统风格。三是优质的材料。明清家具必须选用几大名木，并根据地方色彩、家具造型、款式、类别选择合乎其惯用的材种，否则只会影响其神韵以及收藏价值。此外，木纹之美感表现，则取决于开料用材的妙法。名贵木材中，紫檀、黄花梨、酸枝、鸡翅、榉木为极品。由于越来越多的人开始认识到古典家具的价值，而古典家具的数量又十分有限，据专家估计，明式黄花梨和清紫檀家具数量仅1万件，再加之近几年这些家具不断外流，可谓卖一件少一件，藏家又不愿出手，因此，古典家具价格自然越来越高。

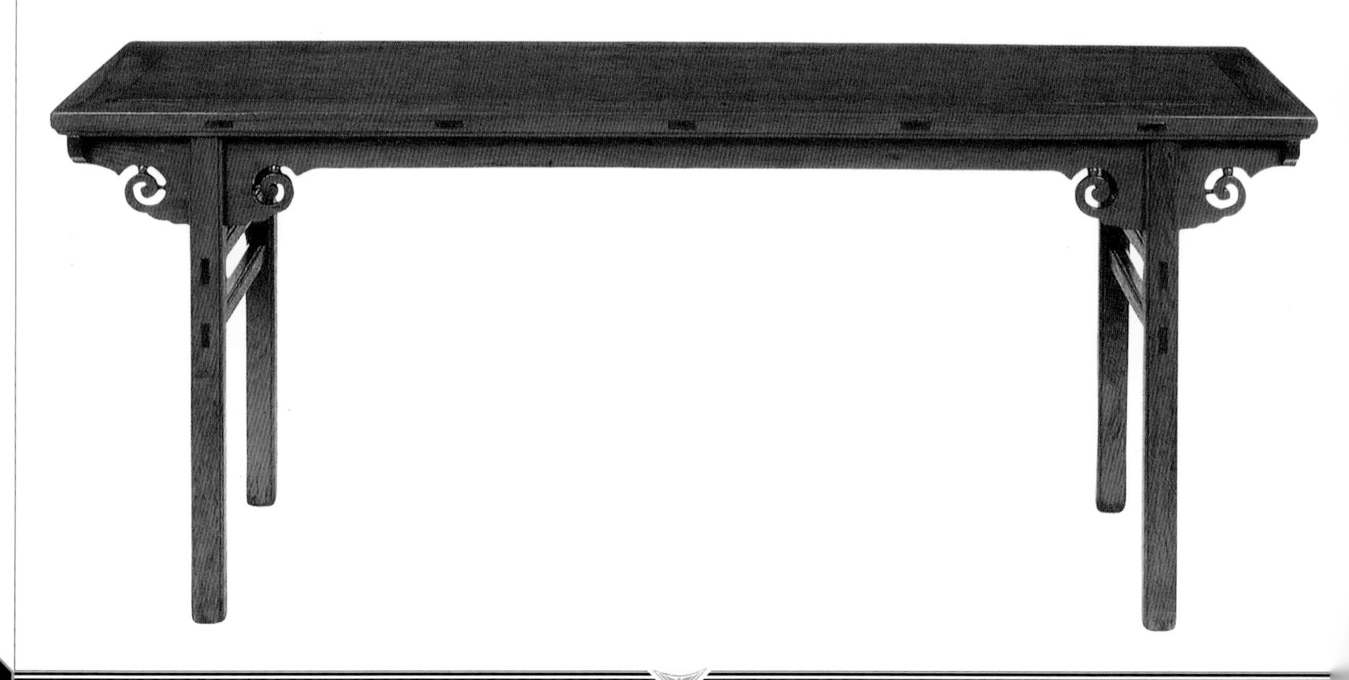

直材的角结合

桌案、椅凳及柜门等板面四框的结合，或椅背、扶手等立柱与横梁的直角结合都称为直材角结合，直材角结合又称“格角榫”，有明榫与暗榫的区别。明榫多用在桌案板面的四框和柜子的门框处。桌案的边框一般分为长边和短边。长边称边挺，短边称抹头。在边挺和抹头的两端，做出45°斜边，边挺做出榫头，抹头做出榫窝。这样就把明榫处理在两侧。而正面可以给人一个明快整洁的外观。

暗榫，也叫闷榫，凡两部件结合后不露榫头的都叫闷榫或暗榫。暗榫的形式多种多样，单就直材角结合而言，就有单闷榫和双闷榫。单闷榫是在横竖材的两头一个做榫舌，一个做榫窝。双闷榫是在两个拼头处同时做榫头和榫窝。两接头的榫头一左一右，榫窝亦一左一右，与榫头相反，这样两侧榫头就可以互相插进对方的槽口。由于榫头形成横竖交叉的形式，从而加强了榫头的预应能力，使整件器物更加牢固。

还有一种闷榫结合方法，即把横竖材都切出45°斜面，在斜面上凿出榫窝，再用一块方木块插入两边的榫窝，用胶粘牢。

直材角结合还有不用45°斜面的，它是把横材下面做出榫窝，直材上端做出榫头，将横材压在竖材上，这种做法俗称“挖烟袋锅”。明式靠椅和扶手椅的椅背搭脑和扶手的转角处常用这种做法。

▲清·黄花梨圈椅

●尺　　寸：高97厘米，宽57.7厘米

●鉴赏要点：此椅靠背板根据人体脊背的自然曲线设计成“S”形，方便倚靠。背板上雕饰如意云头纹。壶门由三面素牙条做券口。管腿枨下牙条做成壶门形，圆腿直足。

▶明·黄花梨圈椅

●尺　　寸：高104厘米，宽62.9厘米

●鉴赏要点：此椅有弧形椅圈，自搭脑而下伸向两侧，通过后边柱又顺势而下形成扶手。背板后弯，自然流畅，满雕双螭纹。四角立柱与腿一木做成，并有“S”形联帮棍。席心座面。座面下为壶门券口，牙板上雕卷草纹。腿间管脚枨为步步高赶枨。四腿外撇。

拼板与框内装板结构

制作大型家具，用料一般宽厚，一块板不够用时，常用几块板拼接，但如木性不一，就会出现翘裂或变形现象。为了使拼缝始终保持平整光洁，就须采取适当的措施处理接缝。常见的薄板拼合是在板材纵向断面起槽，另一面做出与边槽相应的榫舌，把榫舌镶入槽口，用胶粘牢。这种做法，木工匠师们多称之为“龙凤榫”。如果材料不足，数板拼合刚好够用，再做榫舌就会使板材亏损，这种情况就应当在两侧板材拼面都开槽口，再另做一板条镶入两边槽口，使两块板材拼合在一起。

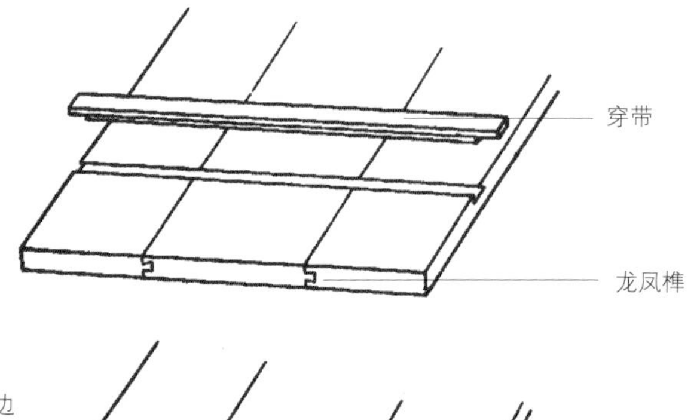

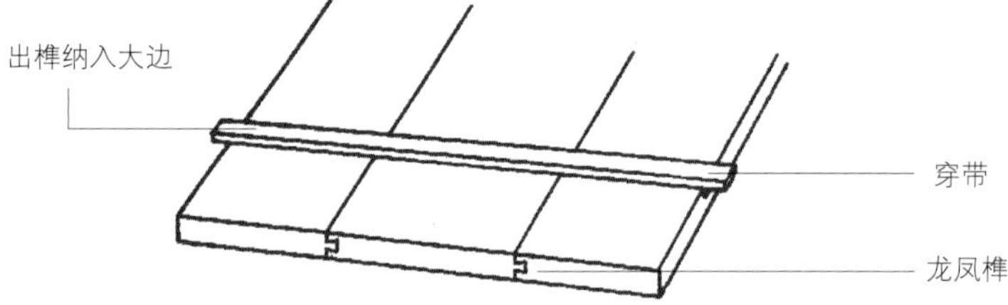

▲龙凤榫加穿带

▲清中期·紫檀雕西番莲纹顶箱柜（一对）

●尺　　寸：116 厘米 × 51.5 厘米 × 226 厘米

▲清·黄花梨柜

●尺　　寸：56 厘米 × 37 厘米 × 78 厘米

●鉴赏要点：此柜为四面平式，两扇门对开。不落堂装板，有白铜合页及面叶，柜下壶门牙条光素无纹饰。此柜结构简洁、整齐，颇具明式风格。

古旧民间家具损坏的原因

造成古旧家具损坏主要是自然因素，包括温湿度、紫外线和红外线等造成的老化，以及霉菌、害虫造成的腐朽。一是造成无法修复的自然损害因素。一般单纯温湿度导致的损伤是相对轻微的，而光线照射造成的木材干裂、翘曲和变形不仅无法避免，也是修复中无法根除的。只能充分利用留下的痕迹，去营造高古的感觉。由于古时地面多铺砖石，潮气会顺着家具腿足部位端面的导孔和缝隙渗入，从而导致家具的腿部掉蜡泛白(一般紫檀、黄花梨等硬木家具的腿足部位颜色会更深)，除非使用现代木材的漂洗和蒸煮技术，一般无法彻底改善，所以常常在修复中通过髹漆和烫蜡等表面处理方法，来加强家具的年代感。二是可以修复的物理损害因素。目前，可以修复的都是一些因使用和存放不当等人为因素导致的物理损伤。一般有眼力的收藏者会喜欢买进这种家具残件，经专业修复翻新后，达到枯木回春、起死回生的奇效。由于严重的物理伤害常常造成无法挽回的恶果，比如冲击造成的折断，一般不再修复，而是使用残料重新制作出所谓的古旧家具。

稍厚一点的板材拼合。用在桌面或案面上时，多采用穿带榫。即把板条严好缝，再在一面开出横向通槽，通槽的上口要比槽底窄。在穿带的一面做出与槽口断面相应的榫口，将穿带一头对准槽口向里推。将板条固定在穿带上，这样，板条四边有边框管束，形成平整光洁的整体。

家具的面板或柜子的顶、门、两山及背板大多采用框内镶板做法。先在四框内侧起槽，再将板心的四边镶入槽口，这样就把板心边缘处理在暗处了，既增加了家具的美感，又加固了板心。镶板有两种形式，一种把板心边缘做出与边框槽口深度相同的榫舌，板心镶入通槽后，板面与边框齐平，木工术语称“不落堂”，凡桌案台面都用这种做法。另一种是将板心四边削成斜坡，将边缘镶入通槽，台面上不是平的，面心四周低于边框表面，木工术语称之为“落堂”，这种做法在椅凳的座面和柜门、两山的镶板中较为常见。

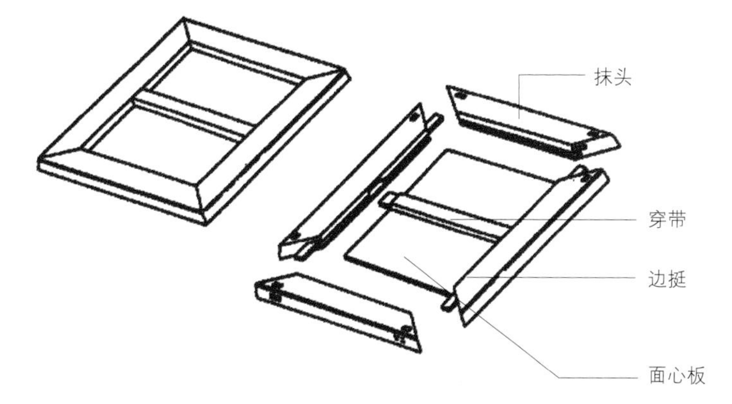

▲攒框装板

▲清·紫檀镶铜包角炕几

●尺　　寸：宽 77 厘米

●鉴赏要点：此炕几几面为不落堂装板，几面与桌腿用长短榫结构结合，几面四角包铜。腿部有弓背牙子，直腿方脚。光亮无纹饰。

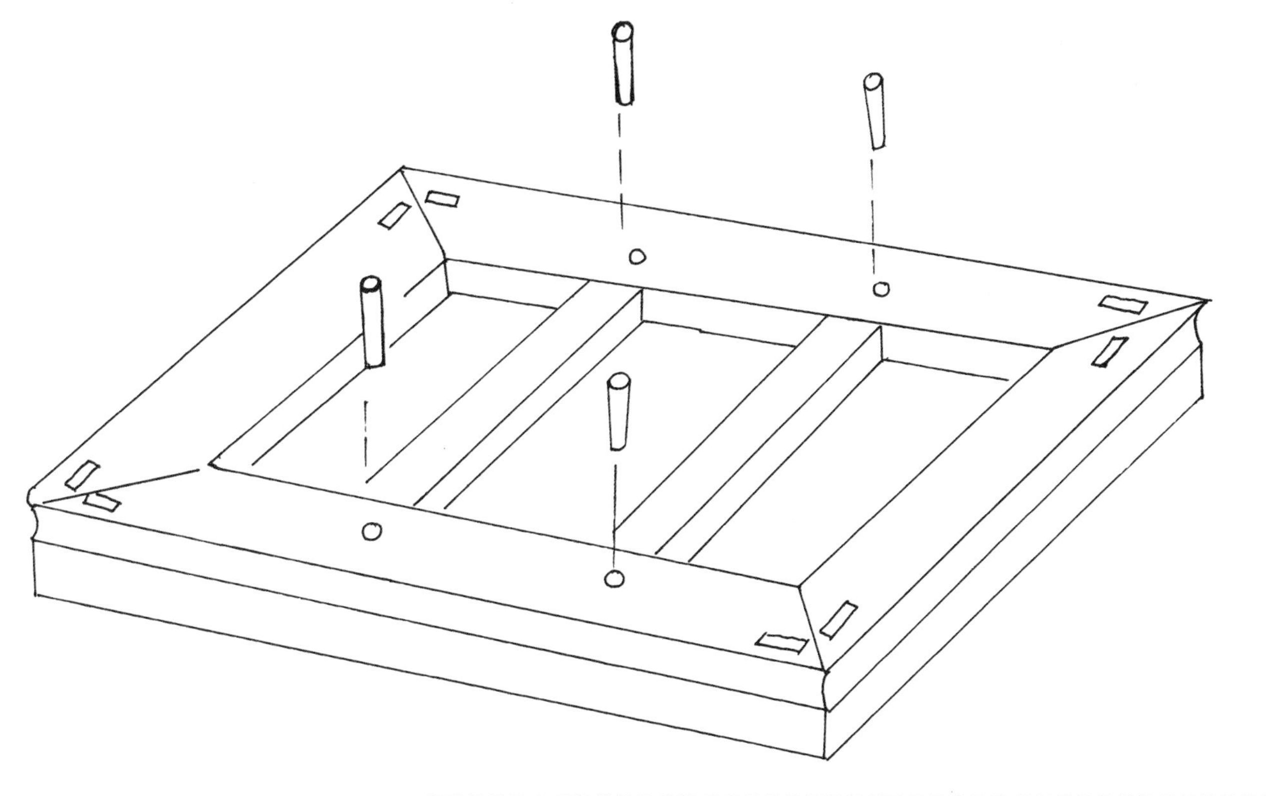

▲苏作装板

腿与面、牙板的结合

腿与面的结合有长短榫及夹头榫两类。桌形结体家具不论有束腰和无束腰，多用长短榫；案形结体家具多用夹头榫和托角双头榫。

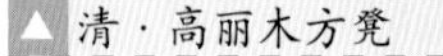

清·高丽木方凳

●尺　　寸：40厘米×40厘米×50厘米

●**鉴赏要点**：方凳四周攒边框，镶藤心。面下安罗锅枨，四面各有两个矮佬相连。四腿圆柱形。此凳通体光素，造型简洁明快。

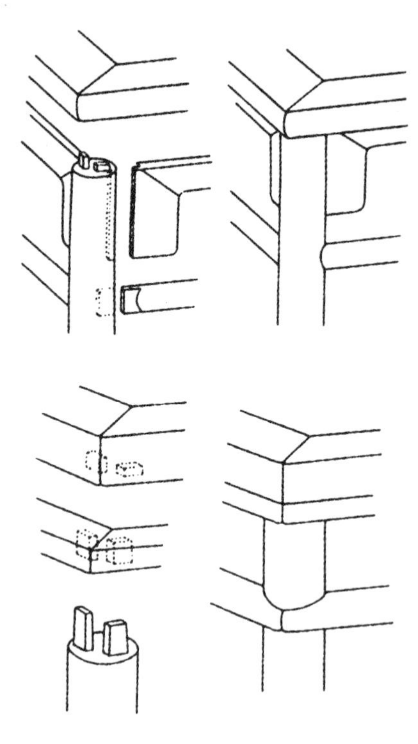

长短榫

高碑店的仿古家具

在北京，除了著名的潘家园古旧家具市场外，位于京通高速路东面的高碑店古旧家具一条街，近年也渐渐引起了消费者的注意。在经过20年的发展之后，随着古典家具的日渐稀少，收藏者们已经很少光顾了，但是这里却迎来了大众消费的春天。对于街上大部分商户而言，现在走得最好的货，大多是售价在千元人民币左右的中档货品，或者两三百元人民币的小玩意。这些家具的历史在150~200年左右，多以柴木（杉木、樟木、柚木及其他杂木）等寻常材料制成。这里纯正的硬木家具没有多少，大量的是各种柴木家具。民间用品占大多数，如农民用的风车、称粮食的斗、升等。普通人家的“老东西”和仿古作旧的“新东西”占据了市场的大部分。它们以适中的价格、盎然的古意，还有相当的实用性，吸引着许多准备装饰新居的白领、喜爱古典风情的都市新锐，以及追求个性店面的商户。

清·红木香几

●尺　　寸：35厘米×35厘米×80厘米

●**鉴赏要点**：此香几采用粽角榫结合面板及腿，面下有镂雕螭纹花牙。腿中部装横枨，中间镶板。直腿，内翻云纹马蹄。

⊙【长短榫】

长短榫又分粽角长短榫和柱顶长短榫。特点是两个榫头一长一短，而且朝向两个方向。其作用是把边挺和抹头固定在一起，长榫连接边挺，短榫连接抹头。把连接抹头的榫锯短，是因为连接抹头的榫头与边挺伸向抹头的横榫发生了冲突。如果不把这个榫头去短，势必顶住边挺榫头，使案面落不到底。

粽角榫结构是在桌腿与板面边沿平行的两面自长短榫的底部起向上削出45°斜肩，斜肩内侧挖空。把板面边框转角处靠下一些的位置亦剔成45°斜角，组合时，长短榫分别与边挺抹头上的榫窝吻合，同时边框外斜角也正好与腿上的斜肩拍合，这样做的结果是边框外沿平面与腿子的外平面拼合在一个平面上，只在结合处留下三条棱角和三条拼缝，而这三条棱角和三条拼缝又只有一个交点，由于它多角形的特点，人们常呼其为“粽角榫”或“粽子榫”。

柱顶长短榫与粽角长短榫的不同之处是榫头的外面没有斜肩，它和板面组合后，板面不是与腿足的外面齐平，而是板面伸出腿面。这种做法使腿足的形式富于变化，圆腿、方腿均可，不受面沿限制，还可在面下装饰束腰和各种形式的曲腿。而粽角榫的结构就不然，它只能随面沿形式做成平面，所以粽角榫结构的腿足都用方材。而柱顶长短榫的腿足不仅可方可圆，而且还可以装饰束腰和各式曲腿。

▼明·花梨方桌

●**尺　　寸**：93厘米×84厘米×86厘米

●**鉴赏要点**：四腿与桌面直接相连，连接处安角牙，牙边起阳线。圆腿，柱础式足。此桌造型极其简单，挺拔坚实。

⊙【夹头榫】

夹头榫，多用在案或案形结体的桌子上。案形结体家具的腿与面的结合不在四角，而在长边两端收进一些的位置上，前后两面多采用通长的牙板贯通两腿，形成牙板固定腿足，腿足加固牙板，牙板又辅助腿足支撑案面的多功能结构，这种结构，人们称之为“夹头榫”。其做法是在腿的上端开出横向豁口，豁口两边做出两个与腿的宽度相等的榫头。牙板厚度要大于豁口厚度，把牙板需要插进豁口的部位按腿的宽度剔去一些，使穿插部位的厚度与腿上豁口宽度相等。这样，牙板穿进豁口后，腿就不会再扭动。牙板的高度一定要与榫头的底部齐平。牙板由牙条和牙头组成，讲究的用一块整木做成。再上面是案面，案面的边框一般比腿面要宽一些，在与腿结合的部位凿出双榫窝，与腿子上端的双头榫相吻合。

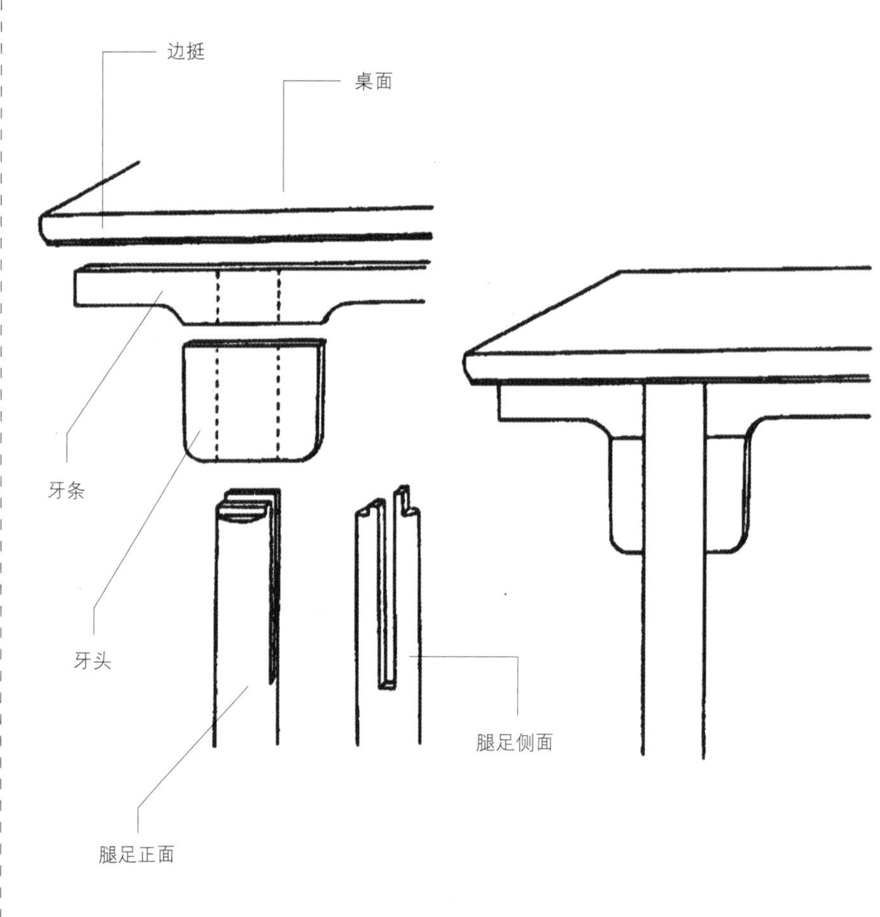

▲夹头榫

▲明末清初·黄漆花鸟纹条案

●尺　　寸：长302厘米

●鉴赏要点：案面翘首，直牙条，牙头雕云纹，与腿足形成夹头榫结构。两侧腿间镶板，透雕纹饰。整器满施黄漆，并填绘以花鸟纹。这是典型的明式家具风格的体现。

▲清式·黄花梨夹头榫画案

●尺　寸：172.1 厘米 × 82.5 厘米 × 82.9 厘米

●**鉴赏要点**：案通体为黄花梨木质地。桌为长方形光素面。四边以格角榫攒框，框内打槽镶板。面下牙板横穿案腿，腿上部打槽，夹牙板与案面相交，名为夹头榫。案形腿结构，圆腿正中打洼，前后腿之间双横枨。四腿均向外撇出，具有明显的侧脚收分。案通体光素、简洁，造型沉稳、大方，尽显明式家具的明快之感。

▼清式·紫檀雕缠枝纹平头案

●尺　寸：260 厘米 × 52 厘米 × 94 厘米

●**鉴赏要点**：通体为紫檀木质地。案面及面沿光素无饰。面下牙板与牙头雕西番莲纹，腿子上端开槽，夹着牙头与案面相接。腿上起阳线，做条形开光状。案形腿结构，前后腿间有雕花档板。腿下承接托泥。

鉴藏指南

现代别样家具

除了传统的木质家具外，随着技术和人们审美观念的进步，现在又出现了玻璃家具、草编家具及纸质家具等新型家具。

目前在家具市场中，玻璃家具大致上可分成四大类别：彩绘派、刻花派、喷砂派和钢化派。彩绘玻璃家具，玻璃色彩透明，图案五彩缤纷，花纹丰富亮丽，主体感强烈醒目，给人以生动活泼的感觉。但是硬性隔断功能不强，偏重装饰性。刻花玻璃家具，利用娴熟刀法的深浅和转折配合，表现出玻璃的质感，使所绘图案呼之欲出。所绘图案一般都具有个性“创意”。

受到南洋风及编织风的影响，各类具有韧性的草叶所编织而成的草编家具，成为这两年家具市场最受欢迎的主流商品。各类由风信草、玉米草、海草、杉木皮等素材制成的小盒子、收纳柜、洗衣篮及文具用品等，在海内外的销售极佳。由于热带植物具有生长快速、取材容易的特点，所以顺势成为家具制造业者首要开发的素材之一。纯天然手工制、素材可以回收利用、轻巧便利更是这类草编家具独具一格的特质。

伴随着科技的发展，纸颠覆了自身原有的特性，摇身一变成为具有防水、防虫、防腐、防霉、不脆化等功能的家具材料。今天，人们的环保意识愈来愈强，纸制家具也跟着水涨船高。制作纸家具，首先得将纸进行防水加工，织成“纸布”并于其中织进钢丝，使得纸制家具并不像人们想象的那样不堪一击。而织好的纸布，经过剪裁，搭配以不同材质的框架，经过烤漆，就成为实用的家具。经过科学测试证明，纸制家具可以承受90千克的外来撞击10万次，使用寿命达10年之久。此外，纸家具的触感柔滑细腻、透气性良好，加上纸的热传导性与木材相似，所以具有冬暖夏凉的特性。

云纹夹头榫

清·乌木漆面画案

- 尺　　寸：125厘米×72.5厘米×83厘米
- **鉴赏要点**：变体夹头榫结构，造型简洁古朴。案面髹漆，面下穿带小修。

凤纹牙子夹头榫

带云纹牙子夹头榫

清中期·鸡翅木漆面夹头榫大画案

- **尺　　寸**：192 厘米 × 86.5 厘米 × 83.5 厘米
- **鉴赏要点**：案面平头，直牙条，牙头雕回纹，与腿夹头榫结构。两腿间施横枨。直腿，足部为云纹双翻马蹄。造型轻盈流畅，颇具观赏性。

⊙【插肩榫】

插肩榫，也属于夹头榫的一种形式。做法与夹头榫基本相同。因为它也同夹头榫一样，分前榫和后榫，中间横向开出豁口，把牙板插在里面。不同的是前榫自豁口底部向上削成斜肩，做成前榫小，后榫大；前榫斜肩，后榫平肩的榫头。插肩榫的牙板也要剔出与斜肩大小相等的槽口，它和夹头榫牙板所不同的是槽口朝前，组合后，牙板与腿面齐平。在看面上留下两条梯形斜线，在一定程度上还起着美化和装饰的作用。

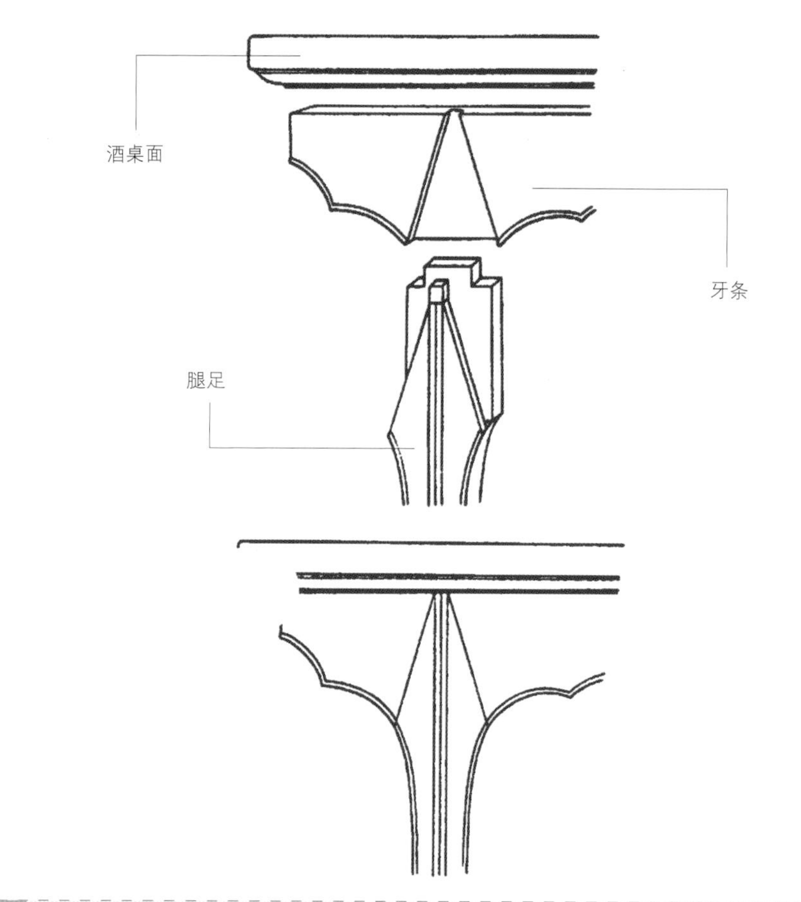

▲插肩榫

腿爪的变化

从家具腿爪的演变，可以看出唐、宋、元的家具刚刚进入高足家具阶段，对腿爪的修饰尚处于空白。明代完成了高足家具的定型，腿爪没有刻意的装饰和变化。明代的桌、几、椅、柜和床，腿爪基本起单一的支撑功能，外形只是在圆或方的原始形态上有些简单变化。清代家具的腿爪改变了方圆为主的简单形式，其样式有搭叶、虎豆、灵珠、如意一根藤、内勾脚、外勾脚、内翻马蹄和外翻马蹄等几十种。这是清代家具重繁复的理念在腿爪装饰上的反映。民国家具受西欧审美理念的影响，家具腿爪的变化极为丰富，较之清代样式更多。由于此时家具的制作引进了机械生产，腿爪上的“机械化”程度最高，明显感到有车、镟、钻等机械成分。家具腿的欧化是显而易见的，如方锥式、凹槽式、弧弯式、纺锤式、圆柱式或螺扭式等。爪作为着地部分也是变化万千，像蹄式、兽爪式、兽爪抓球式、方块式或莲瓣式等。

▲插肩榫（局部）

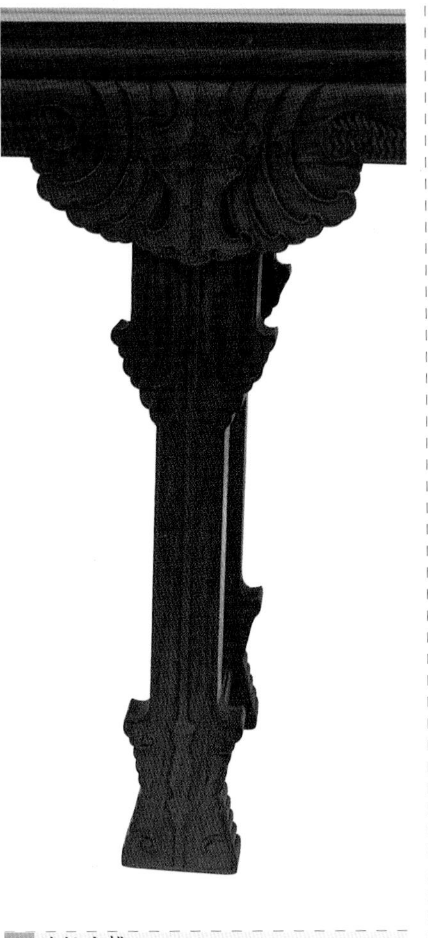

外插肩榫

插肩榫

清早期 · 花梨小炕案

●**尺　　寸**：57 厘米 × 25 厘米 × 37 厘米

●**鉴赏要点**：案面四周起拦水线，壶门式牙条与腿交圈，牙条与腿以插肩榫结构相连接。两侧腿间装单枨，腿中部与横枨连接处饰云纹翅。腿面正中起线，足端双翻马蹄。

⊙【抱肩榫】

抱肩榫结构和粽角榫结构的原理差不多，它实际上是把粽角榫的斜肩移到榫头以下，这样斜肩交合的也就不是板面四边，而是面下的牙板了。粽角榫的板面斜肩因与边框以一木做成，所以两个斜面只要合缝就行了；而抱肩榫的牙板和腿部斜肩必须做出榫头和榫窝，才能使牙板固定在腿上，以辅助腿足支撑案面。这类榫卯大多用于束腰家具上。

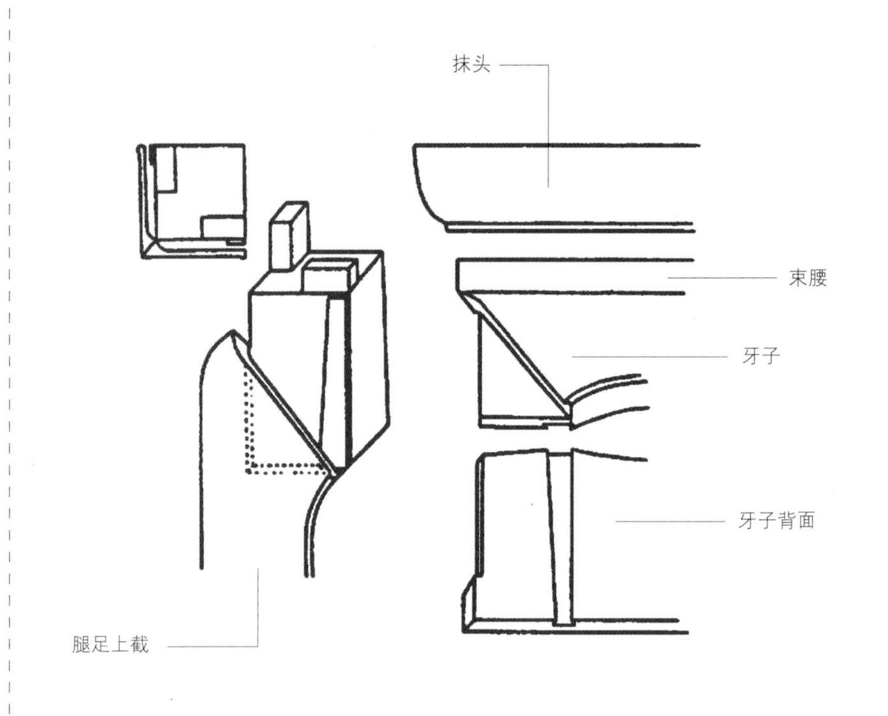

抱肩榫

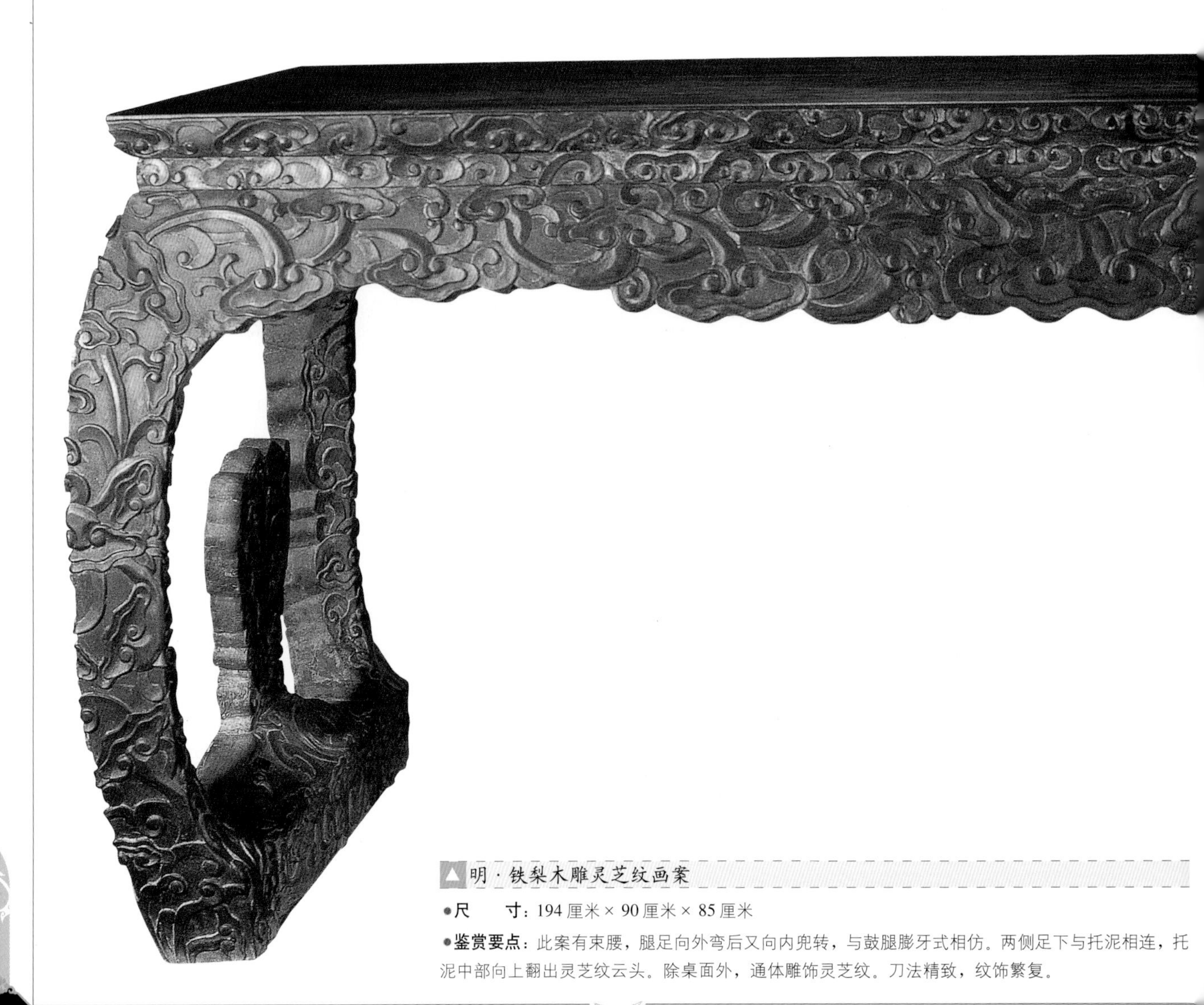

明·铁梨木雕灵芝纹画案

●**尺　　寸**：194 厘米 × 90 厘米 × 85 厘米

●**鉴赏要点**：此案有束腰，腿足向外弯后又向内兜转，与鼓腿膨牙式相仿。两侧足下与托泥相连，托泥中部向上翻出灵芝纹云头。除桌面外，通体雕饰灵芝纹。刀法精致，纹饰繁复。

明末清初·紫檀鼓腿膨牙方凳

●**尺　　寸**：57 厘米 × 57 厘米 × 52 厘米

●**鉴赏要点**：座面攒框镶心，落堂安装。带束腰，鼓腿膨牙，内翻马蹄。牙条正中垂洼堂肚，牙条与腿结合处安云纹牙子，此凳做工精细考究，腿足虽显夸张而全器生动有力。

家具中的越南货

国内的一些红木家具店，无论南方还是北方，都有越南货。这里所说的越南货，是指由越南生产的成品家具，而不是指木材。随着中国市场上对红木家具的需求越来越大，一些精明的中国商人便开始在越南设厂，一改运原料回国为运成品或半成品回国。因此，越南的红木家具厂，有许多是中国人开办的，这其中也包括许多台湾人。而越南也汇聚了不少来自浙江东阳、广东中山、福建仙游等地的能工巧匠，他们基本上都是中国老板派去的，在越南，他们成了那里的领工族。在华人老板和华人技工的带动下，一些越南企业主也相继加入到这个行业中来，从而形成了一个庞大的产业。但总体来看，越南货还是普遍不如国产货好。归纳起来看，有这样几个问题。一、工艺相对粗糙。由于是给各个经销商供货，不存在自身品牌问题，所以对工艺上不是特别讲究，过得去就行。那里的工人也算有本事，不管你要什么式样，有照片就行。这样一来，大致上八九不离十，但细微之处却无从体现了，所以，产品经不起细端详。二、使用白皮多，为的是充分利用木料。三、面板薄。正常的面板应该在12毫米左右，至少也不能少于8毫米，但越南货往往只有5毫米，这其实是偷工减料，这样薄的面板，穿带榫都无法安装。四、面板边槽浅（面板薄）。五、使用假榫。榫卯结构是一公一母搭配的，越南货许多都是双母无公，中间用插棍插。总之，在榫卯使用上玩花活。六、缺少神韵。

⊙【挂榫】

挂榫，是一种酷似抱肩榫的结构。从外表看，它和抱肩榫的位置、形式完全相同，其中除保留抱肩榫的结构外，又在榫头的两个外面的下部各做一竖向挂销，挂销的外面要比里面宽，在牙板内侧，也要做出与挂销大小形状相同的通槽，组装时，将牙板的通槽对准挂销按下去，使腿和牙板的斜肩合严。这种结构，既有拉的作用，又有挺的作用，有效地把四足及牙板牢固地结合起来。它一般用于大型家具中，如床榻类多采用这种结构。凡使用这种结构，足下无须另装底枨或托泥。

挂榫有时也用于案形结体，其案面、腿足均与寻常所见无异，惟牙板不在腿里而在腿外。做法是将牙板内侧开出底宽口窄的槽口，再将案腿上节做出与牙板槽口相等的外宽内窄的竖向穿销，形如穿带榫，穿销下部外侧留出支撑牙板的平肩，平肩上另装榫销，与牙板下面的榫窝相吻合。牙板自上对准穿销按下去后，坐在平肩上，这时的牙板表面与腿的外表面齐平。牙板上面亦栽小榫数个，用以连接案面。这种结构在北京故宫博物院藏品中尚有几例，其中平头、翘头均有，在榫卯结构中，当属稀有品种。

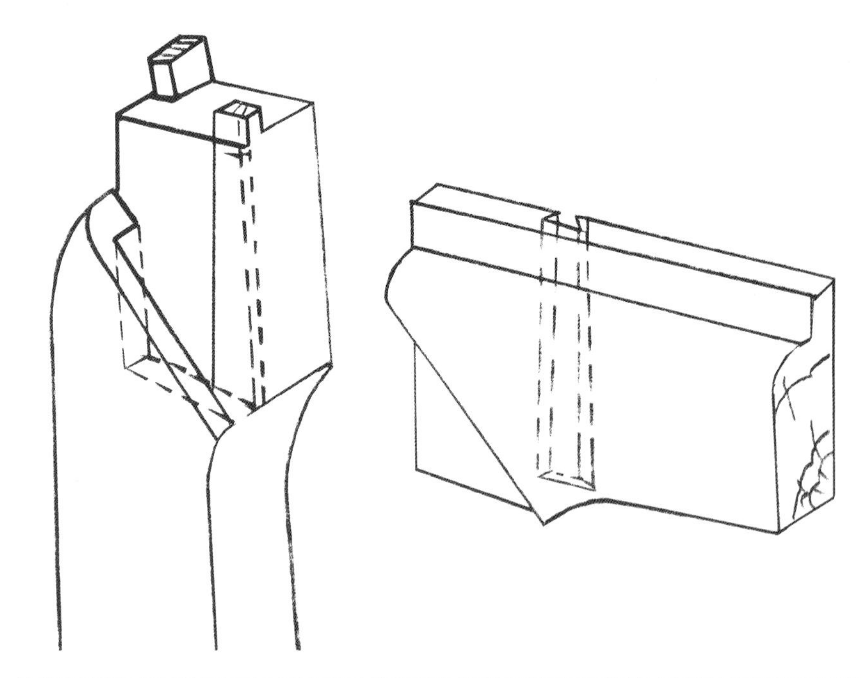

▲挂榫

▲紫檀喷面式方桌（局部）

▲挂榫

◀明·黄花梨杌子

●**尺　　寸**：长44.3厘米，高51.7厘米

●**鉴赏要点**：座面四角攒边框，镶席心。腿间安罗锅枨，有束腰。采用挂榫形式使腿与牙板结合。直腿内翻马蹄。此杌线条流畅圆润，尽显材质的自然美。

明晚期·黄花梨木高束腰画桌

•尺　　寸：宽 99.8 厘米

•**鉴赏要点**：此画桌带束腰，四腿内安霸王枨，腿与牙板用挂榫结合。直腿内翻马蹄。此桌为典型的明式风格，造型简练而动感十足。

古典家具中的榫卯结构

榫卯结构是中式家具的精髓所在，是中式家具的基础，不完全用榫卯结构制作出的家具不能算是地道的中式家具。中式家具中拒绝铁钉是有相当的理由的。就拿简单的“T”形结构为例，如果简单地用铁钉将部件组合在一起很难保证其结构的稳固性，很容易改变木枨之间的角度，而榫卯精确地插入式结构就可以完全保障其牢固，另外，铁钉会不断锈蚀、老化，对有“万年牢”之誉的中式家具完全不适合。同时高端的硬木家具材质都很坚硬，如果用铁钉还易造成木材劈裂。环境气候因素也不容忽视，南热北冷，南湿北干，家具不可避免地会出现开口、张嘴等现象，影响结构的牢固性。而榫卯结构的家具则不会因气候冷热干湿的更替而影响其寿命和牢固性。

清·紫檀长桌

•尺　　寸：57 厘米 × 25 厘米 × 37 厘米

•**鉴赏要点**：高束腰嵌绳纹系璧形卡子花，牙条雕玉宝珠纹。拱肩展腿，内翻卷云纹马蹄。

⊙【勾挂榫】

霸王枨与腿的结合部位通常使用勾挂榫。其做法是先在霸王枨的一端做出榫头，榫头的上边自顶部向根部被削成斜坡，在腿的内角线上凿榫窝，里侧要比外口高些，再做一小木楔。将榫头插进榫窝向上托，使榫头上斜面与榫窝上斜面抵紧，下面的空余部分用小木楔塞严，这样就把腿和枨牢固地连接起来了。

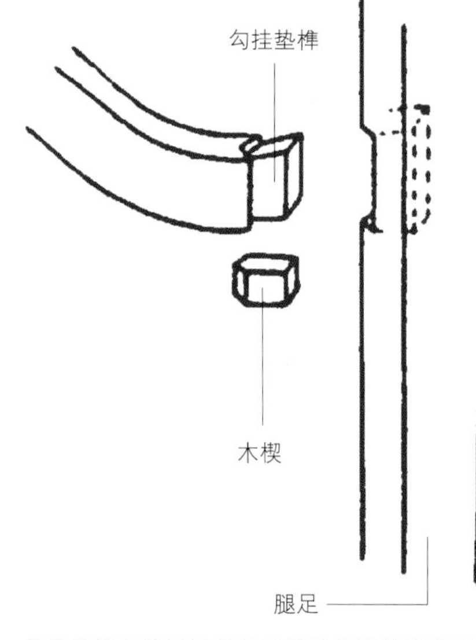

▲勾挂榫

▲清早期·黄花梨螭纹方桌

●尺　　寸：82.5 厘米 × 82.5 厘米 × 81.5 厘米

●**鉴赏要点**：此桌带束腰，四腿内安霸王枨，与面心底部穿带结合，将桌面承重均匀地传递到四足，结构科学。牙条与腿相交处安镂空螭纹托角牙，勾首卷尾，雕工极精。腿足外角做出委角线，较为罕见。

满族婚嫁习俗中的家具

满族先民发祥于长白山区，那里的树木为之提供了用之不竭的衣食住行资源。家具制作更是选取结实、耐用、有天然纹理的椴木、曲柳、花榆和松木等。当年，长白山区满族加工原木技术、工具的落后，致使家具制作通用粗木方、厚木板，形成了独特的风格。

满族的柜多放在炕上，因为白山黑水间地域广阔，天气寒冷，人们起居、饮食均在热炕上，称之为满族的“炕上文化”。炕柜分上下两部分，上部存放衣物，中间有两扇门或两边为门。下部为四个抽屉，盛放针、线、剪、锥等物件。抽屉下面有一档板。炕柜上面用来放被褥和枕头，早起将被褥叠好，花面向外，被腰和褥子的镶边构成几条竖线。被褥两边是摆放枕头的地方，一边四个，枕头顶向外，红红绿绿，五光十色，十分好看。

对炕柜，不同的地方有不同的称谓，在长白山区称之为“炕琴”，因柜卧放在炕上，形状如琴而得名。在吉林的伊通地区，称之为“疙瘩柜”。炕柜多长在160厘米左右，宽约50厘米，高约80厘米。炕柜多为木板素面，无雕无刻，呈现木材的天然纹理。在柜面上有黄铜裸钉的面叶、吊牌和抽屉上的铜穗儿——拉手。这些铜件有蝶形、鱼形、桃形等变化，上面有冲凿而成的图案。

满族人家的桌子，是结婚时或由娘家陪送，或由婆家制作的，都是不可缺少的。常见的是大高桌和炕桌。大高桌是放在厨房里的家具，长约170厘米，高约80厘米，宽约60厘米，它既是桌又是柜。大高桌的腿为粗木方，宽达10厘米；桌面为厚木板，厚达5厘米。大高桌很重，不能随便挪动。炕桌，是放在炕上的桌子，是满族人家炕上文化的重要部分。炕桌主要用来吃饭。炕桌高约30厘米，长约80厘米，宽约60厘米，桌面四周有裙板，四条矮腿有横枨拉连，全为榫卯结构。

满族嫁娶中的传统家具——疙瘩柜、描金柜、炕桌和火盆桌为满族人家生活的重要器物，它们会相随相伴主人至终生，是满族民间文化的重要组成部分。

家具中的“君子”

如果说在所有家具中，紫檀家具是贵族，那黄花梨家具就是君子。诗经中说“有匪君子，如切如磋，如琢如磨”，是赞美一个君子外表美丽而富有文采，黄花梨家具正具有这种气质。黄花梨家具开始制作的晚明时期，盛行时髦的繁缛之风。自嘉靖起，对艺术的追求变为抛弃淡雅，崇尚热烈，比如瓷器中的五彩，颜色艳丽而繁多，纹饰一般都充满整个器身，最具说服力。然而大多数黄花梨家具显然不具备上述特点，它以收敛为其特征，不重外在的雕琢装饰，而注重内在的表现力。正是黄花梨家具坚持了自己的风格，它的艺术才更具有生命力，在清初迎来了它的鼎盛时期。

清·填漆戗金山庄图长方桌

- **尺　　寸**：82.5 厘米 × 82.5 厘米 × 81.5 厘米
- **鉴赏要点**：桌面下带束腰，四腿内安霸王枨，直腿内翻马蹄。桌面填漆戗金古刹山庄、城镇宝塔，侧沿及束腰填漆戗金回纹，牙条及腿纹为菊花纹。

明·黄花梨束腰方桌

- **尺　　寸**：100 厘米 × 100 厘米 × 83 厘米
- **鉴赏要点**：此桌桌面攒框镶板心，带束腰，直牙条，拱肩直腿，四腿安霸王枨。方腿，足底削成内翻马蹄。

托泥与腿足结合

托泥是装在家具足下的一种构件，它的作用相当于管脚枨。托泥分两种类型，一种是框形，框形托泥又有方形、长方形、六角形、八角形、圆形及梅花形、海棠形等。托泥的形状要根据面的形状而定。一种是垫木形，是用一长条方木装在家具足之下。框形托泥多用在有束腰家具上，有束腰家具多用抱肩榫，这种结构的牙板只起挺的作用，而管束腿足不向外张开的拉力却很弱，所以单就这种结构来说是不完备的，为了弥补它的不足，则采取在足下装托泥或安管脚枨的做法，这样从家具各部位相互配合的角度分析，腿足顶端有桌面管束，足端有托泥管束，中间的牙板只起支撑的作用，仍是一个科学合理的整体。托泥的作用还在于一件家具因陈设时间过久，接触地面的部分难免受潮腐烂或因挪动而磨损，从而影响家具的使用寿命。一旦出现这种情况，只需更换托泥即可得到解决。

框式托泥由边挺和抹头组成，四角结合处用格角榫连接。在接口的拼缝处凿出底大口小的榫窝，在家具四足的下端做出与榫窝相应的榫头，这种榫头大多与腿足一木连作，后来也有在足下凿眼另装的。在组装托泥四框时，把榫头对准榫窝，将抹头与边挺装牢，这样在挪动时，不致使托泥脱落。进入清代，做法逐渐简单，只在托泥和足底凿眼，用一木楔连接，以胶黏合。这种做法，年长日久，胶质失效，很容易脱落。

明·黄花梨翘头案

●尺　　寸：120厘米×41厘米×80厘米

●鉴赏要点：案面边框内镶仔框，仔框内镶影木板心，边沿打洼。直牙条，牙头开蝠形孔。方腿，正中起凹线，两侧面和里面打单洼，四面倒棱。两腿间装横枨，枨四面打单洼，四面倒棱，枨间装“十”字形绦环板，直足落在托泥上，托泥底部做出托泥曲边。

清·棕漆圆几（一对）

●尺　　寸：高91.4厘米

●鉴赏要点：圆形几面，通体罩棕漆，填彩绘牡丹等纹。高束腰上分段装绦环板。带托腮，壶门式牙子，三弯腿，外翻如意云头足，踩环形托泥，带龟脚。

圆形托泥多采用弧形对顶接方法，接口处的多少要依据腿足的多少而定。如果家具是四足，托泥就由四段组成，五足由五段组成。接口处都安在足下，有贯穿托泥和腿足的木销。托泥的形状随着面的形状而变化，以上下呼应，常见的有圆形、海棠形、梅花形、双环形或银锭形等。

条形托泥是装在案足上的部件，做法比较简单，只是两条横木，做出榫窝与腿相连。

▲清·大漆填彩有束腰圆几（一对）

●尺　　寸：高 85.5 厘米

●鉴赏要点：圆形几面，通体罩漆，填彩饰花草纹。有束腰，束腰上分段装绦环板，带托腮，壶门牙子。三弯腿，腿中部饰云纹翅，外翻云头足。踩环形托泥。整体造型清秀亮丽，韵味十足。

▼清·红木四面开光坐墩（一对）

●尺　　寸：高 53 厘米

●鉴赏要点：坐墩采用圆面攒框装板，墩面和底座侧面各有弦纹两道，墩壁上有四个开光，每个开光中间装劈料海棠形纹饰，每一海棠形纹饰间皆有雕刻纹饰连接。牙板光素无纹饰，立柱以插肩榫形式结合，有托泥，带龟脚。

弧形材料结合

弧形材料的结合常用楔钉榫。多见于圈椅的椅圈，由于椅圈的弧度较大，必须用两节或两节以上的短材拼接而成。为了使接口坚实牢固，匠师们把两个圆材的一头各做出长度相等的半圆，在半圆材的顶端做出榫舌，再把两个半圆平面的后部与横断面相交的转角处开出与半圆平面齐平的横槽。然后把两材依平面对接，使两材上下左右都不能活动。但这种结构，还是能够向两侧的方向拉开，于是匠师们又在两材合缝处开一方孔，将一方形木楔钉进去，这样，接口处既不会左右晃动，又不致向两侧拉开，达到了坚实牢固的目的。

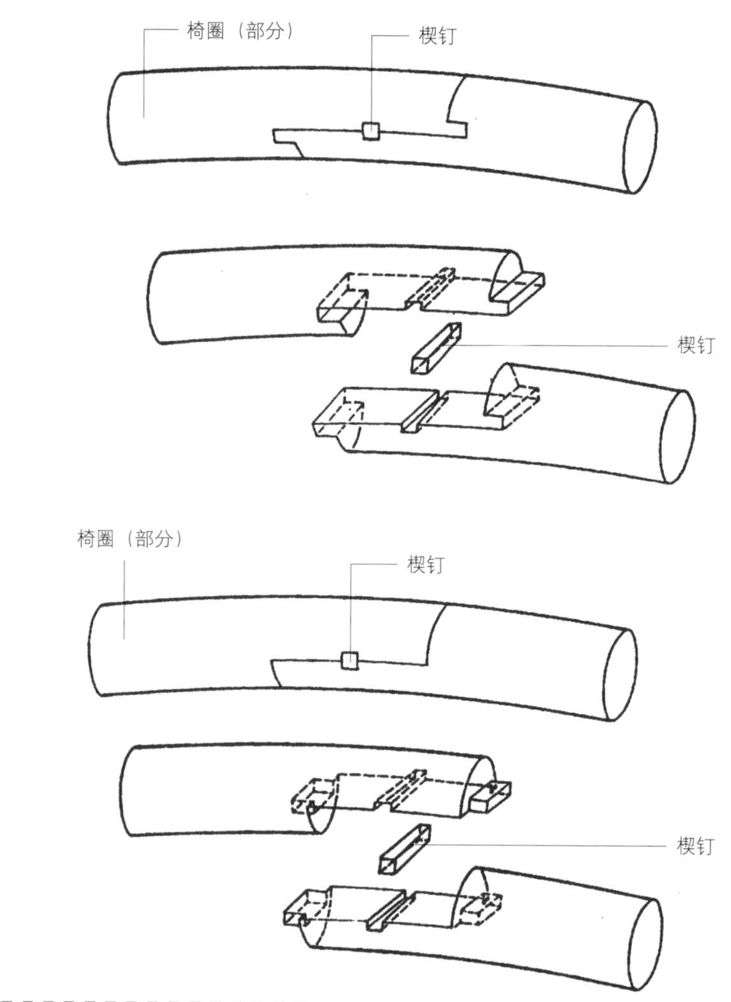

▲弧形材料结合

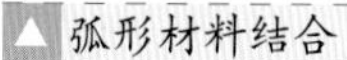

▼明末清初·黄花梨圈椅

●尺　　寸：通高 98.8 厘米

●鉴赏要点：这对黄花梨圈椅造型简洁、大方。背板上有圆形浮雕，下有亮脚。扶手间两端向外翻卷，座面之下是壶门券口。底枨也为“步步高”做法。

明·黄花梨圈椅（一对）

- **尺　　寸**：高102厘米
- **鉴赏要点**：圈椅是明代家具典型的式样，椅圈自搭脑处顺延而下成扶手，背板呈“S”形，饰以小浮雕，椅面之下设壶门券口，底枨采用“步步高”枨法，这些都是典型的明代特征，是实用性与科学性的统一。

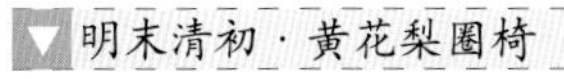

明末清初·黄花梨圈椅

- **鉴赏要点**：此椅背板雕如意云头纹，背板与椅圈连接处饰小牙条。联帮棍为镰刀把式。座面为木板贴草席。座面下三面安券口牙，牙上雕卷草纹。

清·黄花梨圈椅（一对）

- **鉴赏要点**：此圈椅承袭了明代遗风，柔婉流畅的线条，显露出设计者的巧思之美。整体素雅，给人以纤秀雅巧的感觉。

活榫开合结构

活榫开合结构俗称走马销。一些大件家具如床、榻及屏风等，在搬运时不可能整个移动，必须分解成部件，这样在部件与部件连接处，宜用走马销结构。做法是在一边凿眼，镶上木楔，木楔突出部分一般高约三四厘米，自木楔一边向木楔中线削成斜坡，做成头大底小的榫头；在另一边上，凿出与榫头同样大的榫窝，然后在榫窝的一头开出一段底宽口窄的滑口。把榫头对准大榫窝按下合实后，再向窄口方向一推，窄口榫窝便紧紧地卡住榫头，使两个部件牢牢地连在一起。如果需要拆开，则从窄口向宽口一推，宽口榫窝一般做得较松，很容易摘下来。以上所说走马销的特点是一面斜坡，一面平直。还有两面斜坡的，原理与一面斜坡相同。只是一面斜坡对榫窝要求严格，它的直面必须与榫窝的直边相对。如床榻两边的扶手，就不能乱安，它的榫头直面一般朝外。推合方向都是从前向后，后背两边与两扶手边接的走马销则是自上向下按，直到靠背下边与座面边沿的直插榫吻合，这样就卡住了扶手不致因往后靠而拔出了。

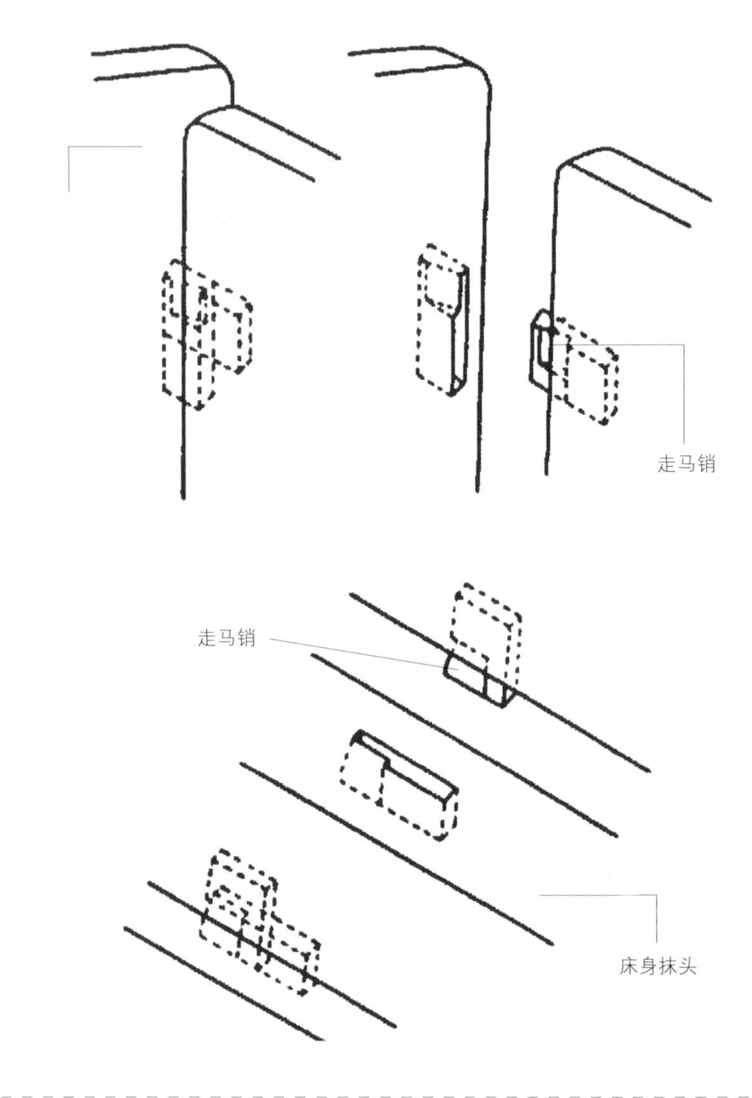

▲走马销

▼清·红木罗汉床

●**尺　　寸**：长205.7厘米，高78.8厘米

●**鉴赏要点**：床围子由连续花纹攒接，有束腰，素牙板。三弯腿外翻马蹄，下踩圆珠。造型优美，剔透空灵。

较大的屏风也常使用走马销。座屏常见为三扇、五扇、七扇、九扇不等。屏座也多由三节组成。它们的结合部位宜以走马销连接。常见的为中段摆好位置后再安两头，中段两头截面做榫窝，边段做榫头，将边座略抬起使榫头对准榫窝，两座合缝后，再往下按，使榫头滑进榫窝窄口，这样屏座各段就牢固地连为一体了。屏座上平面开榫口。组装时，先装中扇，中扇两侧边框亦做出走马销榫窝，将两侧扇下插销对准座面榫口，再把屏框上的走马销与中扇榫窝吻合，向下按，使屏框下横边与屏座合严。屏风装好后，开始装屏帽，屏帽是由两边向中间组装，由数块组成，每块之间和其与屏框之间均有榫衔接，屏帽的作用一为加固屏风，二也起到极好的装饰作用。

清·红木独板罗汉床

●尺　　寸：长 199 厘米，高 74.9 厘米

●鉴赏要点：此床为独板床围，直腿内翻马蹄，有束腰，通体光素无纹，清新舒展，别具特色。

清·黄花梨罗汉床

●尺　　寸：213.3 厘米 × 129.5 厘米 × 91.4 厘米

●鉴赏要点：床围子由连续回纹攒接。带束腰，三弯腿内翻马蹄，足雕云头纹。此床造型简练舒展，特别是壶门券口围子，具有空灵韵味，是继承明代风格的代表作品。

栽榫和穿销

在构件本身上留榫头，因会受到木材材质的限制，只能在木纹纵直的一端做榫，而横纹一端做榫易断，故不能做榫。如果两个构件需要连结，由于木纹的关系，都无法做榫，那么只能另取木料做榫，用“栽榫”或“穿销”的办法将它们连结起来。明式家具常在下述情况时使用栽榫：一是厚板拼合，在拼口内栽榫、凿眼粘合；二是某些翘头案或闷户橱的翘头，用栽榫与抹头结合；三是某些卡子花，如双套环，用栽榫与上下构件结合；四是桌几的镂花角牙，或攒框的牙子，衣架或面盆架搭脑下的挂牙等，多一边栽榫，一边留榫与相邻的构件结合；五是床围子、透格柜门上的各种用攒接斗簇的方法做成的图案装饰，常用栽榫加以组合；六是桌案牙条的上皮，裹腿做或一腿三牙式桌面垛边的上皮，有的用栽榫与边抹的底面连结；七是“两上”和“三上”。“两上”即束腰与牙条两木分做的桌几；“三上”，即束腰、牙条与托腮三木分做的桌几，束腰与牙条二者之间及束腰、牙条及托腮三者之间常用栽榫来结合，以防分离生缝，闪错不齐；八是官皮箱两帮和后背的下缘，用栽榫与下面的底座结合。穿销不同于栽榫。栽榫一般比较短而且是隐藏不露的；穿销较长，明显外露，故多用于构件的里皮，在家具的表面是看不见的。

▲清·硬木雕花镶嵌洞月式架子床

●尺　寸：205 厘米 × 179 厘米 × 185 厘米

清末·红木嵌理石美人榻

●尺　　寸：长 170 厘米

●鉴赏要点：榻的后围栏为杆栏式，镶大理石，两侧各有一圆柱形枕。榻面采用攒框装板。有束腰，三弯腿，足部雕云纹，牙板上亦雕云纹。整体色泽光亮，韵味盎然。

鉴藏指南

霸王枨的妙用

在高型家具中，由于壶门和托泥的减少，工匠们需要解决桌子四足之间不用构件连接，却能把桌面的重量直接分递到腿足间的问题。元代工匠利用"霸王枨"这种新构件科学地完成了这一使命。"霸王枨"乃寓能举臂擎天之意，是战国棺椁铜环上使用的"勾挂垫榫"原理的衍化物。"霸王枨"的一端托着桌面的穿带，用销钉固定；下端交带在腿足中部靠上的地位。枨子下端的榫头向上勾，做成半个银锭形。腿足上的枨眼下大上小，而且向下扣，榫头从榫眼下部口大处插入，向上一推便勾挂住了。下面的空隙垫塞木楔，枨子就被卡住，拔不出来了。桌面上的重量，通过穿带、霸王枨传递到坚实的腿足上。此法一方面延长了家具的使用寿命，另一方面霸王枨隐于内部，在使用过程中不妨碍腿的活动。

清·红木罗汉床

●尺　　寸：217 厘米 × 127 厘米 × 127 厘米

明末清初·黄花梨独板围子罗汉床

●尺　　寸：200.7 厘米 × 94 厘米 × 68 厘米

●鉴赏要点：此床整板床围，四腿粗壮，扁马蹄。素牙条，整体光素无雕饰。此床多用整材，充分突出了黄花梨木优美的纹理。

明式·黄花梨束腰罗锅枨长方凳

•尺　　寸：69.2 厘米 × 50.8 厘米

•**鉴赏要点**：凳面攒框镶席心，冰盘沿下束腰平直。腿为抱肩榫，通过束腰与凳面相交，下端内敛呈弧线形，内翻马蹄足。腿间装罗锅枨，混面双边线，与腿、牙交圈。

清·红木竹节雕葡萄棋桌

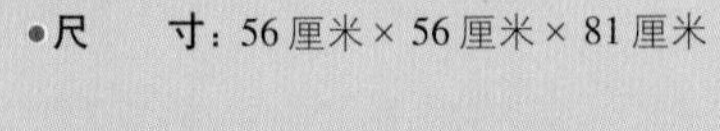

•尺　　寸：56 厘米 × 56 厘米 × 81 厘米

清·红木竹笼台

•尺　　寸：直径 83 厘米，高 83.3 厘米

古典家具装饰

明式家具以造型古朴、典雅，做工精湛，材质优良，结构科学合理而著称。它们既是日常家居的实用品，又是巧夺天工的艺术品。一件家具的某一部件，经过匠师们的艺术处理，既对家具本身的牢固性起着不可缺少的作用，又收到俊秀、典雅的艺术效果。更重要的是很多构件直接与人们的日常生活联系在一起，既美观，又实用。可以说，明式家具的匠师们已把实用与装饰的关系处理得恰到好处。明式家具装饰大体可归纳为部件装饰、线脚装饰、雕刻装饰、镶嵌装饰、漆饰和金属饰件装饰等。

结构部件装饰

明式家具的部件大多在实用的基础上再赋予必要的艺术造型，很少有毫无意义的造作之举。每一个部件，在家具的整体中都用得很合理，分析起来都有一定的意义，既能使家具本身坚固持久，又能收到装饰和美化家具的艺术效果，更重要的是它主要以满足人们日常起居生活的需要为目的，这便是部件装饰的基本特点。

⊙【替木牙子】

结构部件的使用大多仿效建筑的形式。如替木牙子，犹如建筑上承托大梁的替木。替木牙子又称托角牙子或倒挂牙子。家具上多用在横材与竖材相交的拐角处，也有的在两根立柱中间横木下安一通长牙条的，犹如建筑上的“枋”。它和替木牙子都是辅助横梁承担重力的。托角牙有牙头和牙条之分，一般在椅背搭脑和立柱的结合部位，或者扶手与前角柱结合的部位，多使用牙头，而在一些形体较大的器物中，如方桌、长桌、衣架等，则多使用托角牙条。除牙头和牙条外，还有各种造型的牙子，如：云拱牙子、云头牙子、弓背牙子、棂格牙子、悬鱼牙子、流苏牙子、龙纹牙子、凤纹牙子或各种花卉牙子等，这些富有装饰性的各式各样的牙子，既美化装饰了家具，同时在结构上也起着承托重量和加固的作用。

清·黄花梨画案

•尺　　寸：宽 40.3 厘米

•**鉴赏要点**：案面翘头，牙板与腿以夹头榫相交。牙头雕云形纹。直腿外撇，侧脚收分。

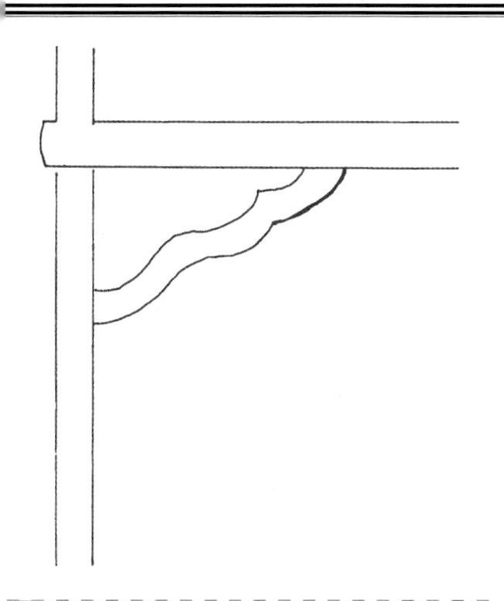

弓背托角牙

龙纹托角牙子

清 · 榉木扶手椅

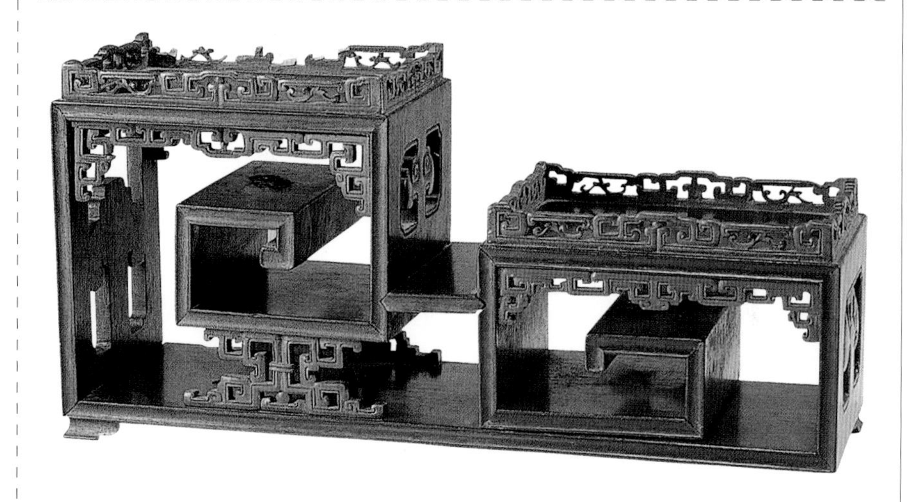

清 · 紫檀多宝几架

●**尺　　寸**：高 16.8 厘米

●**鉴赏要点**：多宝格门式。架格当中设小格，高低错落，大小无一相同，极富变化。间饰花牙，四面透空。此几架虽小巧，而纹饰之繁复，足称精工细致之作。

云纹牙子

明 · 黄花梨条桌

●**尺　　寸**：高 83.5 厘米

●**鉴赏要点**：此桌有束腰，两腿间以攒棂的方法做成横枨和角牙，以连接和固定腿足。方腿，内翻马蹄。

清早期·黄花梨束腰雕花画桌

●尺　　寸：高 85.5 厘米

●鉴赏要点：该画桌雕饰精美，面通雕云蝠、灵芝，腿足、牙子满雕西番莲图案。桌面髹黑漆，断纹精美。穿带倒棱，底面披细麻髹黑漆。直腿内翻马蹄，腿足两侧的小牙头为换卸作。此桌保留完美，是十分难得的未曾修复的家具精品。

清末·红木嵌螺钿理石罗汉床

●尺　　寸：长 182 厘米

●鉴赏要点：七屏风式床围，每一围落堂镶理石，其余部分嵌螺钿缠枝花卉和小梅花。床面攒框装板作，有束腰，面沿及束腰嵌螺钿梅花。展腿外翻马蹄，腿间装透雕花牙板，牙板及腿的上部镶理石、嵌螺钿缠枝花卉等。

清末·红木嵌理石螺钿扶手椅配茶几

●尺　　寸：高98厘米

●鉴赏要点：此椅为红木制，椅背圆形开光内镶大理石。圆形边框及扶手下透雕梅花纹。椅面四角攒框装板，有束腰，面下装透雕花纹牙子。直腿内翻马蹄，腿间装四面平管脚枨，枨下有牙板。几面镶大理石，面与腿足以粽角榫结构。面下装透雕花牙，直腿内翻马蹄，腿中部装横枨，枨间不落堂镶板。椅的靠背、扶手、牙板及腿足和几的牙板、腿足等部位嵌缠枝螺钿莲、折枝花、梅花等纹饰。

山东家具的特点

山东家具产地以鲁南等地为中心，辐射全境。在工艺上南受苏作、广作之影响，北融晋作之风范，做工精细，艺术风格上兼具南北艺术特色。造型朴拙、厚重，用材上厚薄分明，轮廓上线脚硬朗，雕刻上粗犷奔放，整体上给人以对比强烈的剪影化的视觉效果，是中国家具艺术中一个比较优秀的品种，在国际上也享有一定的声望。由于目前学术界和收藏界对苏作、广作及京作家具比较追捧，对山东家具的学术研究和投资利用还很不够，再加之世人重繁复、富贵，轻古朴、厚重的审美时尚的影响，粗犷有余而细致不足的山东家具难以受到国内藏家的广泛重视，所以山东家具的市场价格还不是很高，整体的市场氛围还比较冷清。

山东家具不被很多国内的收藏家重视，在客观上有一定的原因，由于它的木质大多是柳木、杨木、榆木、核桃木或青木等普通木材，木质不如很多硬木名贵，所以在国内家具的大收藏环境下，价格没能上去。但从另一方面看，这正是家具投资一个较好的时机，因为这类家具的价格比较低，可以较低的价位购入，等到家具市场开发到位，以及人们收藏意识提高，对山东家具的学术价值、收藏价值的再认识时，山东家具即会升值。而且山东家具的审美贴近现代，生活气息很浓，适合家庭使用，实用性很强。总体上看，山东家具艺术特点浓重，市场价格不高，而市场上又有山东家具成规模经营，另外还有大量依存在民间的山东家具作品，货源充足，其中不乏精品、佳品，正是广大收藏爱好者投资入手的好时机。另外随着古典家具热的不断升温，山东家具的价位在近十年的时间里，也一直稳中有升，只是涨幅相对较小。

清·鸡翅木南官帽椅

●鉴赏要点：此椅用鸡翅木做成，靠背由两根立柱作框，背板加横枨打槽装板，上部及下部浮雕花纹。联帮棍造型新颖，藤心座面。面纹下有回纹牙子。

清·紫檀画案

●尺　　寸：180厘米×90厘米×81厘米

●鉴赏要点：此件紫檀画案以活榫结构部件，采用上品紫檀，腿足夹头榫，有云纹替木牙子，为龙顺成早期制作的精品。

明·花梨长方案

●尺　　寸：117厘米×58.5厘米×85厘米

●鉴赏要点：牙条与腿夹头榫结构，牙头锼出云头形。两侧腿间装双横枨，四腿外撇，侧脚收分。方腿直足。此案仅在牙头处作装饰，颇显质朴。

翻新家具的方法

翻新家具的工序流程：打开－选料－配料－打磨－拼板－试装－组装。1.打开，观察结构，小心拆开，尽量保持整件家具的完整性。2.选料，必须选用同质木材的老料，特殊情况无法满足时，尽量保证木质纹理相近，才能使用。3.配料，根据加工要求和每件家具各部位的承受力，进行配料，要求无裂、无疤节、无腐烂。4.打磨，家具漆面可直接用搅膜机打磨，厚的桐油漆面需用喷灯烤化漆面后进行打磨；薄漆处可直接转入刮磨车间，用刮刀进行处理；打磨的要求是各部件打白到位，不留死角，不留表漆，油污，深浅一致。5.拼板，完整可用的板，用钢丝刷清理板边，上胶后，拼接。弯板要调直：在弯料的四面刷水，用微火烘烤凸起的一面，待烤透后，将凹面向下，放在调直架中，一端固定，另一端用木棍向下顶，一段时间后，即直（勿把木料烤焦、勿用力太猛，把木料折断）。拼接后的板要求用卡子固定加压，保持4～8小时。6.试装，试装同保旧家具的试装要求。7.组装，组装要求用特殊胶粉，按原结构组装，榫卯结构严紧，框类的对角线对称。整件家具无粉胶，四脚操平。

⊙【圈口与壶门券口】

圈口是装在四框里的牙板，四面或三面牙板互相衔接，中间留出亮洞，故称圈口。常在案腿内框或亮格柜的两侧使用，有的正面也用这种装饰，结构上起着辅助立柱支撑横梁的作用。常见有长方圈口、鱼肚圈口、椭圆圈口或海棠圈口等。三面圈口多为壶门式，圈口以四面牙板居多，因其下边有一道朝上的牙板，在使用中就必然要受到限制，尤其在正面，人体身躯和手脚经常出入摩擦的地方，很少有朝上的装饰出现。因此在众多的家具实物中，凡使用这种装饰的，都在侧面或人体不易接触的地方，如翘头案腿间的圈口、书格两侧的亮洞等。

壶门券口与以上所说略有不同。通常所见以三面装板居多，四面极为少见。壶，本意指皇宫里的路，壶门，即皇宫里的门。它和其他各种圈口不同的是没有下边那道朝上的牙板。也正由于这一点，它不仅可在侧面使用，而且在正面也可以使用。

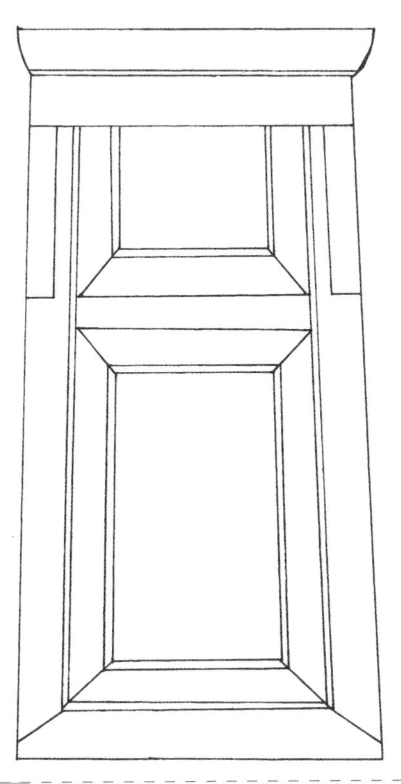

长方圈口

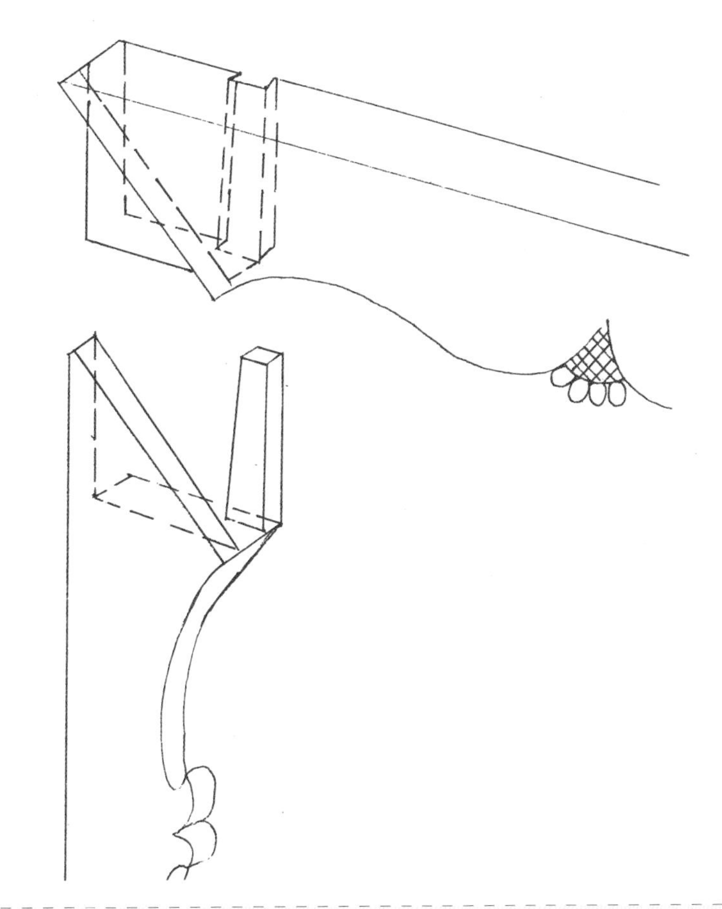

圈口穿销

清·鸡翅木南官帽椅（一对）

●**鉴赏要点**：此椅靠背采用打槽装板制成，上部浮雕凤纹，中部浮雕麒麟纹，下部浮雕云纹亮脚，雕螭纹。座面下饰直牙条，腿间安管脚枨，迎面枨下有牙条，四腿侧脚收分。

清·黄花梨官帽椅

●**鉴赏要点**：此椅的靠背板、扶手、鹅脖和联帮棍均被做成曲形，联帮棍上细下粗，为“S”形，姿态活泼。座面下壶门券口。圆腿直足，四腿侧脚收分，脚间安管脚枨。此亦为官帽椅的杰作，其扶手处与后柱上部均为烟袋锅式榫卯结构，具有明式椅的特点。

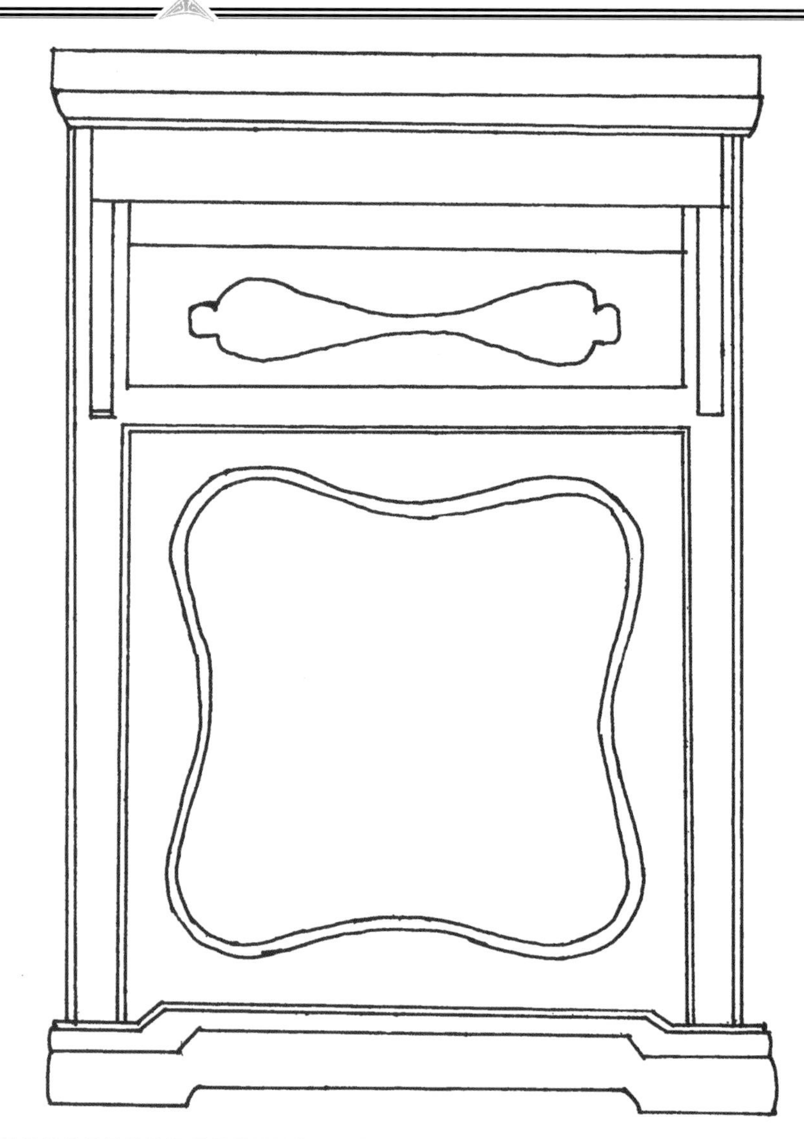

鱼肚圈口

椅下壶门券口

欧洲古典家具

欧洲古典家具，一般是指17世纪到19世纪这一历史时期改变日常生活风格、内涵和标准的家具及仿古复制品。根据相关记载，欧洲古典家具的发展史分五个阶段。1.文艺复兴时期。家具的图案主要表现在扭索(麻花纹)、蛋形、短矛、串珠线脚及叶饰、花饰等。以宗教、历史和寓言故事为装饰题材。2.巴洛克时期。雕饰图案通常是不规则的珍珠壳、美人鱼、半人鱼、海神、海马、花环或涡卷纹等。除了精致的雕刻外，金箔贴面、描金添彩涂漆及薄木拼花装饰亦很盛行。3.罗可可时期。以柔美、回旋的曲折线条和精良、纤巧为特征，以白色为基调，装饰图案主要有狮子、羊、花叶边饰、叶蔓与矛形图案等。4.新古典主义。特征是做工考究，造型精练而朴素。5.维多利亚时期。是19世纪混乱风格的代表，不加区别地综合历史上的家具形式。设计趋于退化。

明·黄花梨四出头官帽椅

●**鉴赏要点**：此椅搭脑两端向上微翘起，靠背板开光镶大理石，扶手呈曲线形，座面藤心。壶门券口，腿间安步步高赶枨，迎面枨下有牙条。

黄花梨四出头官帽椅（局部）

鱼门洞圈口

清·黄花梨官帽椅

●**尺　　寸**：高 101 厘米

●**鉴赏要点**：这对椅子后腿与靠背柱一木连作，座面上部微向右弯曲。弧线形搭脑，背板“S”形。扶手、鹅脖呈曲线形，联帮棍上细下粗，呈曲线形。座面下安壶门券口。四腿间安步步高赶枨。

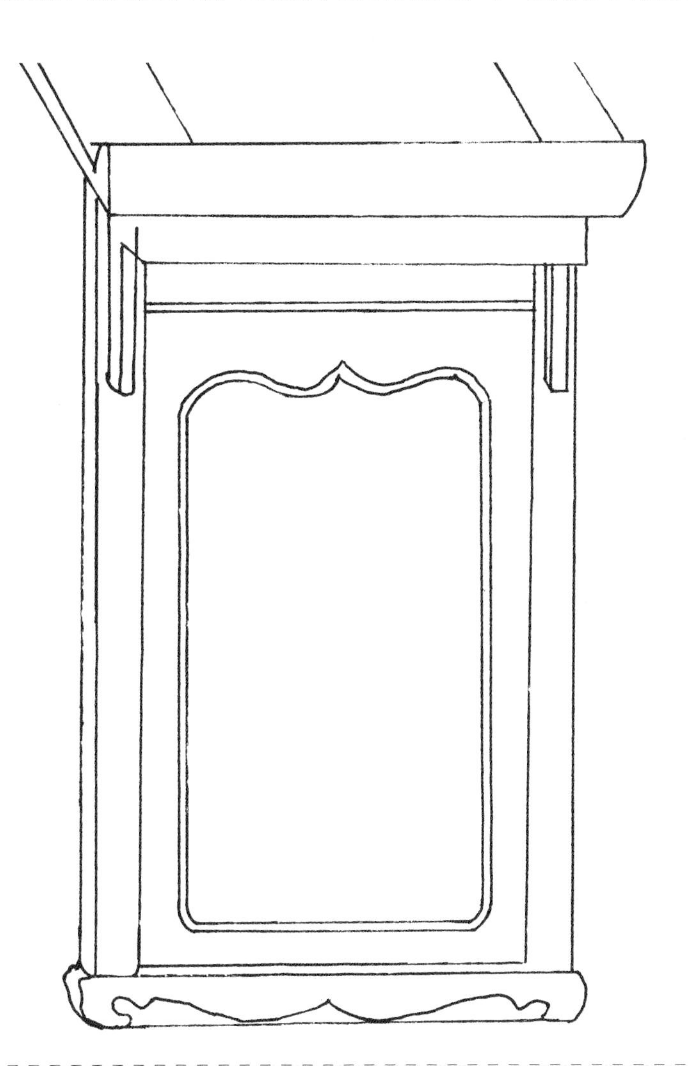

壶门圈口

⊙【档板】

档板的作用与圈口大体相同，起着加固四框的作用。其做法是用一整块木板镂雕出各种花纹，也有用小块木料做榫攒成棂格，镶在四框中间，发挥着装饰与结构相统一的作用。

明·铁梨木大翘头案档板

明·黄花梨翘头案档板

鉴藏指南

如何识别红木家具

对于广大家具收藏爱好者来说，识别红木家具主要从如下几方面入手。第一，红木易变形。红木不如紫檀、黄花梨木性稳定，抽涨厉害，气候变化对其影响极大。也有行内人称“红木不过江”。大凡红木家具历经一冬一夏，很容易变形。第二，不做精细雕工。红木硬度比黄花梨高些，但韧性差，怕撞击，所以在雕刻时，粗犷圆润尚可，过于精细就会出现崩茬或断裂现象。一般红木家具不做或少做精细雕工。凡雕工均以圆润为主，以求扬长避短。第三，外观显现鱼尾纹。红木家具式样古拙，色泽油红，细纹清晰，硬度高而光泽好。观察细部，常可看见类似刮净鱼鳞的鱼身纹理，称之鱼皮纹，而黄花梨几乎没有鱼皮纹。如果一件家具上有大面积的鱼皮纹，定是红木无疑。老红木的纹理流畅，纹理间隙较大，棕眼细长。制作时如果打磨到家，则光泽极好，用光可鉴人形容毫不过分。第四，新红木颜色较淡。新红木与老红木相比，有红木的基本外观，只是肉眼看表面略显粗糙，有永远打磨不细的感觉。再有，新红木颜色较老红木颜色淡些，这一点使得很多人常常将它与黄花梨混淆。

档板

⊙【绦环板】

绦环板，是在家具竖向板面四边的里侧浮雕一道阳线，板面无论是方，还是长方，每边阳线都与边框保持相等的距离。在抽屉脸、柜门板心、柜子的两山镶板、架子床的上楣部分和高束腰家具的束腰部分，常使用绦环板这个部件。绦环板的上下两边镶入四框的通槽里，有的在桌子的束腰部分使用绦环板。桌牙通过束腰部位的绦环板和矮柱支撑着桌面。从整体分析，采用高束腰的目的在于拉大牙板与桌面的距离，从而也拉长了桌腿与桌面、桌牙的结合距离。这时桌牙实际上代替了低束腰桌子的罗锅枨，从而进一步固定了四腿，提高了四足的牢固性。绦环板内一般施加适当的浮雕，或中间镂一条孔，也有的采用光素手法，环内无雕饰，既保持素雅的艺术效果，又有活泼新奇之感。

古典家具辨伪细看包浆木筋

对于室内家具，鉴别主要看包浆。因为年代久远，古家具表面与空气充分接触而发生氧化，颜色变深，而且表面发亮，这就是包浆；造假者通过频繁擦拭做出来的假包浆，虽然亮度有了，但氧化程度远远不够，很容易辨认。对于表面做旧的颜色，只要利用一些工具，于不显眼处轻轻刮去表层（购买前一定要先问好价钱再动手），就能看出表层下新木的颜色来。室外家具没有包浆，鉴别主要看有没有木筋，木筋是随着岁月侵蚀而在家具表面形成的凸凹不平的现象，这是目前任何作旧方法都无法伪造的。另外，任何作旧的痕迹都是造作的，缺乏自然性的过渡。因此，建议藏友们一定要先看真正的老家具，有了正确的标准之后，再多多积累经验，只要仔细观察、认真鉴别，就能够辨清真伪，避免上当。

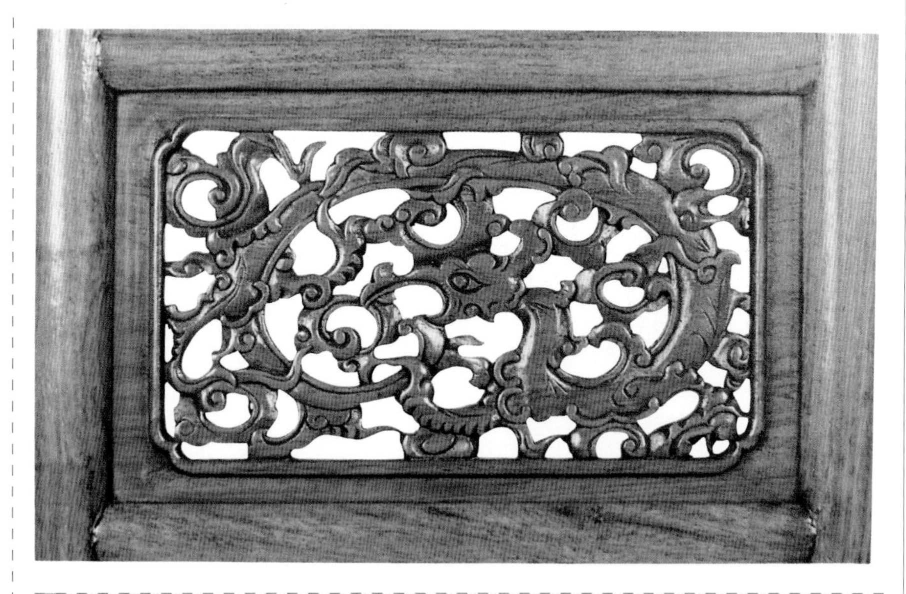

▲ 螭纹绦环板（一）

▲ 螭纹绦环板（二）

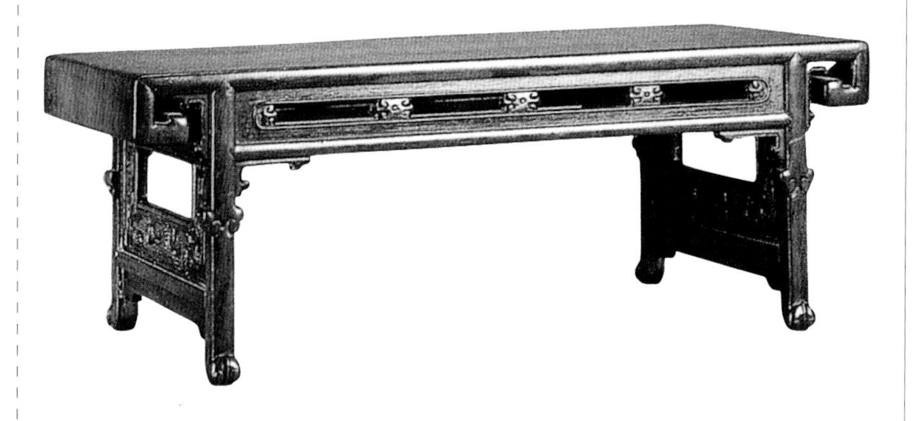

▲ 清·紫檀木炕几

●**尺　　寸：**高 40.3 厘米

●**鉴赏要点：**几面为平面，两头下卷。面下有横枨，面与横枨间装开光绦环板。直腿，腿的两侧有横枨，装绦环板，腿中部有云翅装饰，下为外翻如意足。

清乾隆·紫檀夹头榫大平头案

●**尺　　寸**：高 92 厘米

●**鉴赏要点**：大平头案由上好紫檀精制。案面四片紫檀平铺，托泥为束腰台座式。云头造型的牙子与腿足由走马销相联，是夹头榫结构中较为讲究的做法。牙子牙头浮雕云蝠纹，两侧绦环板亦透雕云蝠纹，流畅生动。保存完好，为清乾隆时宫廷中紫檀家具中的精品。

清初·黄花梨独板平头案

●**尺　　寸**：248 厘米 × 93 厘米

●**鉴赏要点**：案面平头，独板做成。面下有牙条，两头雕回纹，牙头雕螭纹，牙头与腿足以夹头榫结构结合，两腿侧见镶绦环板，透雕螭纹。腿微向外撇，香炉式足。

⊙【罗锅枨与矮佬】

罗锅枨与矮佬通常相互配合使用，其作用也是固定四腿和支撑桌面。这种部件，都用在低束腰或无束腰的桌子和椅凳上。所谓罗锅枨，即横枨的中间部位比两头略高，呈拱形，或曰“桥梁形”，现在南方匠师还有称其为“桥梁档”的。在北方，人们喜欢把两头低、中间高的桥用人的驼背来形容，称“罗锅桥”，因而把这种与罗锅桥相似的家具部件统称为罗锅枨。在罗锅枨的中间，大多用较矮的立柱与上端的桌面连接。

矮柱俗称矮佬，一般成组使用，多以两只为一组，长边两组，短边一组。罗锅枨的造型，在结构力学上的意义并不大，之所以这样做，目的是加大枨下空间，增加使用功能，同时又打破那种平直呆板的格式，使家具增添艺术上的活力。

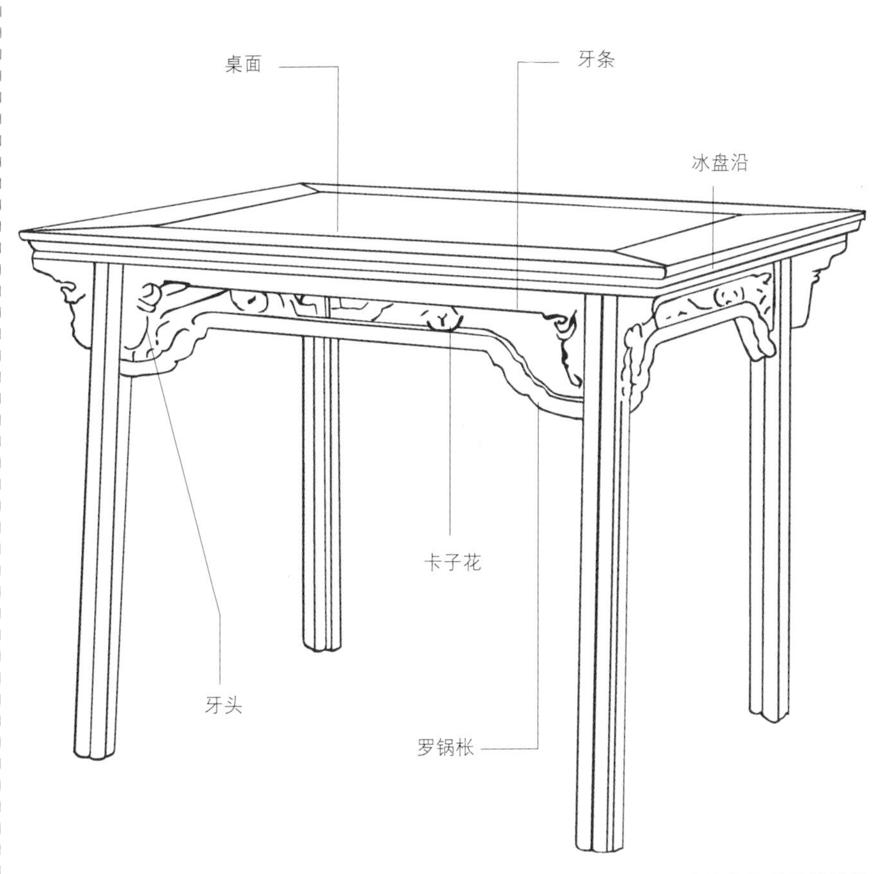

罗锅枨桌

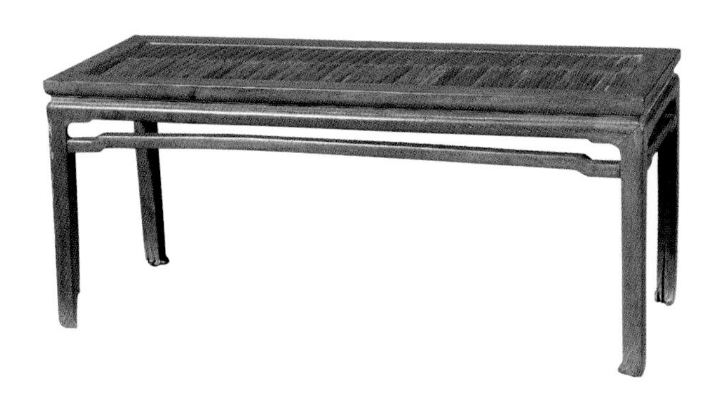

明 · 黄花梨双人凳

明 · 紫檀全素独板罗汉床

●**鉴赏要点**：这张紫檀大床床围子为三块整板，攒框镶席面，无束腰。裹腿劈料作。四腿间安裹腿罗锅枨，枨上有若干矮佬。直腿圆足。此床装饰简洁独特，空灵自然，充分显示了匠师的高超技艺。

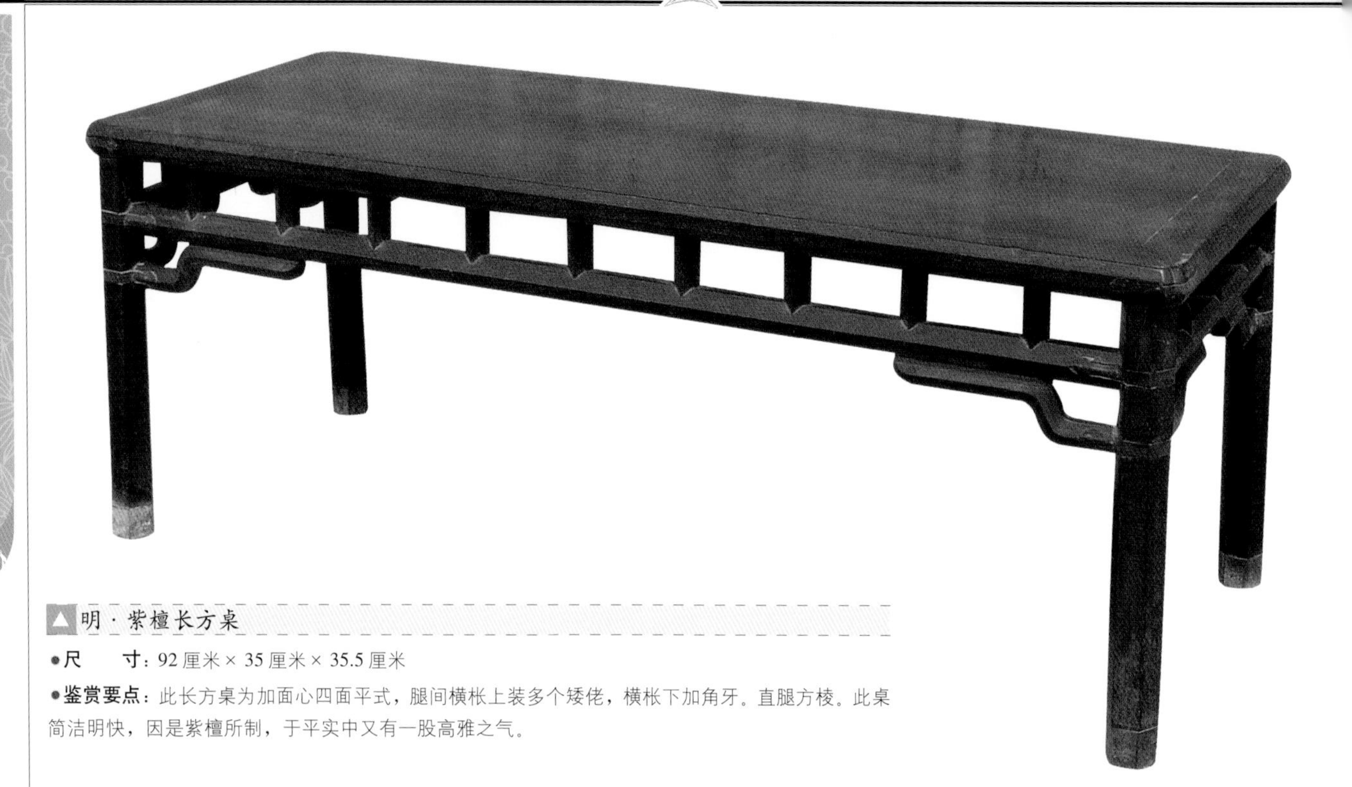

明·紫檀长方桌

●尺　　寸：92 厘米 × 35 厘米 × 35.5 厘米

●鉴赏要点：此长方桌为加面心四面平式，腿间横枨上装多个矮佬，横枨下加角牙。直腿方棱。此桌简洁明快，因是紫檀所制，于平实中又有一股高雅之气。

明·一腿三牙黄花梨影子心方桌

●尺　　寸：92 厘米 × 92 厘米 × 80 厘米

●鉴赏要点：此桌为黄花梨木制，桌面用黄花梨木四框攒边，中间嵌“葡萄影”面板，一腿三牙，素牙头、牙条，罗锅枨直顶牙板，枨的两端将桌腿向外撑，这样使桌子更加稳固，桌子侧脚收分明显，四腿八叉，是典型的明式家具。

一腿三牙黄花梨影子心方桌(局部)

清康熙·黄花梨镶理石面方桌

●尺　　寸：97.8厘米×97.8厘米×90.8厘米

●**鉴赏要点**：桌面攒框镶大理石心，以粽角榫结合面板及腿足，牙板及腿足上雕回纹，无束腰。四腿间安罗锅枨，方腿直足，内翻马蹄。

清·乌木长方桌

●尺　　寸：129.5厘米×75.2厘米×86.5厘米

●**鉴赏要点**：桌为加面心四面平式，下有弧度极小的罗锅枨，加矮佬。裹腿劈料作。直腿方足。整器朴实无华，俊秀挺美，具有鲜明的明代风格。

⊙【霸王枨】

霸王枨，是装饰在低束腰的长桌、方桌或方几上的一种特殊的结构部件。形式与托角牙条相似，不同的是它不是连接在牙板上，而是从腿的内角向上延伸，与桌面下的两条穿带相连，直接支撑着桌面，同时也加固了四足，这样就可以在桌牙下不再附加别的构件。为了避免出现死角，在桌牙与腿的转角处，多做出软圆角。霸王枨以其简练、朴实无华的造型，显示出典雅、文静的自然美。

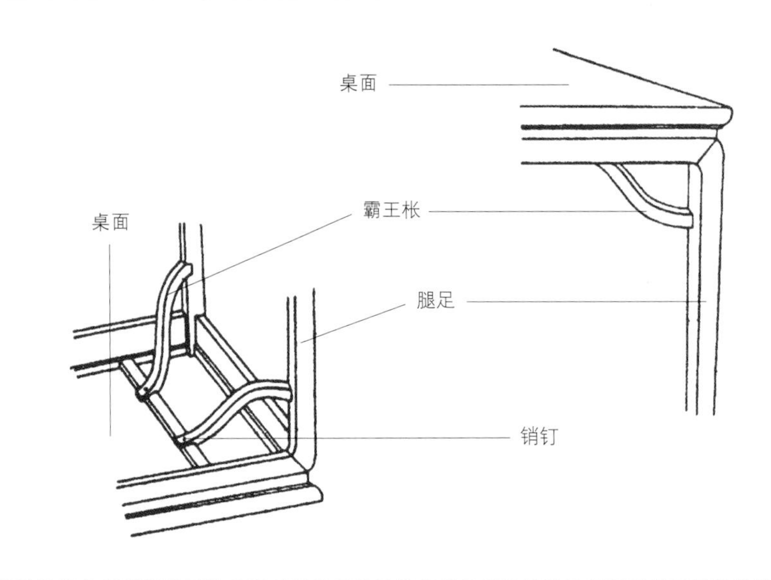

▲霸王枨

▲明·榉木霸王枨方桌

●**鉴赏要点**：有束腰，直牙条，四腿内安霸王枨。方直腿，内翻马蹄。此桌造型简洁，不施雕饰，通体方材，愈见瘦劲。

⊙【搭脑】

搭脑，是装在椅背之上，用于连接立柱和背板的结构部件，位置正中稍高，并略向后卷，以便人们休息时将头搭靠在上面，故名之。四出头式官帽椅的搭脑两端微向下垂，至尽头又向上挑起，有如古代官员的帽翅。南官帽椅的搭脑向后卷的幅度略小，还有的没有后卷，只是正中稍高，两端略低，尽端也没有挑头，而是做出软圆角与立柱相连。

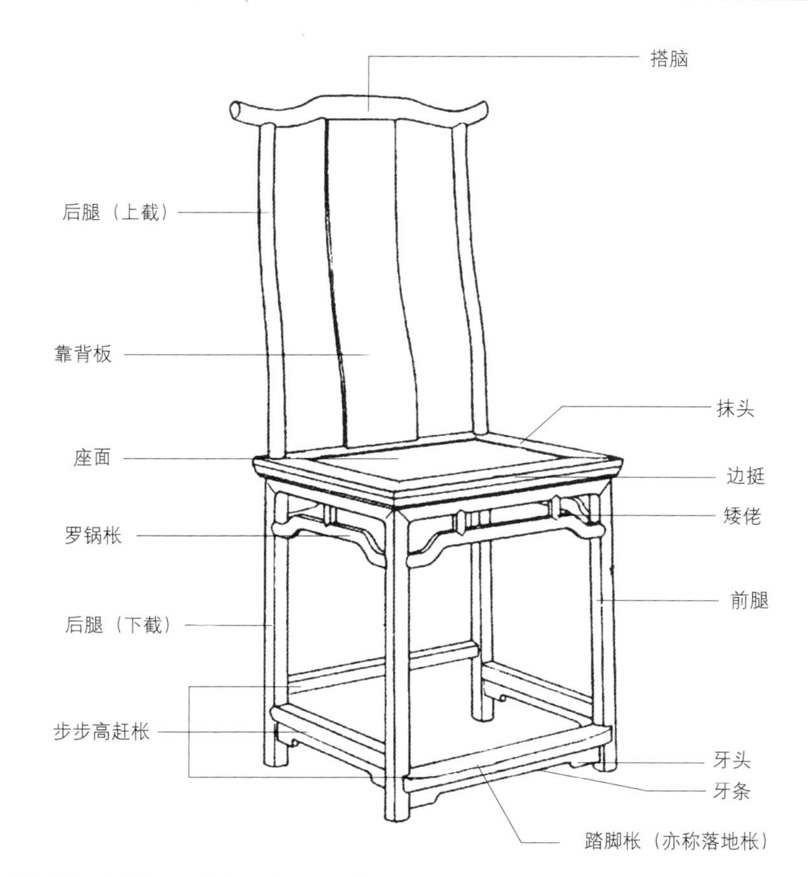

▲靠背椅

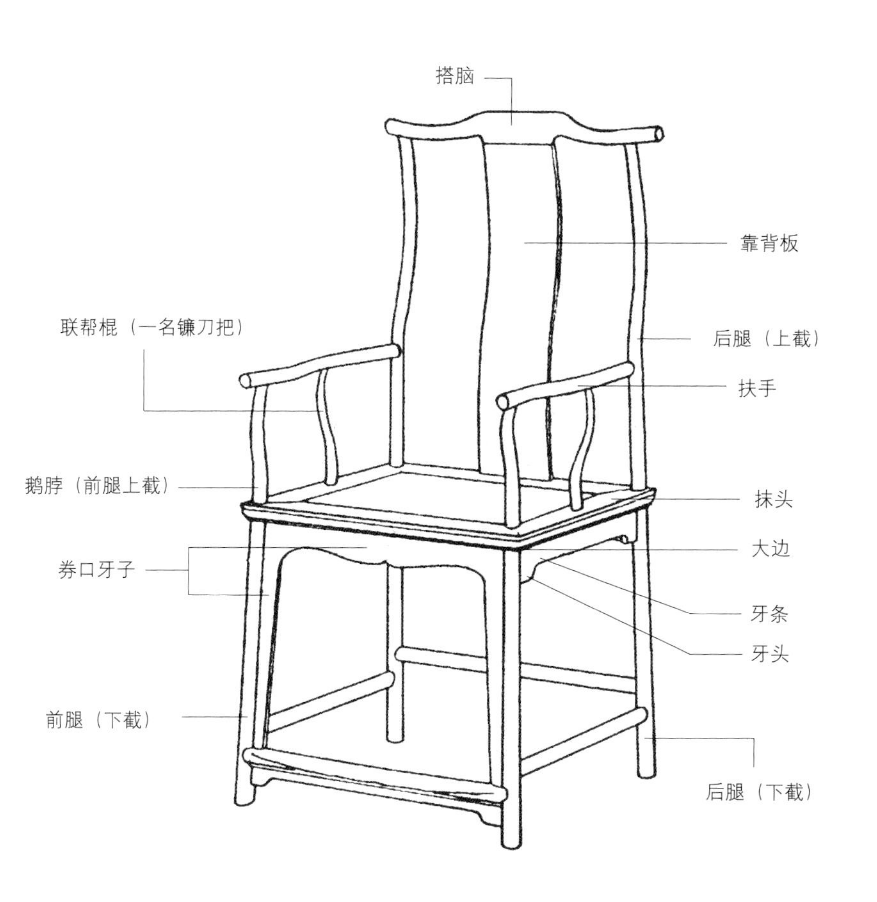

▲四出头官帽椅

"买寡不买众"

"买寡不买众"也是古玩界的一句俗语。意思是，收藏家具要知道哪一类东西多，哪一类稀少，说到底就是多买稀奇的少买普通大众的。抛开人们热购的明清家具不说，就在平常所购进的家具品种中，收藏者都知道书房用家具品位高，价值高；而卧室用家具则相对差些，价位低。一只写字台、陈列柜一般要一两万元人民币，而一只有雕工的梳妆台却只要几千元人民币。为什么会这样？梳妆台存世量很大，在古旧市场上随处可见，绝大部分皆是三面镜子，下有裙边柜门的一类形制，所以价位低。而写字台和陈列柜不仅品位高，且存世量较少。物以稀为贵，这是一个价值规律，买稀少的，虽然价位一时较高，但升值快且很好出手。

清·红木躺椅（一对）

● **尺　　寸**：51 厘米 × 90 厘米 × 92 厘米

● **鉴赏要点**：此躺椅为红木制。椅背、搭脑、背板及扶手皆为曲线形。文人气息浓郁。

清乾隆·黄花梨雕花椅（一对）

● **尺　　寸**：50.5 厘米 × 61.5 厘米 × 96 厘米

● **鉴赏要点**：靠背板，腿及牙子皆浮雕卷草纹，软藤座面。形制为典型的清式做工，典雅端庄，富贵华丽，为清式黄花梨家具中的精品。

▲ 明·黄花梨圆后背交椅

●尺　寸：高94.8厘米

●鉴赏要点：这把交椅的椅圈五接，靠背板浮雕朵云双螭纹开光，图案极似四出头官帽椅。椅圈等交接处用缠枝莲纹金属饰件包裹，部分已锈蚀。绳面，腿下有托泥，并有脚踏。工艺精美，极具代表性。

⊙【扶手】

扶手，是装在椅子两侧供人架肘的构件。凡带这种构件的椅子均称为扶手椅。扶手的后端与后角柱相连，前端与前角柱相连，中间装联帮棍。如果椅子的前腿不穿过座面的话，则需另装“鹅脖儿”。扶手的形式多样，有曲式，有直式，有平式，也有后高前低的坡式。

“买好莫买残”

“买好莫买残”在古玩界里是一句俗语。无论是明清家具还是民国家具经过百来年的时间，有许多是残破的，家具不能缺失重要的部件，因此最好收藏完整的家具。如面皮部位的干净、从外表到内里的完整以及一些门、抽屉的规整等。一些如拉手、铜饰等有小的缺失可以暂付阙如。还有一种“残”可以买，有的家具别看都散了架，只要不缺部件就能作旧如旧，展示出其原有的恢弘气势。所以，收藏者要有沙里披金、点铁成金的本领和慧眼。

▲清·紫檀博古式靠背椅（一对）

●尺　　寸：55 厘米 × 45 厘米 × 89 厘米

●鉴赏要点：这对椅子的靠背板分三段攒成，上段与中段均为落堂踩鼓式，上段“凸”字形开光内和中段长方形开光内雕博古纹，下端十字镂空。靠背立柱与扶手为攒拐子纹。座面四角攒边框装板心。面下有透雕回纹式牙条。直腿方足，内翻马蹄。四腿平式管脚枨。

▼清·鸡翅木扶手椅配茶几

●尺　　寸：61 厘米 × 46 厘米 × 103 厘米

●鉴赏要点：此椅及茶几造型简洁明快，工料俱精，打磨得细致入微，在清式扶手椅中，较为上乘。仍可见明式家具的风格。

▲民国·红木雕福在眼前扶手椅（一对）（清式）

●尺　　寸：高 97 厘米

▼清·紫檀扇形官帽椅（一对）

●尺　　寸：70 厘米 × 50 厘米 × 110 厘米

●**鉴赏要点**：南官帽椅是扶手椅中最典型的作品，其造型一般简洁空灵。这件紫檀作品线条饱满，形制开张，是扶手椅中不可多得的精品。椅子座面前大后小成扇形，因而又称扇面官帽椅。椅子下大上小，四根柱脚逐渐向上收拢，形成梯形立方，以增强椅子的稳定感。券口牙条的曲线与柱脚直线形成内柔外刚的动静对比，鹅脖抑扬与联帮棍俯曲，以及背板的镂空显得极其优美，使得这种乍看似乎过分简单的明式家具有一股生灵般的机巧。

▲清中期·榆木开光浮雕龙纹罗汉床

●尺　　寸：220厘米×122厘米×85厘米

●鉴赏要点：此罗汉床为榆木制。三屏式床围子上开光浮雕龙纹，席心床面，有束腰，直腿内翻马蹄。整体显得简洁、明快。

▶清·红木雕龙宝座

●鉴赏要点：三屏风式座围，搭脑凸起。满雕二龙戏珠纹，并饰以云纹。座面落堂装板，面下有束腰，冰盘沿上饰蕉叶纹。面下安雕葡萄纹牙板，三弯腿，兽头形足。

▶清·红木雕龙扶手椅（一对）

●尺　　寸：高61厘米

●鉴赏要点：靠背板、扶手雕龙纹，背板开光透雕降龙纹。座面下有束腰，安透雕葡萄纹牙板。后腿为直腿圈足；前腿肩部雕龙首，三弯腿，兽头形足。雕饰繁缛，极尽富丽堂皇之感。

⊙【屏风帽子】

屏风帽子，是装在屏风顶端的一种构件，其结构对屏风的牢固性有重要作用，装饰性亦很强。屏帽位居正中，一般稍高，两侧稍低，至两端又稍翘起，形如僧人所戴的帽子，故又称“毗卢帽”。大型座屏风陈设时位置相对固定，挪动的机会一般不多，屏风插在底座上之后，尽管屏框间有走马销连接，仍显势单力薄。而屏帽能把每扇屏风进一步合拢在一起，达到了上下协调和坚实牢固的目的。屏帽由于表面宽阔，也是得以施展和发挥装饰艺术的部位，人们多在屏帽上浮雕云龙、花卉和各样卷草图案。由于屏帽的衬托，使整个屏风显得更具气势。

▲清·紫檀嵌鎏金珐琅福寿纹摆屏

●**尺　　寸**：49 厘米 × 61 厘米

●**鉴赏要点**：此屏风为紫檀木制，共五扇。此扇屏心正面嵌鎏金珐琅福寿纹。背面有题诗一首：“乾隆御制。东走湖广西游川，铁牛镇守秦与关。广东有座莫骨寺，山西有座五泰山。江南本是花景地，天心地胆在河南。我问君子何方好，请来贵人汇新君。陈学书。”上装鎏金福寿纹屏风帽。两侧站牙为如意形。下承八字形须弥座，座上浮雕莲瓣纹及嵌珐琅，下有龟脚。

▼清中期·紫檀小屏风

●**尺　　寸**：高 45 厘米

●**鉴赏要点**：屏风边框以紫檀木制成。共 12 扇，屏心内饰四季山水风景图，最末一幅有款识。图上下两端绦环板内雕饰花卉及寿字。上有浮雕龙纹屏风帽，下承须弥式八字形底座，饰蕉叶纹。此屏风装饰艳丽，雍容华贵且寓意吉祥，具有典型的清式家具装饰特点。

线脚装饰

线脚装饰是对家具的某一部位或某一部件所赋予的纯装饰手法，对家具的结构不起什么作用，但线脚的使用，可以在很大程度上增添家具优美、柔和的艺术魅力。其内容包括灯草线、裹腿劈料、面沿、拦水线及束腰等。

⊙【灯草线】

线脚装饰中有一种重要手法叫做“灯草线”，即一种圆形细线，以其形似灯芯草而得名。一般用在小形桌案的腿面正中，由于上下贯通全腿，又称通线。常常两道或三道并排使用。大一些的案腿，随腿的用料比例，这种线条又随之加大，再用“灯草线”形容显然不妥。人们把这种粗线条多称为“皮条线”。

桌形结体的家具分为有束腰和无束腰两类。无束腰家具多用圆材，也有相当数量是方腿加线的，以光素为主，不再施加额外装饰。有束腰家具多用方料，在装饰方面比较容易发挥，因而做法也很多，如素混面，即表面略呈弧形；混面单边线，即在腿面一边雕出一道阳线；混面双边线，即在腿面两侧各起一道阳线，多装饰在案形结体的腿上或横梁、横带上。这些线条因在边上，也有称为压边线的，压边线不光在四腿边缘使用，在桌案的牙板边缘也常使用。

清中期·紫檀宝座

●尺　　寸：高91厘米

明·黄花梨长方案

●尺　　寸：92.5厘米×52.5厘米×78厘米

●鉴赏要点：案面边沿起拦水线，侧沿混面双边线。面下牙条、牙头与桌腿两侧护腿牙格肩组合，牙头锼成卷云纹。两侧腿间装双横枨。四腿外撇，侧脚收分。腿面中间起两柱香线条，两边混面，边缘亦起线，形成并列的混面双边线，与桌面侧沿相呼应。

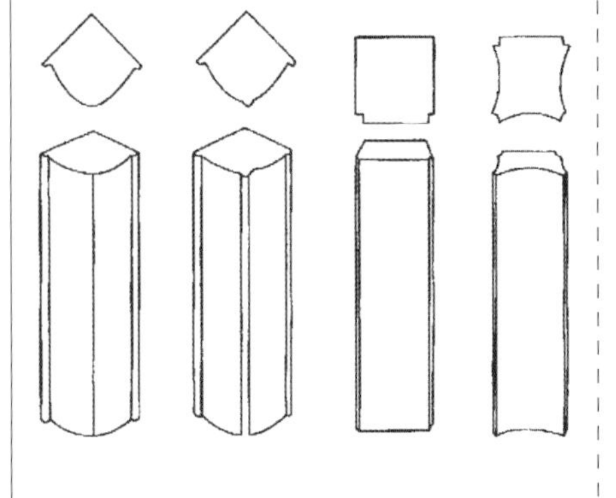

混面单边线

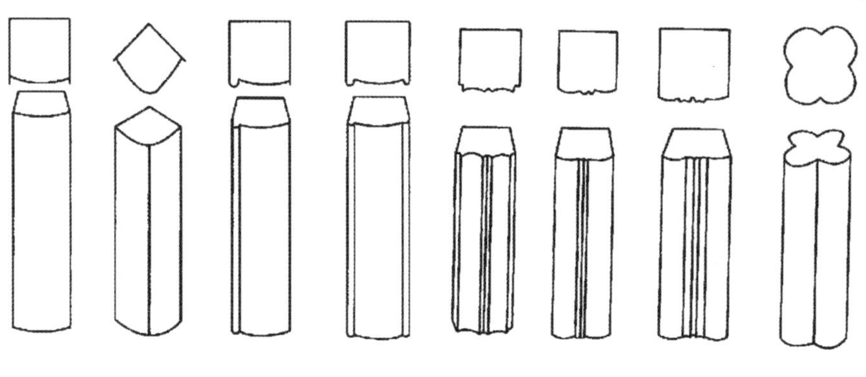

桌腿面双素混面

混面双边线

⊙【打洼】

方材家具还有一种装饰形式，名曰“打洼”。做法是在桌腿、横枨或桌面侧沿等处的表面向里挖成弧形凹槽，一道的叫单打洼，二道的叫双打洼。打洼家具的边棱，一般都做成凹线，俗称“倒棱”，与打洼形成粗细对比。

明式家具形成的社会条件

明式家具的形成其社会原因主要有以下几个方面。

（一）园林建筑和宅第建设的兴起。中国的园林建设，始自两宋，到了明代，极为兴盛。北宋后期李诫编的《营造法式》是中国古代建筑传统经验的珍贵文献，其时，还产生了工艺百科全书《天工开物》、《髹漆录》等著作。园林建筑和宅第建设的大量兴起，家具作为室内陈设的重要组成部分，自然也就相应地发展起来了。

(二)海外贸易的发展为明式家具的形成提供了丰富的木材。郑和七下西洋后，促进了中国和东南亚各国的交往，而该地区是出产优质木材的地方。高级木材如花梨、红木及紫檀等不断地进口到中国，为明代细木家具的发展提供了良好的物质条件。

(三)木工工具的快速发展。如没有良好的工具，就不能制作精巧的家具。硬木质地坚韧，更需优良的木工工具。明代锤锻技术已较前大有提高，《天工开物》中记载：“凡健刀斧皆嵌钢包钢整齐，而后人水淬之，其快利则又在砺石成功也。”木工工具的种类增多，适于各种加工需要，如刨即有推刨、细线刨、蜈蚣刨等，又如锯也有不同类型，“长者剖木，短者截木，齿最细者截竹”等。此外，明代有一大批文化名人也热衷于家具工艺的研究和家具的审美探求，并著书及参与家具的设计，这对明代家具的独特风格的形成定能起到一定的作用。

清 · 榉木夹头榫小条凳

•尺　　寸：49.5 厘米 × 15 厘米 × 40 厘米

•鉴赏要点：独板厚面，案体结构，采用夹头榫结构，四足侧脚显著。腿足线脚及牙头都做得淳朴可爱。尤其是面板下两侧面不安牙条，任其空敞，不交圈。

清中期 · 紫檀如意纹方凳

•尺　　寸：41.5 厘米 × 35 厘米 × 50.5 厘米

•鉴赏要点：凳面四角攒框装板，面下打洼束腰，上下托腮。牙条与管脚枨连接凳腿，形成券门，圈内镶绦环板，雕回纹锦及如意云头纹。四脚外角做劈料状，足下承托泥，带龟脚。

⊙【裹腿与裹腿劈料做法】

裹腿与裹腿劈料做法通常用在无束腰的椅凳、桌案等器物上，是仿效竹藤家具的艺术效果而采取的一种独特的装饰手法。劈料做法是把材料表面做出两个或两个以上的圆柱体，好像是用几根圆木拼在一起，称为劈料。二道称二劈料，三道称三劈料，四道称四劈料。横向构件如横枨，面沿部分也将表面雕出劈料形，在与腿的结合部位，采用腿外对头衔接的做法，把腿柱包裹在里面。为了拉大桌面与横枨的距离以加固四腿，大多在横枨之上装三块到四块镂空绦环板，中间安矮佬。如果是方桌，一般四面相同，长桌与方桌有所不同。因侧面较窄，只用一两块镶板就行了。

▲明 · 紫檀长桌

- 尺　　寸：146 厘米 × 57 厘米 × 86 厘米
- **鉴赏要点**：桌面沿为混面，牙条与枨都为裹腿双劈料。长枨与桌面等长，短枨与桌面等宽。长短枨裹腿相交。枨上有矮佬，与腿外侧齐在一线，形成矩形孔格，镶以绦环板，板上开光。圆柱形腿，微带侧脚。此桌没有过分的雕饰，完全以线脚装饰，充分体现了明式家具明快、壮美之风。

▲明 · 黄花梨长桌

- 尺　　寸：111 厘米 × 54.5 厘米 × 71 厘米
- **鉴赏要点**：桌面边沿与牙条为一体，为劈料裹腿作。四腿间安裹腿罗锅枨，枨上部与牙条相抵，又与劈料牙条成为一体。圆腿直足。

⊙【面沿】

面沿，是指桌面侧沿的做工形式。从众多的桌、凳、几等各类家具的面沿看，很少有垂直而下的，也和其他部位一样，赋予各式各样的装饰线条。面沿的装饰效果，也直接影响着一件家具的整体效果。面沿的装饰形式有“冰盘沿”：在侧沿中间向下微向内收，使中间形成一道不太明显的棱线。“泥鳅背”：一种如手指粗细的圆背，形如泥鳅的脊背，有时小型翘头案的翘头也用这种装饰。“劈料沿”：是把侧沿做出两层或三层圆面，好似三条圆棍拼在一起。“打洼沿”：是把侧沿削出凹面；还有“双洼沿”、“叠线沿”等。

▲清中期·鸡翅木小方凳（一对）

- 尺　　寸：40 厘米 × 40 厘米 × 39 厘米
- 鉴赏要点：圆足，四腿八栓，造型优雅，牙板牙条雕转珠，保存完好。

▼清中期·红木条桌

- 尺　　寸：高 85 厘米
- 鉴赏要点：此桌桌面采用攒框镶板作，起拦水线。有束腰。牙板与腿足抱肩榫结构，牙板中部有如意云纹，直腿内翻回纹马蹄。

▲红木雕花嵌理石茶几

▲冰盘沿线脚举例

⊙【拦水线】

拦水线，是在桌面边缘处做出高于面心的一道边。在宴桌、供桌上使用较多。因为在饮宴时，难免有水、酒及菜汤等洒在桌面上，如果没有拦水线的话，容易流下桌沿，脏了衣服。拦水线不像冰盘沿那样出于纯装饰目的，实用性相当强。

黄花梨螭纹长桌

清 · 黄花梨方桌

●**尺　　寸**：87.5 厘米 × 87.5 厘米 × 83.7 厘米

●**鉴赏要点**：此桌为黄花梨制。桌面可翻转，既可做方桌，又可做棋桌。桌面攒框镶板，起拦水线。腿间安罗锅枨，罗锅枨上部紧贴面板。直腿内翻马蹄。

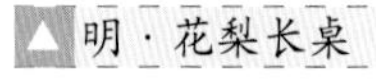

明 · 花梨长桌

●**尺　　寸**：125 厘米 × 37 厘米 × 88 厘米

●**鉴赏要点**：此长桌桌面起拦水线，直落在牙条上，似为带束腰。腿与牙条抱肩榫相接，四腿间安罗锅枨。方直腿，内翻马蹄。

⊙【束腰】

束腰，是在家具面下做出一道缩进面沿和牙板的线条，它是由古代建筑里的须弥座演变而来。束腰有高束腰和低束腰之别。高束腰大多露出桌腿上截，并在中间用矮佬分为数格，每格镶一块绦环板，绦环板又有镂空和不镂空之别。另外，高束腰家具常在束腰上下各装一木条，名曰“托腮”，它是起承托绦环板和矮佬作用的。低束腰家具一般不露腿，而用束腰板条把桌腿包严。束腰线条常见有直束腰、打洼束腰等，有的还在束腰上装饰各式花纹。

▲黄花梨高束腰炕桌局部

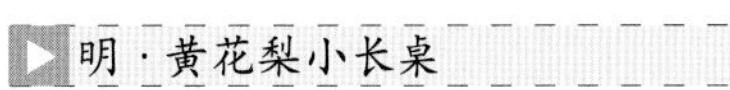

▶明·黄花梨小长桌

●尺　　寸：99.5 厘米 × 51.5 厘米 × 88 厘米

●**鉴赏要点**：高束腰，安一具扁抽屉。壶门式牙条，边缘起线与腿面内侧交圈。直腿方足，腿中部两面饰云纹翅，内翻马蹄。

▲清·紫檀蕉叶纹条桌

●尺　　寸：143 厘米 × 37 厘米 × 85 厘米

●**鉴赏要点**：桌面平直，冰盘沿，面下打洼高束腰，雕蕉叶纹。四腿直下，腿间安有罗锅枨，与腿用格肩榫相交。卷珠形足。

⊙【马蹄形装饰】

明式家具的腿足装饰更是多种多样，其中以马蹄形装饰为最多。马蹄大都装饰在带束腰的家具上，这已成为传统家具的一个装饰规律。马蹄做法大体分为两种，即内翻马蹄和外翻马蹄。内翻马蹄有曲腿也有直腿，而外翻马蹄则都用弯腿，无论曲腿、直腿，一般都用一块整料做成。足饰除马蹄外，还有象鼻足、内外舒卷足、圆球式足、鹤腿蹼足和云头足等。马蹄足有带托泥和不带托泥两种做法，其他各种曲足大多带托泥。托泥本身也是家具的一种足饰，其作用主要是管束四腿，加强稳定感。托泥之下还有龟脚，是一种极小的构件，因其尽端微向外撇，形似海龟脚而得名。

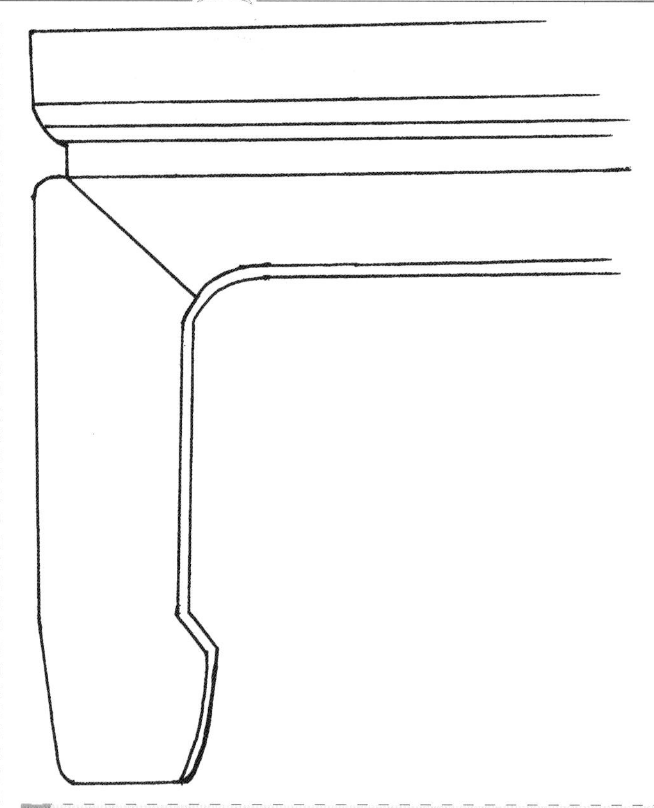

▲直腿内翻马蹄

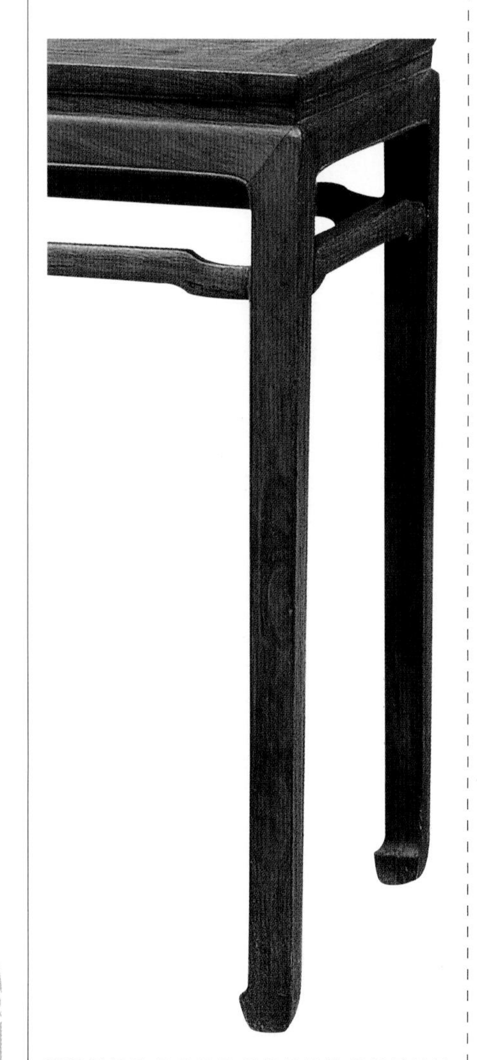

▲直腿内翻马蹄

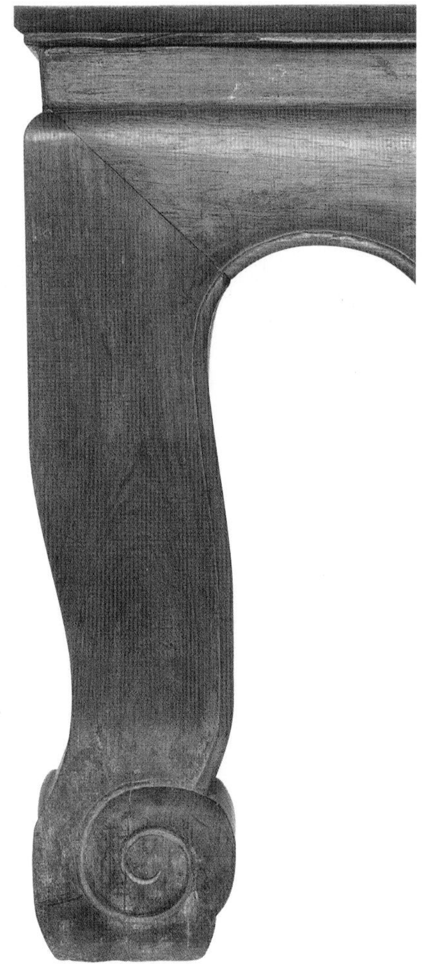

▲内翻云纹马蹄

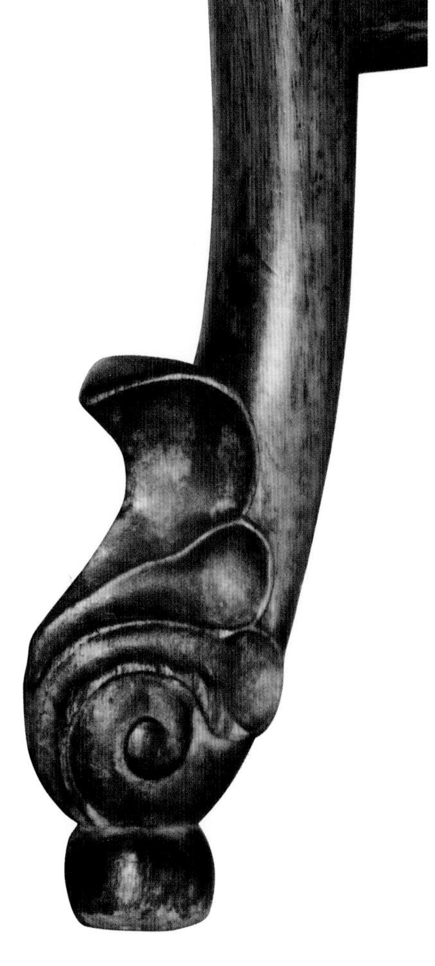

▲卷草足

⊙【腿的装饰】

腿的装饰有直腿、三弯腿、弧腿膨牙、蚂蚱腿或仙鹤腿等。三弯腿，是腿部自束腰下向外膨出后又向内收，将到尽头时，又顺势向外翻卷，形成“乙”字形。鼓腿膨牙，又被称作弧腿膨牙，是腿部自束腰下膨出后又向内收而不再向外翻卷，腿弯成弧形。蚂蚱腿，多用在外翻马蹄上，在腿的两侧做出锯齿形曲边，形似蚂蚱腿上的倒刺而名。仙鹤腿，腿笔直，足端较大，形如鸭子足趾间的肉蹼。展腿，又称接腿，形式是四腿在拱肩以下约半尺的位置做出内翻或外翻马蹄，马蹄以下至地旋成圆材，好似下面的圆腿是另接上去的。从传统家具造型规律看，有束腰的家具四腿都用方材，而方材既已做出马蹄，那么这件家具的形态即已完备，再用方材伸展腿足，显然不妥，不如索性用圆材，造成上方下圆、上繁下简的强烈对比。匠师们有意将有束腰家具和无束腰家具加以融会贯通，在造型艺术上是一个成功的尝试。

鼓腿膨牙

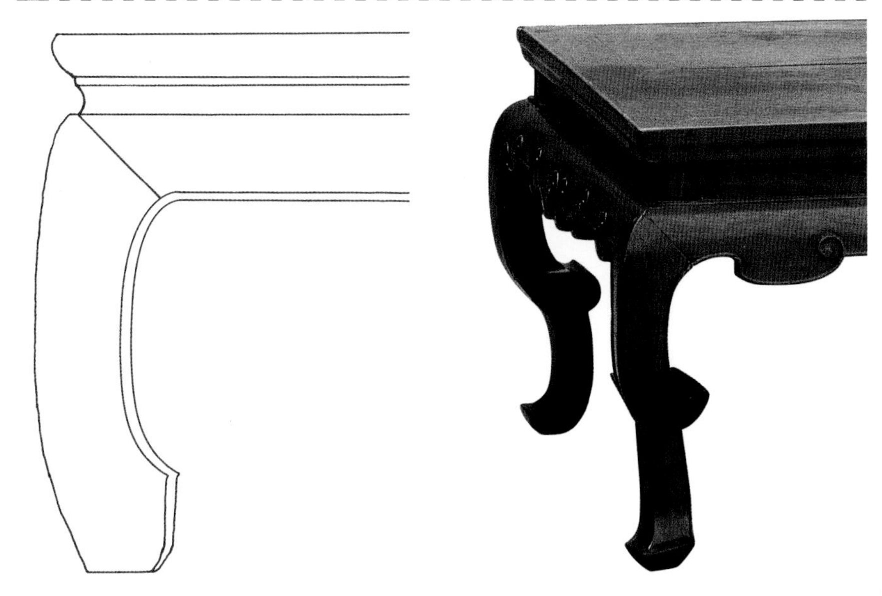

鼓腿膨牙

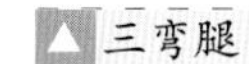

三弯腿

榉木翘头案

雕刻装饰

雕刻装饰的手法可分毛雕、平雕、浮雕、圆雕、透雕和综合雕六种。

毛雕，也叫凹雕，是在平板上或图案表面用粗细、深浅不同的曲线或直线来表现各种图案的一种雕刻手法。

平雕，即所雕花纹都与雕刻品表面保持一定的高度和深度。平雕有阴刻、阳刻两种，挖去图案部分，使所表现的图案低于衬地表面，这种做法称为阴刻；挖去衬地部分，使图案部分高出衬地表面，这种做法称为阳刻。如柜门板心的绦环线，插屏座上的裙板及披水牙等多使用平雕手法，且多用阳纹。阴刻手法在家具上使用得不多。

浮雕，也称凸雕，分低浮雕、中浮雕和高浮雕几种。无论是哪一种浮雕，它们的图案纹路都有明显的高低、深浅变化，这也是它与平雕的不同之处。

圆雕，是立体的实体雕刻，也称全雕。如有的桌腿雕成竹节形，四面一体，即为圆雕。一般情况下，在家具上使用圆雕手法的较为少见。

▲清早期 · 黄花梨透雕龙纹隔屏

●尺　　寸：宽342厘米

●鉴赏要点：隔屏边框为黄花梨木制。共六扇，可分可合。屏心书唐宋人名句。顶端有楣板，透雕龙纹。腰板、裙板及绦环板等皆透雕龙纹。白铜裹足。

▼清 · 紫檀雕人物挂屏（一对）

●尺　　寸：长66厘米

●鉴赏要点：挂屏的心板为紫檀雕刻而成，画面层次分明，纹饰清晰逼真。况如此宽的独板紫檀料的确很少见，不失为收藏、装饰的佳品。

明·黄花梨雕富贵花三节柜

●尺　　寸：81厘米×52厘米×187厘米

●**鉴赏要点**：此柜上面两节相同，底座带有两抽屉，正面门各雕一牡丹花，侧边框起眼珠线，铜活采用“嵌手”做法，较为讲究。

传统家具五金配件的工艺

传统家具五金配件，作为家具上的一种点缀式装饰，无不因材施艺进行制作和加工。明清家具上的五金饰件主要是铜饰件，这些饰件工艺讲究，种类繁多，有做錾花的、鎏金的、嵌珐琅（景泰蓝）的，也有做金银错、刻划的，等等。下面介绍一下家具上铜饰件的一些常用工艺。

1.金银错。金银有美丽的色泽，并有良好的延展性，且属贵重金属，故在先秦时代即被贵族用来镶嵌于青铜上作为饰物，在铜器上错金银，习称“错金银”或“金银错”。金银错之“错”已用为动词，其义即用错石加以磨错使之光平。金银错的工序是先在铜器表面预制出浅凹的纹饰或字形，特别精细的纹饰是在铜器铸成后于器表面用墨笔绘出纹饰，按纹样用硬度较大的工具錾刻浅槽，浅槽底面需制成凹凸不平状。然后在浅槽内嵌入细薄的金银片或金银丝，用错石或其他材料磨错，使嵌入的金银片（丝）与铜器表面相平滑，最后在器表用木炭加清水进一步打磨，使器表增光发亮，从而利用金银与铜的不同光泽映衬出各种色彩辉煌的图案与铭文。

2.鎏金。这是自先秦时代即出现的传统金属装饰工艺，是一种传统的做法，至今仍在民间流行，亦称火镀金或汞镀金。在东周和汉代以后均颇为流行，是当时最值得称道的铜器表面装饰工艺之一，先后称为黄金涂、金黄涂、金涂、涂金或镀金，宋代始称鎏金，现代叫镀金。

3.饰珐琅。珐琅是以硅、铅丹及硼砂磨碎制成的粉末状的彩料再填于金、银、铜或瓷等器胎上经烘烧而成的釉。珐琅有掐丝珐琅、錾珐琅和画珐琅三种，其中的掐丝珐琅，俗称景泰蓝，创始于元末明初时期，到了景泰年间，广泛流行。

4.錾花。这是用錾凿打而成，錾刻纹饰显然需要有坚硬锋利的錾刻工具，此种工具可能是铁工具或钢工具。因此錾花工艺通常使用钢制的各种形状的錾子，用錾、戗等方法雕刻图案花纹，可令饰件增色不少。

透雕，在明式家具中，透雕是一种较为常见的装饰手法。如衣架中间的中牌子、架子床上的楣板及椅背雕花板等。透雕是留出图案纹路，将地子部分镂空挖透，图案本身另外施加毛雕手法，使图案呈现出半立体感的一种雕刻手法。透雕有一面做和两面做之别。一面做是在图案的一面施毛雕，将图案形象化，这种做法的器物适合靠墙陈设，并且位置相对固定。两面做是将图案的两面施加毛雕，如衣架当中的中牌子，常见多在绦环板内透雕夔龙、螭虎龙等图案。

综合雕，是将几种雕刻手法集于一物的综合手法，多见于屏风等大件器物。

▲清·紫檀镂空雕花佛龛

●尺　　寸：高46厘米

●鉴赏要点：此佛龛上部部件浮雕拐子龙纹，绦环板等亦浮雕纹饰。对开两门，纹饰以透雕法为之。底座有束腰，鼓腿膨牙。造型严谨，气韵庄重。

▼明·紫檀雕三友圆纹盒

●尺　　寸：高22.3厘米

●鉴赏要点：该盒紫檀木材料厚重，盒四周及顶部均刻山石纹及松竹梅三友纹。图案细密，雕工精细。纹饰极似明嘉靖、万历时青花瓷器上的纹饰。

漆饰

传统家具除以优质木材为原料外，以漆髹饰家具也是一个不可忽视的品种。漆家具一般分素漆及彩漆两大类。以各色素漆油饰家具主要是为了保护木质，而在素漆之上施加彩绘的各种手法则属于纯装饰目的，归纳起来主要有如下几个品种。

洒金，亦名撒金。即将金箔碾成碎末，洒在漆地上，外面再罩一道透明漆的做法。在山水风景中常用以装饰云霞、远山等。

▲清乾隆·剔红山水群仙纹圆盒

●**尺　　寸**：直径 14.6 厘米

●**鉴赏要点**：此盒圆盖顶面浮雕仙山楼阁，其下天、地及水锦一丝不苟；其上苍松平湖，云雾缭绕，山水之间诸神或崖壁折芝，或刘海戏蟾，人物神态毕现；盒与盖的边缘锦地上浮雕云蝠纹，间以八吉祥纹；盒底回纹；盒内髹黑漆。此器外表漆色鲜红，精雕细琢，鬼斧神工，应为乾隆宫廷剔红佳作。盖小伤。

▼清嘉庆·剔红嵌粉彩瓷板香几（一对）

●**尺　　寸**：高 35 厘米

●**鉴赏要点**：香几为银锭式几面，束腰拱肩，几面镶粉彩瓷板。三弯腿，足端雕卷草纹，下承圆珠，踩托泥。

描金，又名泥金画漆。是在漆地上以泥金描画花纹。其做法是在漆器表面用半透明漆调彩漆，薄描花纹在漆器表面上。然后放入温湿室，待到似干非干时，用丝棉球蘸细金粉或银粉，涂在花纹上，成为金色或银色的花纹装饰。如果过早地刷上金银粉，不但黏着金银粉过多，造成浪费，而且也显不出明亮的金银色彩。

描漆，即设色画漆。其做法是在光素的漆地上用各种色漆描画花纹。

描油，即用油调色在漆器上描画各种花纹。因为用油可以调出多种颜色，而有的颜色是用漆无论如何炼制也调配不出来的，如天蓝、雪白及桃红等色。用其描绘飞禽、走兽、昆虫、百花、云霞及人物等，无不俱尽其妙。

填漆，是在漆器表面上阴刻花纹，然后依纹饰色彩用漆填平。或用稠漆在漆面上做出高低不平的地子，然后根据纹饰要求填入各色漆，待干后磨平，从而显出花纹，都属于填漆类。

清中期·雕漆婴戏图盒

•尺　　寸：高 11.2 厘米

•鉴赏要点：盒圆形，木胎，通体髹红漆，浅浮雕婴戏图，盒盖及壁上饰庭院背景，中有童子嬉戏，情景生动，足部饰回纹。髹漆肥厚，刻工精细。

扬州漆器

一种民间著名工艺品。西汉已具有较高技术水平，唐代创“剔红雕漆”，明代兴“镶嵌”之法，至清代把两者相结合，又添特色。现生产有雕漆嵌玉、平磨螺钿、骨石镶嵌、刻漆、红彩勾刀五大类，产品有各花式的屏风、桌柜、盘盒等家具和陈设用品三百余种。其中雕漆嵌玉，是将各种具有不同天然色彩的玉石镶嵌在漆器上，构成画面，非常精美。平磨螺钿是将蚌壳、云母等磨成薄片，锯成各种形状，镶入漆器上，最后磨光，明亮如镜。产于江苏扬州。

清中期·紫檀雕夔龙委角长方盒

•尺　　寸：长 18 厘米

戗划，是在漆面上先用针或刀尖镂划出纤细的花纹，然后在阴纹中打胶，将金箔或银箔粘上去，成为金色或银色的花纹。这种做法，戗金的纹理仍留有阴纹痕迹。

清·雕漆高士图圆炕几

●尺　　寸：88 厘米 × 57 厘米 × 31 厘米

●鉴赏要点：此炕几木胎，通体髹红漆，浅浮雕高士图。有束腰，鼓腿膨牙，结构小巧，装饰细腻。

清·剔红长方盒

●尺　　寸：长 41 厘米

●鉴赏要点：此盒木胎，长方形委角式，盘心雕山水人物纹，盘边开光浮雕牡丹纹。纹饰精致，清新亮丽。

明万历·紫漆琴

●尺　　寸：122 厘米 × 19 厘米 × 13 厘米

●鉴赏要点：此琴为仲尼式，桐木制成。漆栗色，断纹好。金徽玉足。琴面呈半椭圆形，形制浑厚古朴，优美而有气魄。琴内刻"万历甲寅春汪瑞宇为程子野成于天目山斋"。

清乾隆·雕漆圆盒

●尺　　寸：29 厘米 × 11.5 厘米

清乾隆·嵌螺钿八仙六方盒

●尺　　寸：高 20.3 厘米

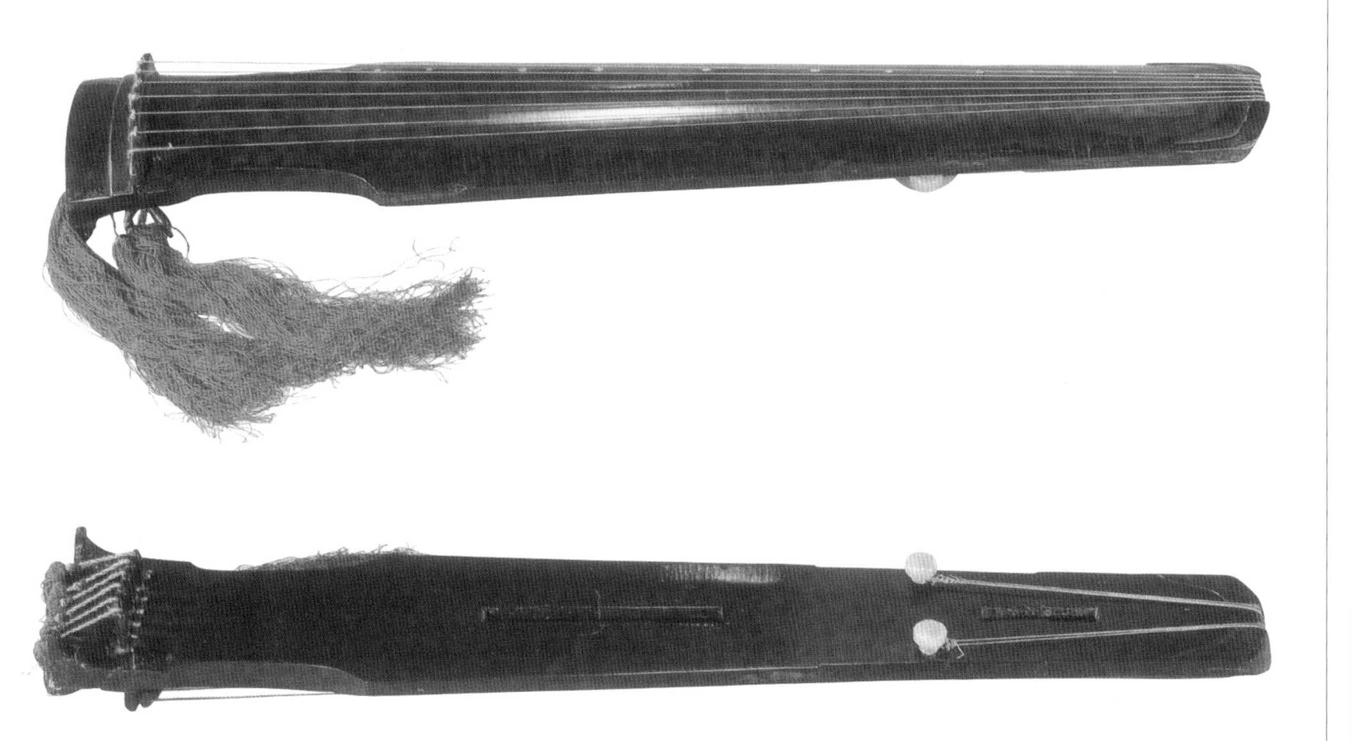

镶嵌装饰

镶，特指以物相配合。嵌，指把东西卡在空隙里。通常所言镶嵌，是以金、石等贵重之物钉入木器或漆器上，组成各种各样的纹饰或图画。

镶嵌，又名“百宝嵌”，分两种形式，一种平嵌，一种凸嵌。平嵌，即所嵌之物与地子表面齐平。凸嵌，即所嵌之物高于地子表面，隆起如浮雕。百宝嵌又名“周嵌”、“周制”。钱泳《履园丛话》载：“周制之法，惟扬州有之。明末有周姓者。始创此法，故名周制。其法以金、银、宝石、珍珠、青金、绿松、螺钿、象牙、蜜蜡、沉香为之，雕成山水、人物、树木、楼台、花卉、翎毛，嵌于檀、梨、漆器之上。大而屏风、桌椅、窗、书架，小则笔床、茶具、砚匣、书箱，五色陆离，难以形容。真古来未有之奇玩也。”《金玉琐碎》说：“周翥以漆制屏、柜、几、案，纯用八宝镶嵌。人物花鸟，亦颇精致。愚贾利其珊瑚宝石，亦皆挖真补假，遂成弃物。与雕漆同声一叹。余儿时犹及见其全美者。曰周制者，因制物之人姓名而呼其物。”周翥系明嘉靖（1522～1567）时人，为严嵩所豢养。严嵩事败后，周所做器物皆没入官府，流传于民间的绝少。清初始流入民间，仿效者颇多。

家具镶嵌材料种类颇多，其中以螺钿镶嵌居绝大多数；其次为各色珐琅、木雕、各色石材、各色瓷片及金银片等。其规律是经济价值越高，数量越少。

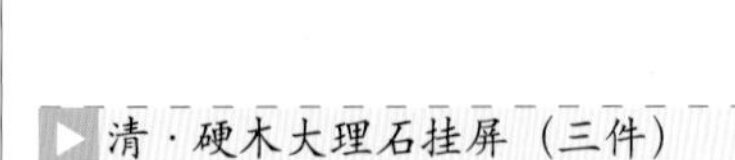

清·硬木大理石挂屏（三件）

●尺　　寸：200.5 厘米 × 153 厘米

●**鉴赏要点**：此挂屏三扇成堂，硬木边框，平心镶或圆或方大理石。结构简洁，意蕴深远。

⊙【平嵌法】

平嵌法，多体现在漆器家具上。其做法是先以杂木制成家具骨架，然后上生漆一道，趁漆未干，粘贴麻布，用压子压实，然后再涂生漆一道，阴干。上漆灰泥子两道，头一道稍粗，第二道稍细，每次均需打磨平整。干后再上生漆，趁黏将事先准备的嵌件依所需纹饰粘好，干后再在地子上上细漆灰。漆灰要与嵌件齐平，漆灰干后。略有收缩，再根据所需颜色上各色漆。通常要上两到三遍，使漆层高过嵌件，干后经打磨，使嵌件表面完全显露出来。之后再上一道光漆，即为成器。其他质料的镶嵌也大多采用同样的做法。

明 · 黑漆嵌百宝笔筒

●尺　　寸：13 厘米 × 13 厘米 × 16 厘米

●鉴赏要点：此笔筒木胎，髹黑漆。在冷峭的黑漆地子上，镶出热烈的花果、禽鸟和草虫纹饰，显示出明代匠师高超的艺术创造力。

清 · 漆嵌螺钿莲花纹小圆盒

●尺　　寸：口径 5.6 厘米

●鉴赏要点：盒为木胎，髹黑漆。盒盖上嵌螺钿缠枝莲纹，器身亦饰缠枝莲纹。纹饰繁缛，风格别致。

鉴藏指南

家具中常用的几种楔子

家具中常用的楔子有以下几种。第一，挤楔。楔是一种一头宽厚，一头窄薄的三角形木片，将其打入榫卯之间，使二者结合严密，榫卯结合时，榫的尺寸要小于眼，二者之间的缝隙则须由挤楔备严，以使之坚固。挤楔兼有调整部件相关位置的作用。第二，大进小出楔。它是在半楔的基础上，用结实而规整的木楔穿透家具表层将半榫备牢，省工省料，既美观又坚固。这种楔一般用在两层材料不一致的家具之上，也可用在断损的榫的修复上。第三，半榫破头楔。破头楔用在半榫之内，易入难出。破头楔一旦在半眼的卯里撑开后，榫头将很难再退出，是一种不可逆的独特而坚固的结构，最适宜用在像抽屉桌桌面下的矮佬等悬垂而负重的部件上。这种做法不常使用，因为它没法修复，被称为“绝户活”。

清 · 百宝嵌人物小柜

●尺　　寸：84 厘米 × 44 厘米 × 137 厘米

清中期·紫檀镶粉彩花卉瓷面长方盒

●尺　　寸：27.8 厘米 × 16.6 厘米

清末·红木嵌螺钿理石旋转圆桌配凳

●尺　　寸：高 104 厘米

●**鉴赏要点**：五件圆桌、凳为一组是较常见的家具陈设形式。但此圆桌、凳面部均嵌理石，牙板采用嵌螺钿工艺并施以纹饰，“S”形圆桌柱可以旋转。此桌融中西方文化于一体，突出传统文化的雕工，但不失庄重之感，新颖的设计在当时已经是很先进的了。

▲清·镶玉石博古挂屏

●尺　　寸：长50厘米

●鉴赏要点：此挂屏木制，髹漆。平心攒框装板，并用玉石等料镶嵌成花果、博古等图案。构图简洁而气韵流畅。

◀清·螺钿楼阁人物菱花式盒

●尺　　寸：高29.4厘米，直径40.5厘米

●鉴赏要点：此盒为木胎，髹黑漆，盒做菱花式。盒面开光嵌螺钿楼阁人物，通体嵌螺钿缠枝花卉纹。

北欧家具的人情味

欧洲现代家具兴起时，曾出现了虽然功能合理、价格也能为大多数人所承受，但在造型上采用简单的几何形，形成呆板僵化、简单粗糙和冷漠无情的感觉，这种家具使人产生反感，从而怀疑现代家具是否能被人接受。北欧家具在1900年巴黎博览会初次与世界见面时，就以既具现代感，又有人情味理念，使设计界受到震动，使评论家备加称颂，使消费者十分青睐。为什么北欧家具有如此独特的人情味?我们考虑不外乎以下几个因素。第一，家庭气氛。北欧人对“家”的概念比其他国家的人更加重视，对“家的气氛”比其他国家都研究得透彻，掌握得淋漓尽致。第二，传统风格。吸收各自民族的传统风格是北欧家具设计的“传统”。北欧家具的现代化，倾注了各自传统的民族特点和传统风格，十分容易使本国人民甚至他国人民感到亲切而被接受。第三，天然材料。北欧地区人民钟爱天然材料，由于森林覆盖面积很大(如芬兰森林覆盖面积是国土面积的66%)，所以木材是北欧家具所偏爱的材料，此外皮革、藤、棉布织物等天然材料都在现代家具中被赋予新的生命。第四，手工艺。在现代家具中采用机械加工的同时，有的家具还部分用手工艺加工，这是北欧家具的特点之一，也是北欧家具加工精湛难以模仿的原因之一。第五，造型简约。简约主义的主要精神是摒弃烦琐，崇尚简约，强调精粹，重视功能。总之，北欧家具并没有在现代家具刚刚兴起的时候，就跟着现代主义激进派反对一切传统，而是采取稳重、有思考、有分析的态度对待设计的改革。这帮助北欧家具确立了既现代化，又有人情味的路线。

⊙【凸嵌法】

凸嵌法，即在各色素漆家具或各种硬木家具上根据纹饰需要，雕刻出相应的凹槽，将嵌件粘嵌在槽口里。嵌件表面再施以适当的毛雕，使图案显得更加生动。嵌件高于器物表面，由于其起凸的特点，使纹饰显现出强烈的立体感。但偶尔也有例外，即镶嵌手法相同，嵌件表面与器物表面齐平，如桌面四边及面心，就常采用这种手法。

紫檀百宝嵌插屏

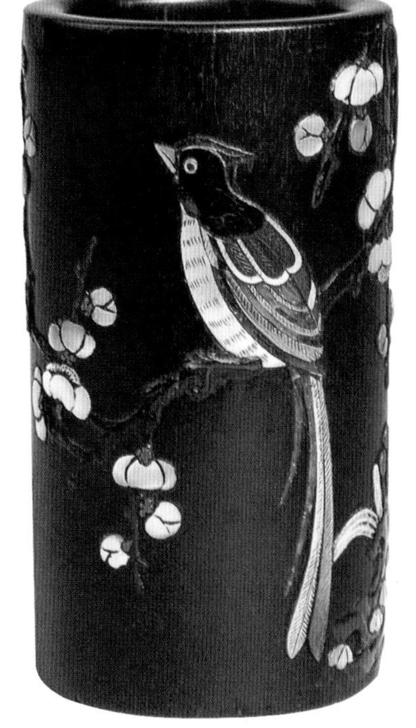

清·紫檀嵌百宝花鸟图笔筒

- **尺　　寸**：高9厘米
- **鉴赏要点**：此笔筒圆形，通体以螺钿、寿山石等镶嵌成花鸟图，一只绶带鸟栖息在树枝上。图案简洁明快，富于装饰趣味。

清中期·紫檀嵌百宝花蝶图长方盒

- **尺　　寸**：27厘米×16.5厘米
- **鉴赏要点**：此盒长方形，四角包有铜镀金装饰片。盒面以寿山石、螺钿和珊瑚等镶嵌花蝶图，一只蝴蝶翩翩欲下。该盒图案富丽繁缛，具有极强的装饰效果。

金属饰件装饰

明式家具常以金属做辅助构件。由于这些金属饰件大多有各自的艺术造型，因而又是一种独特的装饰手法。它不仅对家具起到进一步的加固作用，同时为家具增添了色彩。家具固有的优美造型和柔和的色调，再配上金光闪闪的金属饰件，使其更加美观。

⊙【金属饰件种类与功能】

明式家具的金属饰件主要有：合页、面叶、面条、扭头、吊牌、曲曲、眼钱、拍子、提环、包角和套腿等。

合页，是安在箱子的上盖、柜子的门边，使之便于活动的构件。由两块铜板共同包裹一根圆轴组成，可开可合，故名合页。使用时一面钉在柜架上，一面钉在门边上。较大的合页都做成活轴，为便于搬运，将柜门打开向上一托，就可将柜门取下。合页的造型多种多样，有长方形、圆形、六角形、八角形和各种花边形。合页的安装分明钉和暗爪两种。明钉常用特制的浮钉钉安；暗爪则用钻打眼，将暗爪穿过去，再将透过的暗爪向两侧劈分，使合页附着牢固。

面叶，是在柜子或箱子中间衬托扭头、吊牌的饰件。由两块或三块组成，通常用两块，或左右，或上下用。如果两门中间加活动立栓，则需加一长条形面叶，俗称“面条”。

拍子，是装在箱匣类上盖前脸正中部位的饰件，作用相当于扣吊。箱盖盖好后放下拍子，拍子面上的两个小长方孔正好套在箱子前脸的小曲曲上，上锁后，箱盖便不能打开。

扭头，是为上锁而备的饰件，通常在对开的门边上各装一个，如果两门中间有立栓，则在立栓上也装一个。扭头中部有圆孔，上锁时，须同时贯穿两个或三个扭头，门便不能打开。

长方面条

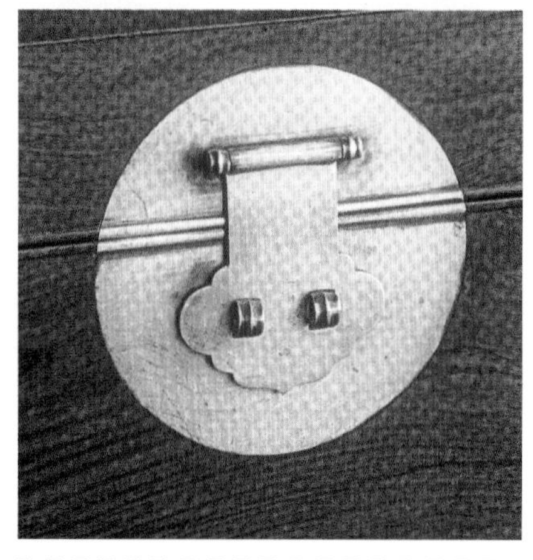

箱子前脸面叶与拍子

箱子前脸面叶与拍子

吊牌，是便于牵引柜门或抽屉的饰件，较大的器物则用吊环，都用曲曲固定在家具的特定部位。吊环不仅有牵引功能，还有向上提起的功能。常见的吊牌和吊环形式多样，有椭圆形、长方形、瓶形、磬形、钟形、花篮形或双鱼形等，上面雕刻各式花纹，是装饰性较强的饰件。

曲曲和眼钱，曲曲的作用是不仅可以上锁，还可以固定提环和吊牌。曲曲的使用常和眼钱相配合，曲曲下面衬以眼钱，不仅可以防止提环磨损木面，而且为家具平添几分美观。眼钱的造型也花样繁多，有圆形、方形、海棠花形或梅花形等。

包角，一般装在箱子的四角，有的箱子的底角也装有包角，其作用是加强箱子各部榫卯的结合力。

套腿，是根据家具的四足形状，或圆或方，随形装在足端的铜套，也叫"套足"。套腿的作用是避免木质受潮和与地面的摩擦，保持器身平稳并延长使用寿命。

面叶和面条

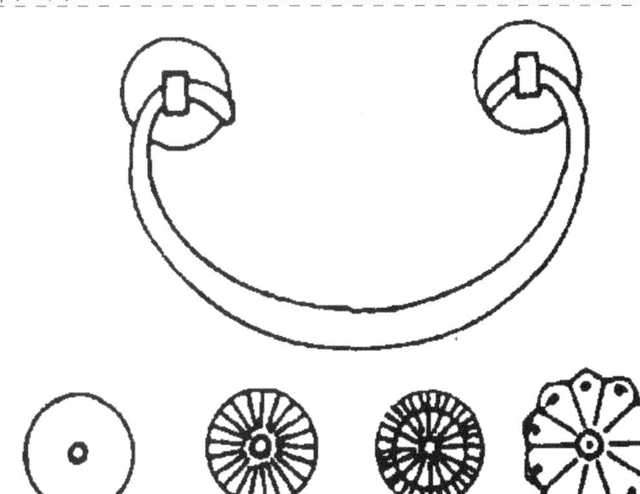

提环和眼钱

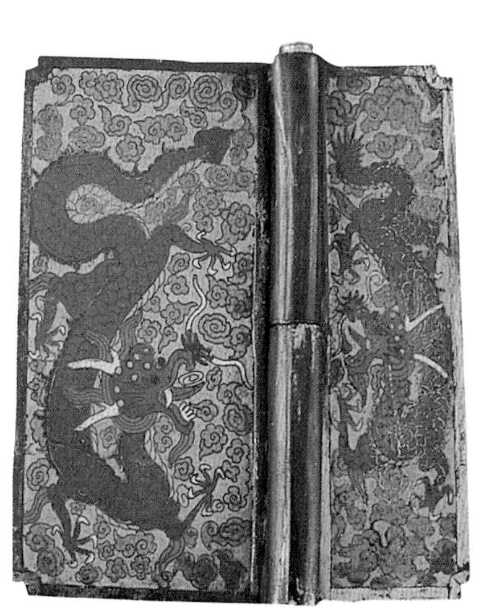

景泰蓝制合页和面条

⊙【金属饰件安装方法】

金属饰件的安装手法大体分两种：一种平卧法，一种浮钉法。

平卧法，即在家具安装饰件的部位剔下与饰件造型、大小、薄厚相同的一层木头，将饰件平卧在槽内。装好后饰件表面与家具表面齐平。这种饰件都用暗钉，即在钉头焊上铜爪，铜爪分两叉，先在大边上打眼，将钉钉入打好的孔后，再将透过的双爪向两侧劈分，将饰件牢牢地固定在家具上。

浮钉法，家具表面不起槽儿，只在家具上打眼，将饰件平放表面后用泡钉钉牢，装好后，饰件高出家具表面，与平卧法形成不同风格的装饰效果。

传统家具的金属饰件，明代早期和民间多用白铜或黄铜制成，晚期至清前期多用红铜镀金，显得异常华丽。这些光彩夺目的金属饰件，装饰在花梨、紫檀和鸡翅木等色调柔和、木质纹理优美艳丽的家具上，与木器形成不同色彩、不同质感的强烈对比。可见，明式家具的匠师们在处理结构与装饰、装饰与实用的关系上，艺术手法和艺术理论都是相当成熟的。

▲合页

▼曲曲吊牌

明·黄花梨衣箱

•尺　寸：48 厘米 × 27 厘米

•**鉴赏要点**：此衣箱为黄花梨木制，光素无纹。正面有方形委角面叶及拍子，两侧安铜提环。四角及箱板明榫结合处用铜包裹，锁钥齐全，所用铜饰件皆用平卧法安装。

面叶

红木家具攒边的优点

“攒边”是明清家具工艺中的一个术语，是中国传统木工工艺在家具形体结构演进中的一大发明。其方法是把“心板”装入采用45°格角榫结合的带有通槽的边框内。这种做法的优点有五个方面。一、可使家具的形体结构始终保持以框架为主体，发挥了框架的独立作用，并且整体式样与结构方式完全统一。二、“心板”装入框内，使薄板能当厚板使用，既节约材料，又增加了强度。三、“心板”因干湿发生伸缩时，通槽留有充分余地，不会造成全体结构的松动和家具形体的走样。四、“心板”还可以选用不同的材料，以施用各种工艺手法，表现出不同的效果，产生不同的功能。五、将“心板”装入通槽后可以隐藏木材粗糙的断面，使家具各部分都显露出光洁平滑的纵直断面来，既利用了木材天然的纹理和色泽，又发挥了材质的自然美。“攒边”做法充分反映了中国古代工匠在家具形体结构上取得的巨大成就。

清中期·红木浮雕折枝花卉多宝格（一对）

古典家具纹饰

中国传统家具上的装饰花纹与其他各类工艺品一样，都是按照中国传统祥瑞观念延续下来的。它反映了中国古人的审美情趣和思维模式。在家具的装饰题材和使用习俗中，融会着各种思想观念，如等级观念、伦理观念、审美观念、宗教信仰和风俗习惯等，并长期潜移默化地影响着后人，有的已成为中华民族传统文化中的一部分而影响到周边国家。

利用家具上的纹饰确定家具的时代，也是鉴定家具的一个手段。家具上的装饰花纹，在不同的历史时期有着不同的风格特点。即使同一种花纹，时代不同风格也不完全一样。这是由于纹饰都是在逐渐演化中成熟、在发展中不断创新的结果。如果受到外界因素影响（如战乱、经济衰退等），它也会倒退或衰落。明清家具对美有截然不同的追求。明式家具不重雕饰，主要突出家具自身的造型美和线条美。而清式家具则重点突出其装饰美，尤其是漆家具。清式家具的装饰材料和装饰手法极为丰富。装饰手法有雕刻、镶嵌和彩绘三种。而装饰材料则多种多样，有各种木雕、竹雕，有各色玉石、玛瑙、翡翠、水晶、孔雀石及青金石等宝石，有珍珠、玳瑁、珊瑚、螺钿、象牙、犀角及兽骨等天然材料，有金、银、铜及铁等金属，有各色珐琅、各种鸟类的羽毛、丝织品和纸帛画等，还有施各色漆加彩绘的，真可谓空前绝后。

龙纹

作为中华民族文化的象征之一，龙纹从原始社会至今始终沿用不衰，但其纹样各个时期有各个时期的特点。最早的龙并没有腿和角，在后来的发展中有了腿和角。明代龙纹的特点是无论龙身为何种姿态，其毛发大多从龙角一侧向上高耸，呈怒发冲冠状。明中期前多为一绺，到明晚期多为三绺。入清后，康熙时期的龙呈披头散发的样子。至乾隆时期，龙的头顶显出七个圆包，正中的稍大，周围的略小。龙的眉毛在明万历以前大多眉尖朝上，万历以后则大多朝下。龙的爪子在清康熙以前多为风车状，到了乾隆时期龙的爪子开始并合。乾隆以前的龙纹大多姿态优美、苍劲有力，至清后期，龙身臃肿呆板，毫无生机。如果龙爪看上去形似鸡爪的话，其时代则定是民国时期。

龙纹的使用在帝王时期有着非常严格的禁忌。凡以龙纹作为装饰的器具，多为皇帝和后妃们所专用。皇族中的亲王们被特许使用龙纹，但不得称其为龙。到了明清时期龙纹的使用更加严格，连一品、二品大员也无资格使用龙纹器物，如有私制和私用者，必按僭越犯上治罪，平民百姓则更难见到龙纹了。因此，龙纹装饰在皇宫中是极常见的，而民间则非常少见。皇宫中器物流出宫外，是有可能的，但应是极少数。辛亥革命推翻了帝制，清宫造办处的一些工匠出宫之后，仿做皇宫中器物，以谋生计，从此龙纹再也不是皇家的专利。因此，可以下这样的定论，现存民间的绝大多数龙纹家具，基本都是民国以后的。

▲ 红木雕龙纹

▲ 清 · 紫檀木龙纹条案

•尺　寸：123 厘米 × 54 厘米 × 82 厘米

▲ 清 · 画珐琅龙纹

▲清·楠木云龙纹贵妃椅

●尺　寸：188厘米×64厘米×132厘米

夔龙纹

夔龙是神话中的瑞兽。传说，黄帝时诸侯于东海流山得奇兽，其状如牛，苍色无角，一足能走。出入水则风雨，目光如日月，声如雷，名曰“夔”。黄帝杀之，取皮以冒鼓，声闻五百里。古代青铜器上常用夔龙纹。至清代，家具纹饰亦用夔龙纹，多取材于古代铜器、玉器上的花纹，但根据家具构件形态，略有创新，其特点是硬角折弯，苍劲有力，俗称“拐子龙”。

▲清中期·红木雕龙画柜（两件）

●尺　寸：93.5厘米×62厘米×133.5厘米

●**鉴赏要点**：此套画柜为专制，屉是六件组合，老红木制作。艺人充分利用红木紫红木质的特点，屉面浅浮雕穿云龙戏珠，云水茫茫，飞龙矫健，有“紫气东来”的意趣。画柜雕饰缜密到无“立锥”之地，但刀刀有序，脉络分明，体现出艺人刀法如庖丁游刃的极妙功夫。屉面拉手则为二龙所戏之“珠”，虽为小巧，亦有妙思。用以珍藏搁置书画，可谓珠椟之配。

▲清·云龙纹

▲清中期·花梨木雕龙纹方角柜

▶清末·龙纹

明·黄花梨三屏风独板龙纹围子罗汉床

●尺　　寸：207.4 厘米 × 107 厘米 × 77.2 厘米

●鉴赏要点：三屏风式围子，皆以独板所为，雕饰草龙，中央为一火珠。床面攒框镶席心。面下束腰光素平直。壶门式牙板，以卷草为分心花。腿子内侧起阴线，与牙板交圈，鼓腿膨牙，内翻马蹄足。

清初·团龙纹

清·云龙纹

清·云龙纹

明·黄花梨双面雕螭龙纹花板

●尺　　寸：60.8 厘米 × 42 厘米 × 1.5 厘米

凤纹

凤凰为古代传说中的神鸟，其在皇宫内为后妃的象征，以凤纹作为装饰的器物多为后妃们所专用。

历代又以凤为瑞鸟，认为它是羽虫之中最美丽的。其形象为鸿前麟后，蛇颈鱼尾，鹳额鸳腮，龙纹龟背，燕颔鸡喙，五色俱备。飞时百鸟相随，见则天下安宁。《大戴礼·易本命》：“有羽之虫三百六十。而凤凰为之长。”传说凤鸟非梧桐不栖，非竹实不食，非醴泉不饮。有圣王出，则凤凰现。《诗经·大雅》：“凤凰鸣矣，于彼高冈，梧桐生矣，于彼朝阳。”雄为凤，雌为凰，雄雌同飞，相和而鸣，遂以“凤鸣朝阳”寓高才逢时；“鸾凤和鸣”为祝人婚礼之辞。

明嘉靖·凤纹

凤戏牡丹纹

清乾隆·紫檀木雕夔凤纹四棱盖盒

- **尺　　寸**：高6厘米

清·紫檀双凤纹长方盖盒

- **尺　　寸**：长15厘米
- **鉴赏要点**：紫檀材质，上盖表面浮雕双凤，口衔神草，雕工细腻，画面简洁。

清乾隆·紫檀雕龙凤长方箱

明·黄花梨半桌

●尺　寸：103厘米×64厘米×86厘米

●鉴赏要点：此桌为黄花梨木质地。光素桌面，混面边沿。束腰浮雕几何纹。在壶门牙子上，浮雕双凤朝阳与祥云，另有螭纹角牙。展腿的上端雕卷草纹，下端为圆材光素腿，瓶式四足，有祈求四平八稳的含义。腿与桌面下的横带上，连接有卷云纹霸王枨。

明·团凤纹

雕刻精美的明式家具

精美的雕刻是明式家具主要的装饰手法，涵藏着无穷的美学意蕴——超凡脱俗，焕采生辉。明式家具代表了中国古典家具的精华，其造型和做工均达到了登峰造极的程度。中国传统木制家具的黄金时代之所以产生于明代，得益于在此时获得了大量名贵硬木良材。明式家具雕刻的审美特征首先表现在材质的选择上。明代以来，海禁日益开放，带来了发达的海陆交通贸易。大量名贵木材从东南亚及海南岛源源不断地运往内地，其中尤以紫檀、黄花梨和鸡翅木为贵。因而名重后世的经典明式家具多用珍贵的硬木制成。这为明式家具雕刻的恢弘与发展提供了极为重要的物质载体。紫檀从深黑到紫红，有金属般的色泽和绸缎般的质感，它的材质坚硬、纹理细密，是非常适宜雕刻的家具木材之一，雕工精美者可达到穿枝过梗的程度。可以说，明式家具中以紫檀雕制而成的优秀作品足以代表中国古典家具的最高制作水平。黄花梨木呈棕黄色或棕红色，华贵而富有耐性，具有不易开裂、不易变形、便于造型及利于雕刻等诸多优点，是与紫檀有异曲同工之妙的制作家具的优良木材。明式家具中的精品雕刻，把紫檀木纹路中细若游丝的精微、凝重沉穆的圆润、劲健浑厚的质地发挥得淋漓尽致；又把黄花梨木温润似玉的情调、行云流水的纹理、不翘不裂的特性运用得炉火纯青。明式家具雕刻珍品历经几百年的风化，在器物表层形成了厚厚的包浆，宛如剔透莹润的美玉，倍觉可爱。

清·樟木雕人物龙凤纹饰件

●尺　　寸：34 厘米 × 12.6 厘米

●**鉴赏要点**：该器形制硕大，纹饰繁复。中央为福禄寿三星，左右分别为文武高士。其上为龙凤朝阳。雕工之上涂以红漆再描金，极其精细。

明嘉靖·剔彩开光双凤小柜

黄花梨浮雕双凤朝阳纹

清早期·黄花梨透雕对头凤香熏

●尺　　寸：20 厘米 × 6 厘米 × 4 厘米

●**鉴赏要点**：此香熏为黄花梨木制。三面透雕对头凤，另两面雕如意云纹开光。榫卯精巧、工艺精湛，应为大户人家小姐闺房之物。此种香熏样式很少，应为较特殊的样式，故极具收藏价值。

凤纹（二）

凤纹（一）

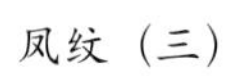

凤纹（三）

凤纹岔角

小凤纹

双凤纹

云纹

云纹大多象征高升和如意，应用较广，多为陪衬图案。形式有四合云、如意云、朵云及流云等，常和龙纹、蝙蝠、八仙或八宝纹结合在一起。云纹在古人思想观念中常被称为“庆云”、“五色云”、“景云”或“卿云”等，古以为祥瑞之气。云纹是历朝历代，上至皇室贵族，下至平民百姓喜闻乐见的装饰题材之一。

云纹在各个时代中的形象也存在这样那样的差异,藏家可以根据这些不同差异断定器物的年代。如：明代云纹大多为四合如意式，即四个如意头绞合在一起，上下左右各有云尾其造型如“卍”字形。也有两侧云尾平行朝向左右两个方向的，属于朵云类。还有两侧云尾平行，上下为条状云纹，朵云斜向连接，构成大面积云纹图案，这种形式属于流云。进入清康熙时期，云纹的风格就不一样了，大多为一个大如意纹下无规律地加几个小旋涡纹，然后在左侧或右侧加一个小云尾，很少见到上下有云尾的。雍正时期的云纹一般较小，而且都有细长的云条连接，云条流畅自如，很少有尖细的云尾。乾隆时期的云纹又与前代不同，它有三种形式：一种是起地浮雕，以一朵如意云纹做头，从正中向下一左一右相互交错，通常五朵或六朵相连，最后在下部留出云尾；另一种是有规律地斜向排列几行如意云纹，然后用云条连接起来，云头雕刻时从正中向四外逐渐加深，连接的云条要低于云朵，使图案现出明显的立体感来，这种纹饰大多为满布式浮雕；还有一种无规律的满布式浮雕也属于这一时期的常见做法，而在清雍正以前乃至明代，绝大多数为起地浮雕，很少见到满布式浮雕的图案。

▲ 云蝠纹

▲ 清 · 红木镶樱木面绞藤云纹琴桌

●**尺　　寸**：高 83 厘米，长 119 厘米

●**鉴赏要点**：桌面下卷，面板为樱木，纹理生动，卷头牙板饰绞藤云纹，制作精美，刻工规整，结构比例得当，整体造型富于美感。

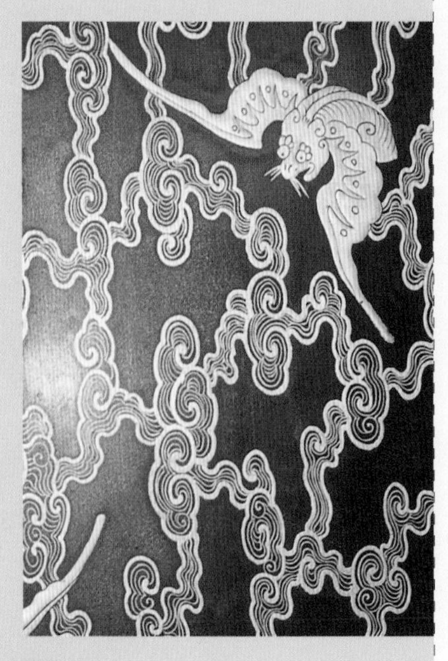

▲ 描金云纹

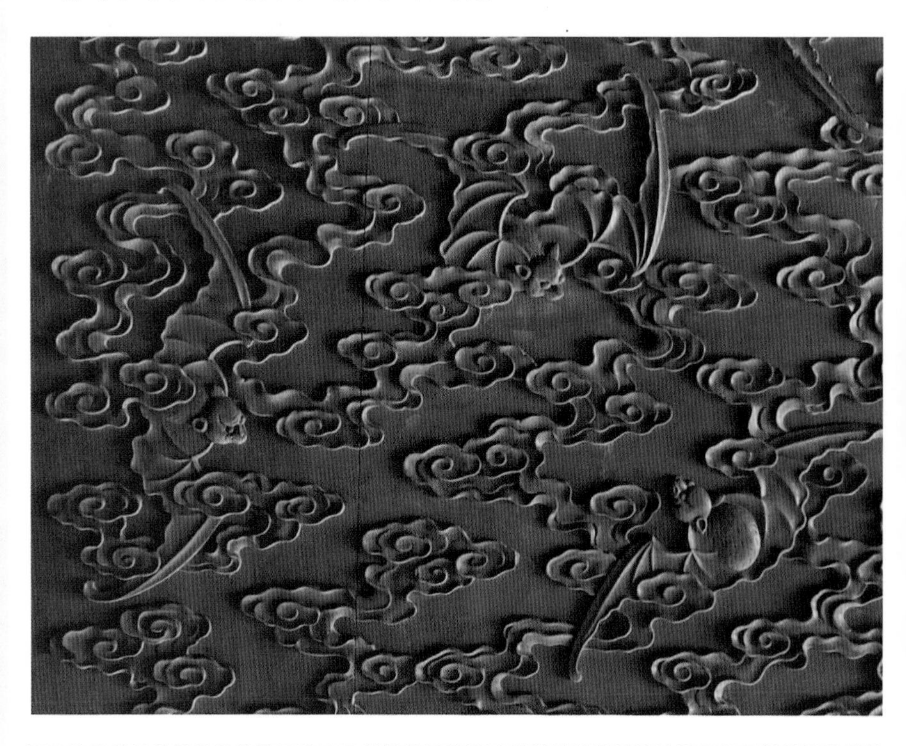

▲ 云蝠纹

明·黄花梨如意云头交椅

●尺　　寸：73 厘米 × 49 厘米 × 100 厘米

●鉴赏要点：此交椅为黄花梨木制。交叉腿，后背弧形，正中浮雕如意云头纹，起画龙点睛作用。

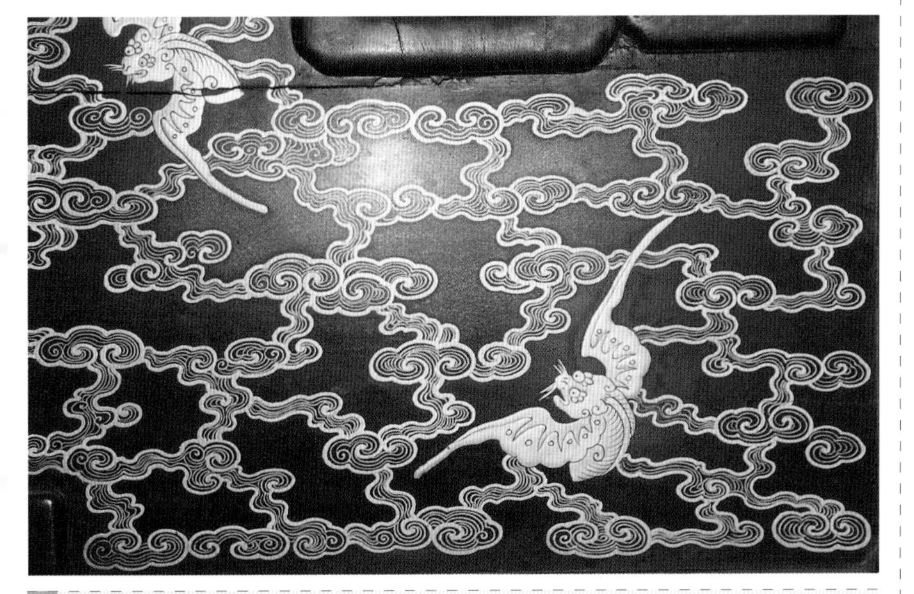

清乾隆·描金云纹

中国古典家具收藏的历史脉络

明清两代的中国古典家具收藏活动，是属于世界范围的。早在16世纪末至17世纪初，明清两代更迭，由于战争对社会结构和民众生活秩序的破坏，大量硬木家具从宫廷王府流入民间。在中国城乡活动的西方传教士发现中国古典家具的美学价值后，便悄悄购买后运回欧洲，或收藏，或家用。这是中国古典家具第一次大规模进入欧洲。当时有个英国家具设计师齐彭代尔，以明式家具为蓝本，为英国皇宫打造了一套宫廷家具，轰动了整个欧洲。从那时起，中国明式家具与从14世纪传入欧洲的中国瓷器一样，在国际市场上有了极高的地位。鸦片战争后，欧洲商人在对华贸易时又一次将明清家具列入他们的购货清单中。民国初年，天下大乱，外国商人趁机在中国城镇乡村大量收购明清硬木家具，有些外国商人干脆就在中国本土经营开店，转手倒卖发大财，最著名的就有美国的杜乐文兄弟。此种收藏活动也促进了外国人对中国古典家具的研究，德国人艾克曾编过一本《中国花梨家具图考》，虽然谬误百出，但毕竟是外国人收藏中国明清家具的指南文本，它使更多的外国收藏家通过收藏实物挖掘中国古典家具的艺术、经济价值。书中收录的100多件古典家具后来都流往海外。北京的古玩商人赵汝珍在其《古玩指南》里写到："欧美人士之重视紫檀，较吾国尤甚，以为紫檀绝无大料，仅可为小巧器物。拿破仑墓前，有五寸长紫檀棺椁模型，参观者无不惊慕。及至西洋人来北京后，见有种种大式器物，始知紫檀之精华尽聚于北京，遂多方收买运送回国。现在欧美之紫檀器物，缘由北京运去者。"由于外国人对中国明清家具的需求，也刺激了中国本土的旧货商人逐利而动。老家具商店大量收购硬木家具，以谋求高额利润。同时，有眼光的中国收藏家和文化人士也在保护性地搜求它们。

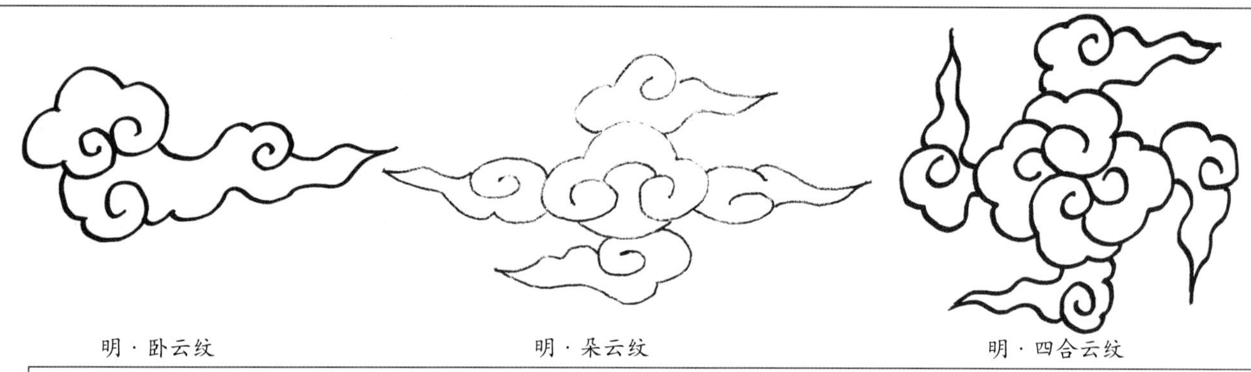

明·卧云纹　　明·朵云纹　　明·四合云纹

明·流云纹

明·四合如意云纹

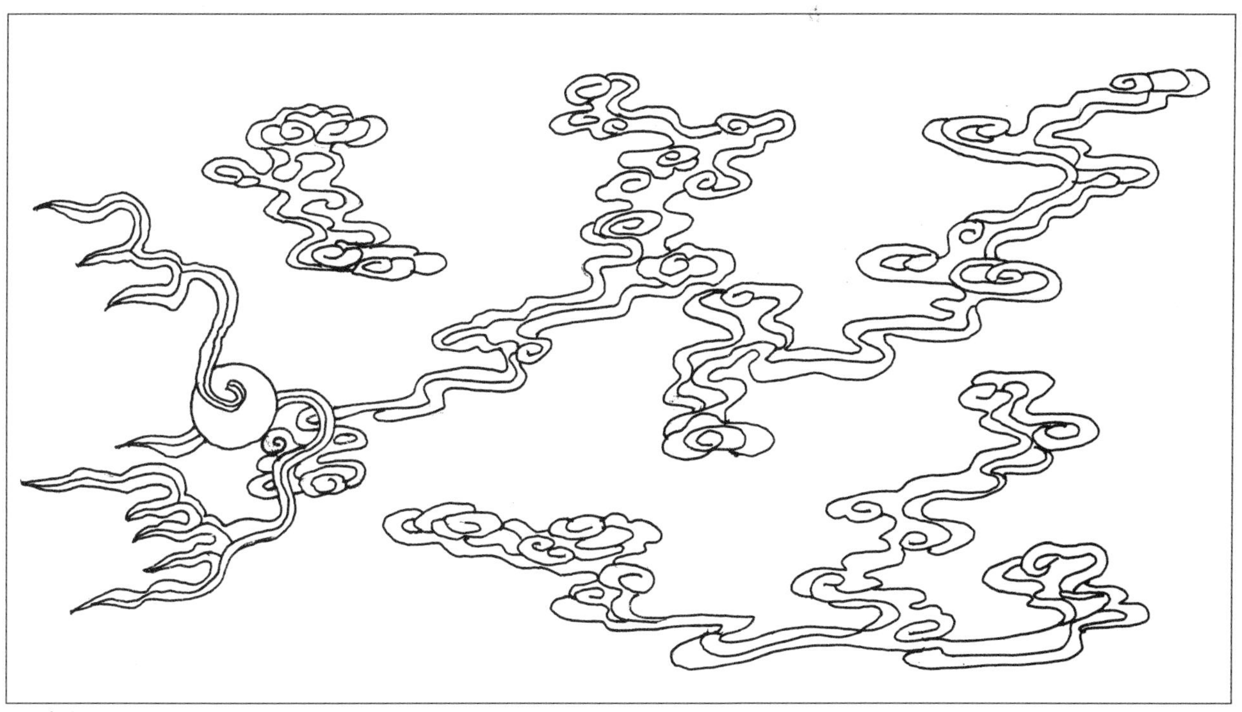
清雍正 · 流云纹

清康熙 · 流云纹

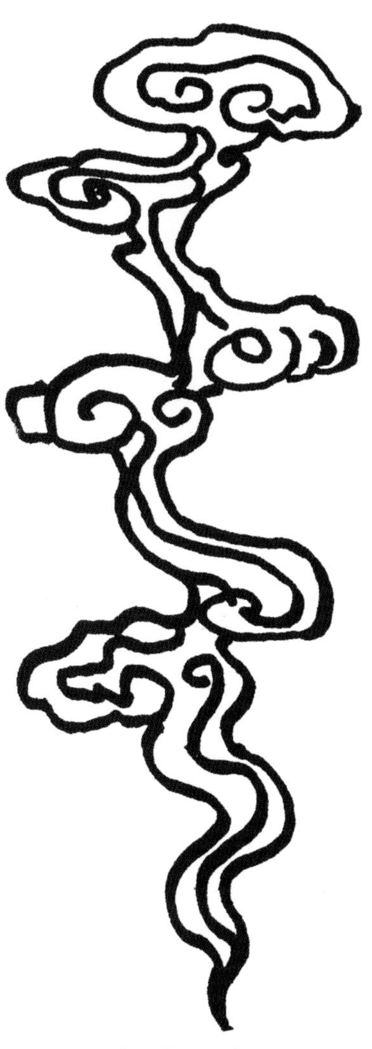
清乾隆 · 灵芝云纹

清乾隆 · 流云纹

花卉纹

花卉纹在较大的插屏、挂屏及座屏上使用较多，在实用家具上则多用于边缘装饰，并大多用在漆家具上。常见的花卉有牡丹、荷花和灵芝等。

牡丹纹与荷花纹

牡丹纹有折枝牡丹和缠枝牡丹两类。折枝牡丹常被雕绘在柜门或背板上；缠枝牡丹则常用以装饰边框。装饰手法多用螺钿镶嵌或金漆彩绘。宋代周敦颐《爱莲说》载："牡丹，花富之贵者也。"后人多以牡丹花象征富贵。

荷花纹，荷花又名莲花，是中国传统花卉。佛教常以莲花为标志，代表"净土"，象征"纯洁"，寓意"吉祥"。民间常寓荷花为"君子"，宋代周敦颐《爱莲说》谓"莲，花之君子者也"，赞誉莲花出淤泥而不染的品质。荷花纹装饰也大多被用在屏风类家具上，常以碧玉饰荷叶，青玉、白玉饰荷花，形成色彩艳丽、形象逼真的立体图画。清宫内收藏的红雕漆嵌玉石荷花屏风、宝座即是最好的实例。屏风分三扇，坐落在红雕漆须弥座上。屏风四框饰剔红缠枝莲纹，中扇稍高，两侧稍低，上端装屏帽。剔红云龙纹图案，分三块，用榫连接。屏风中心以米黄色漆为地，用白玉、碧玉、螺钿和染牙嵌成荷花、荷叶、红蓼及水禽等图案，色彩艳丽。宝座的装饰主要在背板及扶手上，做法与屏风相同，没有不协调和不融洽的感觉。硬木家具雕刻的荷花以北京故宫博物院收藏的紫檀雕荷花宝座最为典型。其靠背扶手呈七扇屏风式，搭脑处稍向后倾，座面方中带圆，故扶手与靠背的转角处亦为圆角。面下带束腰，托腮、鼓腿膨牙、内翻马蹄，足下带托泥。除座面和束腰外，通体雕刻荷花，密不露地。靠背搭脑雕一后卷的荷叶，其余或正面或反面浮雕荷叶及莲花。雕刻章法清楚，一花一叶都可寻根探源，更使图案收到自然、优美的效果。

▲清 · 荷花纹

▲明 · 牡丹纹

▲明 · 黄花梨透雕莲花螭纹曲屏

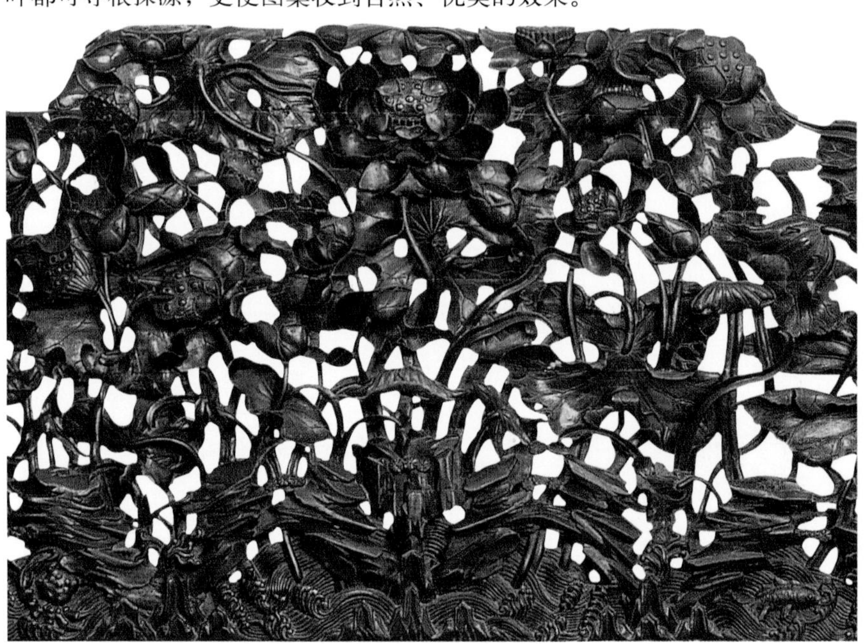

▲清 · 紫檀透雕荷花纹床靠板

红漆描金团花纹

莲花纹

清·浮雕荷花纹隔扇

●尺　寸：270厘米×57厘米

松竹梅纹

松，能顶风傲雪，四季常青，被誉为长寿的象征。松与梅、竹合称“岁寒三友”，在装饰花纹中常组合使用。

竹，不刚不柔，滋生易，成长快，古人用以寓子孙众多。竹历寒冬而枝叶不凋，故“岁寒三友”中，竹居其一。

梅花，“岁寒三友”之一。梅能于老干上发新枝，又能凌寒开花，故古人用以象征不老不衰。梅瓣为五，民间又藉其表示五福，世俗谓五福为“福、禄、寿、禧、财”。明清以来，梅花纹样是最流行和最为大众所喜闻乐见的传统纹样。

折枝花卉，大多装饰在柜门镶板、柜子两山的镶板上，或雕刻，或镶嵌，或彩绘，各种手法均有。常见的折枝花卉有梅花、桃花、海棠花、石榴花和桂花等；松、竹、梧桐则多为整株树形，很少有折枝状。

松竹梅纹

梅花纹

清中期·红木浮雕折枝花卉多宝格（一对）

●尺　寸：85 厘米 × 36 厘米 × 169 厘米

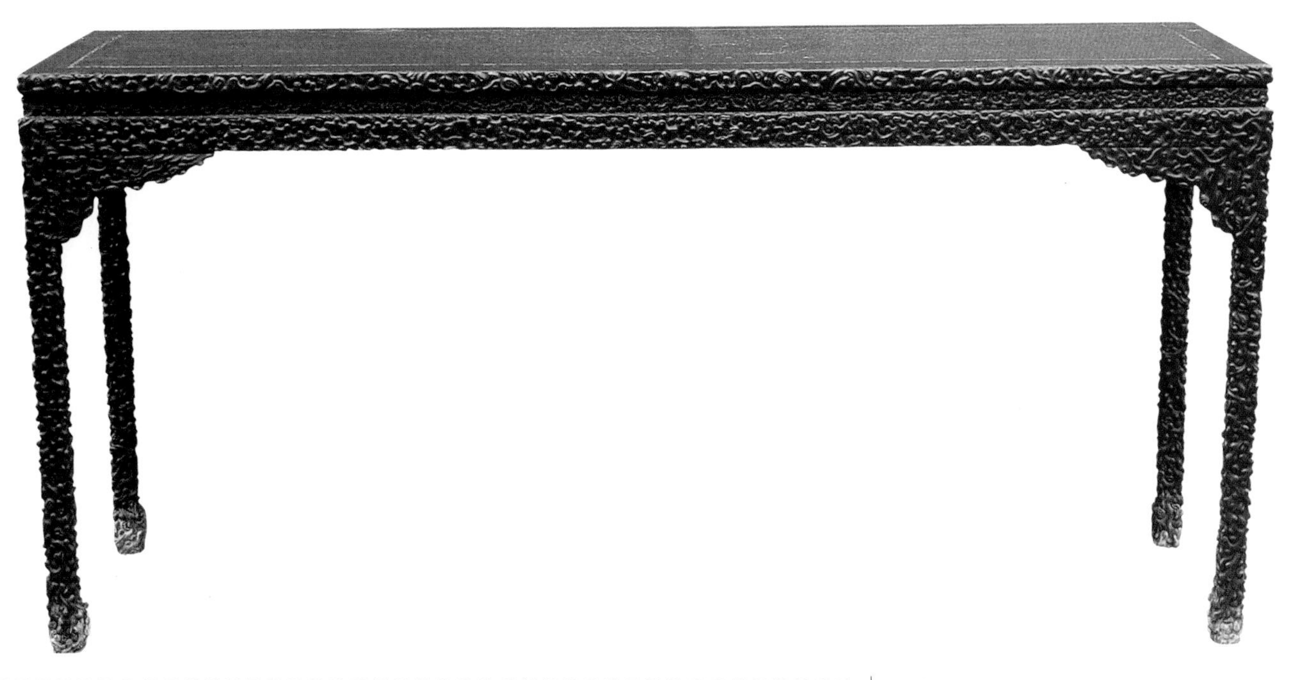

清·红木漆面雕梅花画案

●尺　　寸：179 厘米 × 65 厘米 × 84 厘米

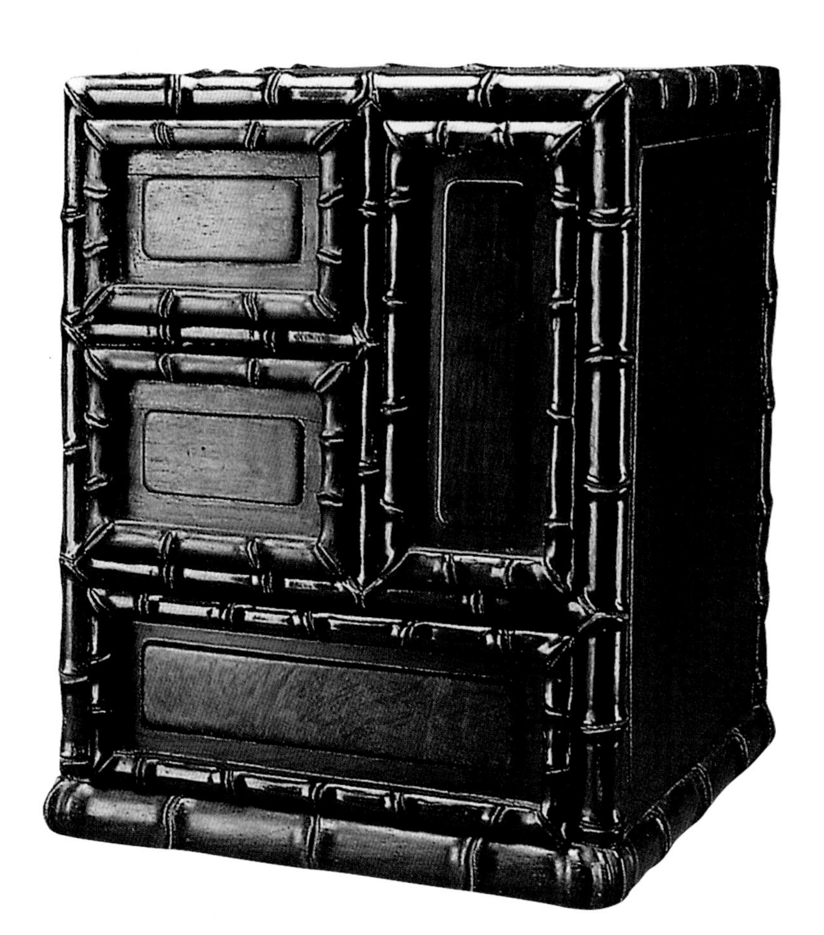

清·红木竹节文具箱

●尺　　寸：27 厘米 × 25 厘米 × 32 厘米

●**鉴赏要点**：此文具箱为仿竹节造型，上有四个抽屉，配影木，整体造型精巧可爱，包浆亮丽。

家具纹饰的发展演化（一）

家具大多是人类的生活实用品，其装饰纹样是随着器物的使用情况和人们的审美要求不断发展的，不但反映了当时的生活需要和观念意识，而且是当时最通俗易懂、最普及的审美对象。但是中国历史久远，原始人的生存条件与理念、奴隶社会器物的种类与用途、封建社会不同阶层的享用和审美情趣等，并不都被现代人所理解和认识。因此，前代最普及易懂的事物，却需后人经过考证才能明确，生活上实用器物的纹样也是如此。原始社会的物质生活和文化理念大都与彩陶、玉器及其纹饰密切相关。中国地域辽阔，原始文化的发源地遍布南北，红山文化的勾龙、仰韶文化的彩陶、河姆渡文化的骨雕以及良渚文化的玉器，都创造了多种纹样语言。在图案组织方面，单独纹样、适合纹样及连续纹样都有所出现，特别是二方连续更是丰富多彩，既体现了主客观的结合、现实与理想的统一，也体现了人类的基本审美观念：图腾崇拜、宗教信仰、符号涵意以及写实到抽象的升华。

西番莲纹

明末清初之际，海上交通发达，西方传教士大量来华，传播了一些先进的科学技术。由于中国与西方的文化往来频繁，西方的建筑、雕刻和装饰艺术逐渐为中国所应用。清雍正、乾隆及嘉庆时期，出现了模仿西式建筑及室内装饰的风气。最典型的是北京西郊长春园中的远瀛观，从建筑形式到室内装修无一不是西洋风格。为充实和布置这些西洋式殿堂，中国工匠曾经做过一些用西洋花纹装饰的家具，这样，在清代家具中，除主要用传统纹饰外，用西洋纹饰装饰的家具亦占有一定的比重。这种西洋花纹在西方称为“巴洛克”或“罗可可”，因为这种花纹首先出

清 · 紫檀西番莲纹扶手椅靠背板

清 · 紫檀浮雕花卉纹书柜（两件）

- **尺　　寸**：109 厘米 × 42 厘米 178.5 厘米
- **鉴赏要点**：这两件书柜为方角柜，六件，合页柜门，与顶箱立柜式有别。该柜以紫檀制作，柜门统一浅浮雕拐子纹地朵花纹饰，设计繁复，刀法绵密，有拙朴之风，与紫褐的深沉宁静相得而益彰，古韵冉冉而生发。

清 · 紫檀雕西番莲纹方桌

- **尺　　寸**：83 厘米 × 83 厘米 × 84 厘米
- **鉴赏要点**：桌腿粗壮，外翻马蹄足，除肩部兽面外，其余部分采用西番莲纹装饰。此装饰纹样在紫檀家具中非常流行，也是受西洋文化影响的产物，多见于康乾时期的清式风格家具中。

现在法国路易十五时代，所以又称为“路易十五样式”。这种风格样式对当时的德国和东方各国(主要是中国)的装饰艺术产生过极大的影响。对这种西洋纹饰，中国统称为“西番莲”。西番莲本为西洋传入的一种花卉，匍地而生。花朵如中国的牡丹，有人称“西洋莲”，又有人称“西洋菊”。花色淡雅，自春至秋相继不绝，春间将藤压地，自生根，隔年凿断分栽。根据这些特点，多以其形态作缠枝花纹，又极适合做边缘装饰。

家具纹饰的发展演化（二）

夏商的青铜器纹饰表现着人与天的关系，以动物纹为媒介，祈求将人的意愿与天沟通，运用形式感以达到某些心理效应。周代的纹饰承袭商代，而趋向简练。周的礼制思想也体现在纹饰的韵律美、节奏美和秩序美，以及艺术的严整性上。青铜器造型作用于人的感官是形式因素，而纹饰则表现了神话与现实交织的具体形象，是形成青铜器精神内容的重要因素。春秋战国家具由祭、礼，逐步转向实用，纹饰除了传统的鸟兽纹、抽象的几何纹外，还出现了以贵族生活为题材的镶嵌或刻纹的绘画性质的图像，表现了宴乐、歌舞、采桑、渔猎及战争等内容。

▲清·黄花梨西番莲纹扶手椅

西番莲纹

清·罗可可花纹

清中期·西番莲纹

清·巴洛克花纹

家具纹饰的发展演化（三）

秦汉纹饰在继承传统的基础上有所发展，但仍以动物纹样为主流。汉代纹饰质朴无华，具有动感，构图紧凑，富浓厚的装饰意味，拙中见巧，简中有繁。此时谶纬神学泛滥，阴阳符瑞流行，厚葬成风，这些在画像石、画像砖、壁画、帛画及染织上都有所反映。当时国力强盛，经济发展迅速，中外交流频繁，与其他国家的文化艺术相互影响。魏晋南北朝，外来宗教艺术的影响加大，佛教、祆教等宗教沿着丝绸之路传入中国。克孜尔石窟佛教故事菱形图案的组合，动物纹饰的装饰意匠，代表了龟兹艺术的最高水平。宋陆探微的“秀骨清像”，梁张僧繇的“张家样”，齐曹仲达的“曹衣出水”，也影响到造像和纹饰，青州造像上翔龙与嘉莲的雕饰，清秀典雅，是南北艺术交融的成果。

灵芝纹与缠枝纹

灵芝本来是一种名贵药材，由于数量稀少，得之不易，被视为仙草，人们把见到灵芝视为祥瑞的征兆，传说服之能长寿，还能起死回生，有不死药之称。历代小说也把灵芝与神话故事联系在一起，更增加了灵芝的神秘色彩。史书对灵芝的描绘也很多，但大都带有神奇色彩，《孝经·授神契》说：“王者德至草木则芝草生。”《白虎通》中也称：“王者德至山则芝实茂。”藉此，历代统治者都以得到灵芝为荣，借以标榜自己圣明贤德。北京故宫博物院收藏着一对紫檀雕灵芝纹画案，面长171厘米，宽74.4厘米，高84厘米。画案模仿炕几造型，面下带束腰，鼓腿膨牙，但与一般鼓腿膨牙不同，四腿自拱肩处不是向四角方向而是向两侧张出后又向内兜转，足间有横木承托，横木中间有向上翻起的灵芝纹云头。此案除案面外通体浮雕灵芝纹，大小相同，随意生发，属满布式，无衬地，雕刻的灵芝丰腴圆润，造型及装饰手法都有独到之处。

缠枝纹，又名“万寿藤”，传统吉祥纹样，寓意吉庆。因其结构连绵不断，故又具“生生不息”之意。是以一种藤蔓卷草经提炼概括变化而成的图案，纹样委婉多姿、富有动感。这种纹饰起源于汉代，盛行于南北朝、隋唐、宋元和明清。缠枝纹以牡丹组成的称“缠枝牡丹”，以番莲组成的称“缠枝莲”。此外还有“缠枝葡萄”等。

清末·红木雕灵芝纹

清·红木双面雕灵芝花板

缠枝牡丹（一）

缠枝牡丹（二）

山水风景纹

山水风景纹常被装饰在屏风、柜门、柜身两侧及箱面、桌案面等面积较大的看面上。一般情况下施彩漆或软螺钿镶嵌，使用最多的是硬木雕刻。图案多取自历代名人画稿，画面中刻画亭台楼榭、树石花卉，由近及远，层次分明。陈设在室内，非常富于典雅清新的意趣。

▲清·漆嵌螺钿山水纹插牌

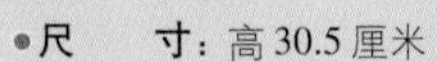

•尺　寸：高30.5厘米

▲清·山水风景纹挂屏

▲清·山水人物纹

▲清·描金漆山水风景纹

▲明·黄花梨浮雕山水人物纹

●**鉴赏要点**：作品雕刻三仙出游于空山幽谷之中，内有古松、怪石及险桥，构图奇峻，造景新颖，形神之间传递着宋元山水画的笔意。

几何纹

几何纹以圆形、弧形和方折形线条为主，对称性强，既可看出单组纹饰，又能一组组连接起来，逐渐扩充为整体纹饰，动感性强，变幻无穷。家具上最常见的纹饰为锦纹、几何纹或万字纹等。

锦纹

锦纹，泛指极富规律性的连续图案。通常以多组相同的单元图案连接，或以一组图案为中心，向上下、左右有规律的延伸，组成绚丽多彩的锦纹。多用于主体图案的底纹或陪衬。在漆器家具上使用较多。北京故宫博物院收藏着一对清代康熙年间制造的黑漆嵌螺钿书格，是迄今所见装饰锦纹最多的实物。书格为楠木胎，通体黑漆地，以五彩螺钿和金银片托嵌成各种花纹，其中包括山水人物8种，花果草虫22种，图案锦纹36种，共计66种，大小图案共计137块。在二层屉下穿带上刻“大清康熙癸丑年制”楷书款。

这对书格的精美主要表现在以下几个方面。首先是做工精细。在不到一寸见方的面积上做出十几个单位的锦纹图案，镶嵌花纹非常规矩。从剥落处看出螺钿和金银片的厚度比常见的新闻纸还薄，显示出镶嵌艺人们高超的技艺水平。其次是装饰花纹优美，各种山水、人物、树石及花鸟草虫等形象生动。再次是装饰花纹丰富多彩，不同花样的锦纹就有36种之多，其中有20多种是其他工艺品中从来没有见过的。此外，色彩调配恰到好处，镶嵌的花朵色彩变化无穷。如从正面看是粉红色的，从侧面看是淡绿色的，从另一角度看又变成白色的了，说明镶嵌艺人们在处理蚌壳的自然色彩时，是十分精心的。

▲清·万不断锦纹

▲清·万不断锦纹

清·万字枣花锦纹

清·枣花万字锦纹

清·虎爪锦纹

回纹与万字纹

回纹即“回”字形纹饰，形态是以一点为中心，用方角向外环绕形成的图案。清代家具四脚常用回纹装饰，也有的以连续回纹做边缘装饰，称为“回回锦”，具有整齐划一而画面丰富的效果。

万字纹即“卍”字形纹饰，纹饰写成“卍”。“卍”字为古代一种符咒，用作护身符或宗教标志，常被认为是太阳或火的象征。“卍”字在梵文中意为“吉祥之所集”，佛教认为它是释迦牟尼胸部所现的瑞相，有吉祥、万福和万寿之意，唐代武则天长寿二年(693)采用为汉字，读作“万”。用“卍”字四端向外延伸，又可演化成各种锦纹，这种连锁花纹常用来寓意绵长不断和万福万寿不断头之意，也叫“万寿锦”。

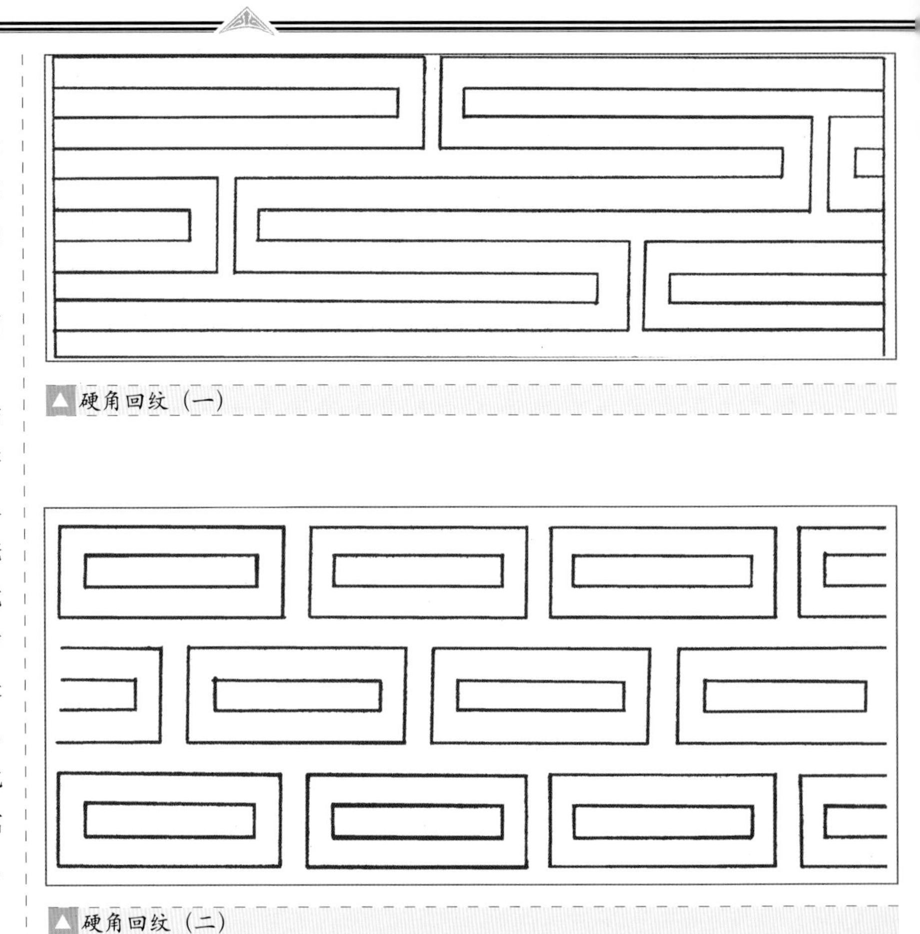

硬角回纹（一）

硬角回纹（二）

硬角回纹（三）

万字纹（一）

浅谈古典家具的价值取向

中国收藏市场上惟古典家具只涨不跌，一枝独秀，在家具调剂市场和拍卖会中都十分红火。不仅因为它自身独特的艺术价值和实用价值，也因它在国际艺术品拍卖市场中行情看好。除了紫檀、黄花梨或老红木等名贵古典家具价格仍然坚挺外，清代的榉木家具、楠木家具和黑漆描金家具也涨了好几倍。中国古典家具不断在国际市场掀起滚滚热潮，明式家具精品动辄数百万美元的身价。2012年秋，一批来自北美藏家的中国古典家具在香港佳士得亮相，一件清中期的黄花梨平头案估价240万～400万港币，最后以422万元港币成交。2012年中国嘉德国际拍卖有限公司在香港拍出一件明末清初黄花梨独板大翘头案以3220万元成交。在海外市场热浪冲击下，国内的明清古典家具收藏也一样火热。中国嘉德国际拍卖有限公司2012年秋的家具拍卖成交额为人民币1.7亿元。

万字纹（二）

博古纹

博古纹起源于北宋大观(1107～1110)时期。宋徽宗命王黼等编绘宣和殿所藏古器，名曰《宣和博古图》，计30卷。后人取该图中的纹样做家具装饰，遂名“博古”。有的在器物口上添加各种花卉，作为点缀。尤其是进入清代后，博古纹在家具上被使用较多，有清雅高洁的寓意。

▲清·紫檀浮雕博古纹案屏风

▼清早期·大漆五彩博古大柜（一对）

●尺　　寸：130厘米×56厘米×202厘米

●鉴赏要点：此柜在黑漆地上，用五彩描绘出博古花卉图案，柜膛绘山水人物，下部牙子透雕卷云、松枝及花卉。此柜构图完美，用色大胆，人物花卉栩栩如生，可见其工艺精湛。

明·黄花梨镶黄杨木浮雕博古纹案屏

●**鉴赏要点**：黄花梨木制。画面镶黄杨木香炉、插屏及洞山石，香炉及屏身饰螭纹，瓶内插灵芝、羽毛。浑朴典雅，古趣流溢于画外。

博古纹

神话故事纹

明清家具中有根据神话传说演化而来的纹饰，多为海屋添筹、五岳真形图、河马负图、八仙过海及八宝等内容，它们多寓人们美好的愿望。

海屋添筹纹

海屋添筹，画面中绘波涛汹涌的大海，海中有仙山楼阁，楼阁中陈设宝瓶，内插筹码，空中有飞翔的仙鹤，鹤口中衔筹，欲往瓶内添筹。仙山周围散布着若干小岛，点缀着苍松翠柏，仙境气氛浓郁。这个故事见于宋代苏轼《东坡志林》，传说有三个老人相遇，互相询问年岁，一人曰：吾年不可记，但忆少年时与盘古有旧。一人曰：海水变桑田，吾辄下一筹，尔来吾筹已经装满了10间屋。一人曰：吾所食蟠桃，弃其核于昆仑山下。今已与昆仑山齐矣。后来，人们常在祝寿礼物上装饰“海屋添筹”图案。

清 · 海屋添筹纹

紫檀雕暗八仙纹

清 · 八宝纹

清 · 海屋添筹纹

清 · 海屋添筹纹

五岳真形图与河马负图纹

五岳真形图，即用五个符号分别代表五座大山。据《藏经》记载：“五岳之神，分掌世间人物，各有所属。如：泰山乃天地之孙，群灵之府，为五岳祖，主掌人间生死贵贱修短。衡岳主掌星象、分野、水族鱼龙。嵩岳主掌土地山川，牛羊食啗。华岳主掌金银铜铁，飞走蠢动。恒岳主掌江河淮济，四足负荷等事。”《抱朴子》曰：“修道之士，栖隐山谷，须得五岳真形图以佩之，则山中魑魅虎虫，一切妖毒皆莫能近。汉武元丰三年七月七日受之西王母，流布人间。后太初年中，李充自称冯翊人，三百岁。荷草器，负图遨游。武帝见之，封负图先生。故世人能佩此图渡江海，入山谷，夜行郊野，偶宿凶房，一切邪魔魑魅魍魉水怪山精，悉皆隐遁，不敢加害。居家供奉，横恶不起，祯祥永集云。故此图不独用为佩轴，家居裱成画图，安奉亦可。”以上已把五岳真形图的用意讲得很明白，雕刻此图的目的是为了驱魔避邪，以求得居家安乐，永保祯祥。

河马负图，浮雕河马，马背上有河图的纹饰。这种纹饰，即称“河马负图”或“海马献图”。马与龙有时一而二，二而一。《周礼·夏官人》说：“马，八尺以上为龙，七尺以上为騋，六尺以上为马。”因而凡马之大者。亦可称“龙”，或“龙马”。《礼记》曰：“圣人用民必从，天不爱其道，不藏其宝，故河出马图。”注曰：“龙马负图也。”孔安国《尚书·大传》曰：“王者有仁德，则龙马见。伏羲之世，龙马出河。遂则其文以画八卦，谓之河图也。”河马负图历代都被视为祥瑞的象征。

清·五岳真形图

清·五岳真形图

清·河马负图纹

八宝纹与八仙纹

八宝纹，八宝又名八吉祥。由法螺、法轮、宝伞、白盖、莲花、宝瓶、金鱼及盘肠组成。八宝木是佛教中的八种法器，各具不同涵义。据《雍和宫法物说明册》介绍：法螺，具菩萨果妙音吉祥；法轮，大法圆转万劫不息；宝伞，张弛自如曲覆众生；白盖，偏覆三千净一切之药；莲花，出五浊世无所染着；宝瓶，福智圆满具完无漏；金鱼，坚固活泼解脱坏劫；盘肠，回环贯彻一切通明。八种宝物又被人们奉为八种吉祥物，用作装饰称为“八宝生辉”。

八仙，即人们熟知的道教八位仙人的总称。装饰图案常隐去人物，只雕出八仙每人手中之物，俗称“暗八仙”。暗八仙图案分别为汉钟离的宝扇、吕洞宾的宝剑、张果老的鱼鼓、曹国舅的玉版、铁拐李的葫芦、韩湘子的紫箫、蓝采和的花篮及何仙姑的荷花。明清两代，八仙的故事流传极广，纹饰也为人们喜闻乐见，常用以装饰家具，寓长寿之意。

清 · 暗八仙纹

清 · 暗八仙纹

清 · 暗八仙纹

清·八宝纹

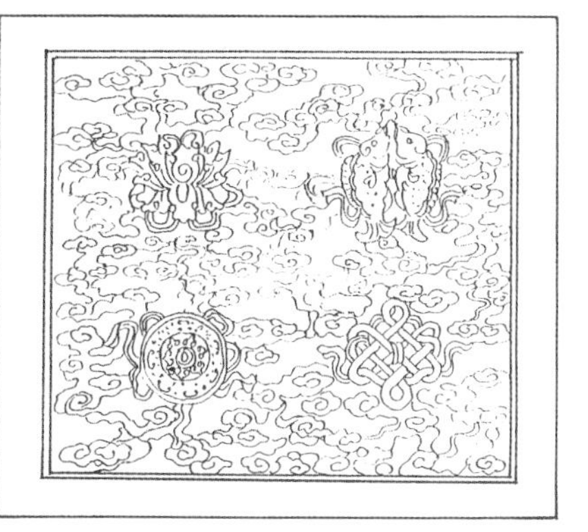

清·八宝纹

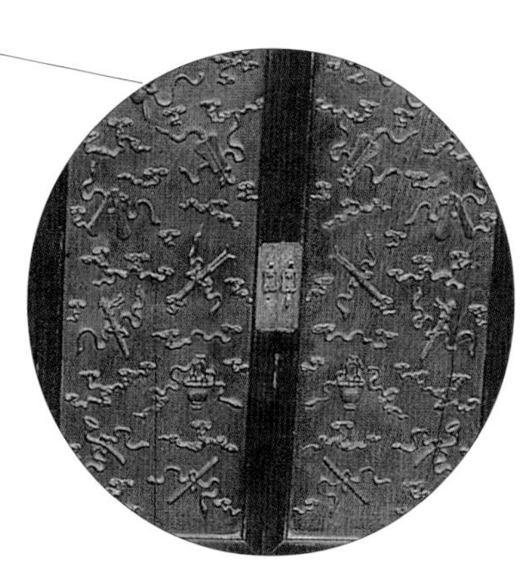

清乾隆·紫檀雕暗八仙小柜

●尺　　寸：86 厘米 × 58 厘米

宋代家具

宋代，是中国家具史上空前发展的时期，也是家具空前普及的时期。宋代家具品种有床、榻、桌、案、凳、箱、柜、衣架、巾架、盆架、屏风、镜台和凭几等。还出现了专用家具，如琴桌、棋桌和宴桌等。家具形式也多种多样，燕几的发明就曾轰动一时。当时的士宦大家为装饰屋宇，竞相仿造。燕几由七件组成，有一定的比例规格。它的特点是可以随意组合，可聚可散，可长可短，纵横离合，变化多端。宋代家具在制作上开始使用束腰、马蹄、蚂蚱腿、云兴足和莲花托等各种装饰形式；同时使用了牙板、罗锅枨、矮佬、霸王枨、托泥、茶盅脚和收分等各式结构部件，但和明式家具相比还较差些。宋代，中国已基本完成了起居方式的转变，供垂足坐的高形家具已占绝对主导地位。在宫廷里，统治阶级不惜工本制作了一批高级家具。如宋代帝后像中的各式椅子，从形象看，用料都较粗壮，装饰也很华丽，但仍不能算是完美的家具。河北巨鹿出土的宋代桌子和椅子，则是较为完美的代表作品，体现出了宋代家具艺术的制作水平。

吉祥图案纹

晚清家具装饰花纹多以各种物品名称的谐音拼凑成吉祥语，凡属这类纹饰，多数为清代中晚期作品。如：蝙蝠纹，一种传统寓意纹样。蝙蝠非鸟，非鼠，而是一种能够飞翔的哺乳动物，属动物学中的翼手目。

在中国传统的装饰艺术中，蝙蝠的形象被当作幸福的象征。传统习俗常以“蝠”谐音比喻为“福”，并把蝙蝠的飞临寓意为“进福”，希望幸福会像蝙蝠那样自天而降。五蝠捧寿，通常所言的五福分别为：一曰寿，二曰富，三曰康宁，四曰修好德，五曰考终命，其纹饰常为五只蝙蝠围着一个团“寿”字，寓意“五福捧寿”。宝瓶内插如意，名曰“平安如意”；佛手、寿桃、石榴组合，名曰“多福、多寿、多子”；满架葡萄或满架葫芦寓为“子孙万代”；一支戟上挂玉磬，玉磬下挂双鱼，名曰“吉庆有余”；喜鹊和梅花组合，寓意“喜上眉梢”；把灵芝、水仙、竹笋及寿桃组合，名曰“灵仙祝寿”……不胜枚举。

明·漆嵌百宝鹤鹿同春纹

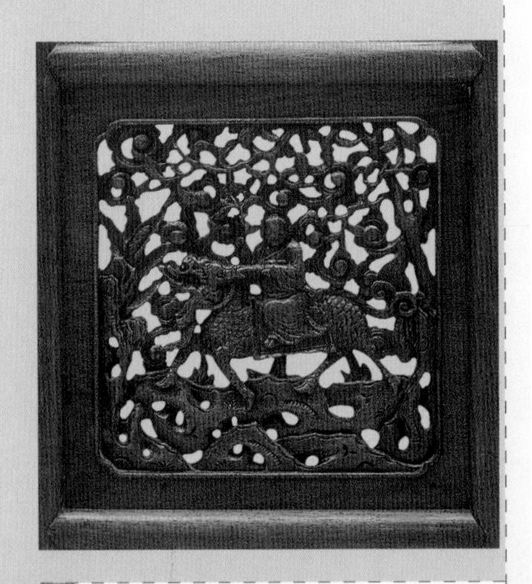

清·“麒麟送子”纹

清乾隆·百宝嵌岁朝吉祥纹

明·漆嵌百宝鹤鹿同春插屏

清中期·紫檀福寿椅（一对）

●尺　寸：高 107 厘米

清·"麒麟送子"纹

清·"教子升天"纹

▲寿字纹

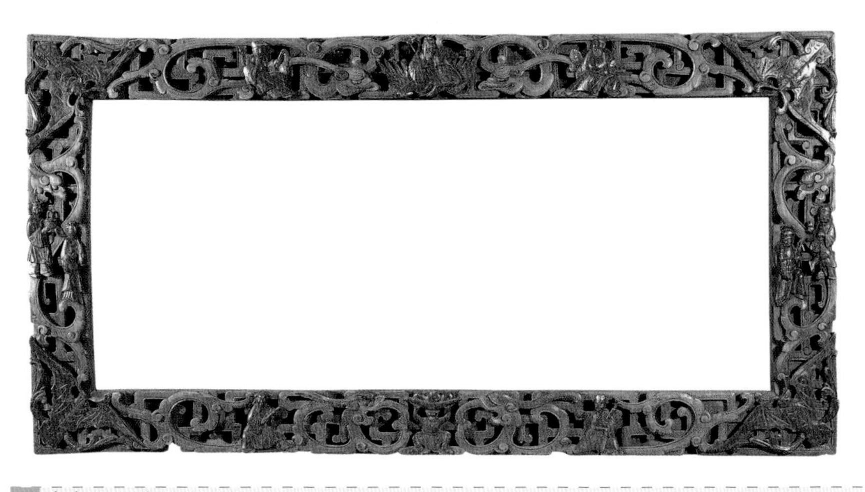

▲清中期·蝙蝠纹画框

▲蝙蝠纹

▲寿字如意纹

▲透雕寿字纹

工艺精湛的宁式家具

宁式家具是明清家具的重要组成部分。宁式家具在装饰技法、装饰题材上自成一体，洋溢着浓郁的地方风格。明清时代是宁式家具装饰发展的成熟时期，其原因有三。一、随着海禁开放，宁波海外贸易兴盛，大量硬木从南洋进口，奠定了宁式家具发展的物质基础。硬木质地细腻，纹理自然质朴，在一定程度上能满足城市文人学士的精神需求与复合。二、城市商品经济的发展，使讲究家具陈设形成风尚。三、浙东一带能工巧匠辈出，木作技艺精湛。同时，被礼制法规所抑制的人性欲求和道德礼性约束下的自然情感在硬木家具自由、充满生气的纹饰世界里得到了宣泄、释放。明清时代宁式家具装饰技法的发展以清道光为界，分为前后两个阶段。道光以前以朱金木雕装饰为主，即雕刻和髹漆相结合；道光后以骨木镶嵌装饰为主，集雕刻、镶嵌于一身。从装饰题材上看，道光前以临摹当时画家作品的“丹青体”为主；道光后以民间艺人设计的民间装饰性绘画“古体”纹样为主。两种装饰各具特色。

清乾隆·紫檀框百宝嵌岁朝吉祥挂屏

●尺　　寸：高 109 厘米

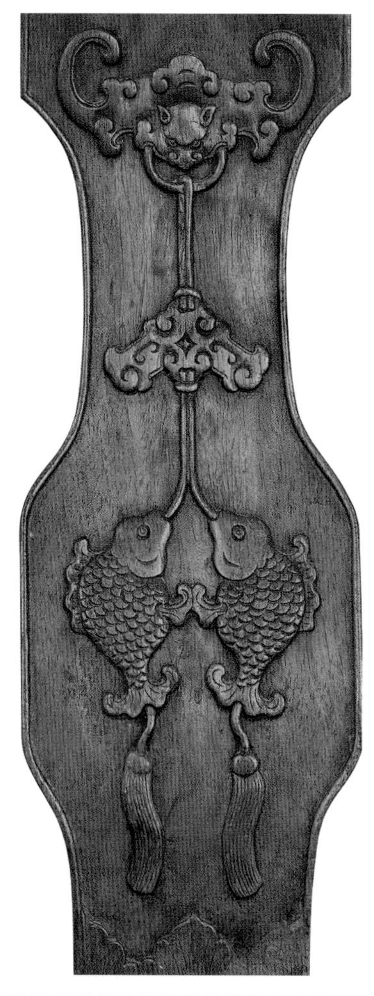

清·黄花梨浮雕官帽椅吉祥纹靠背板

●鉴赏要点：板雕蝙蝠、玉磬及双鱼图案，寓意“福庆有余”。其最突出的特点是在它上方极大限度地展现了曲线美。视其整体布局，既考虑了靠背板的坚实耐用，又兼顾了纹饰内容的美观。

清晚期·“福庆有余”纹

鉴藏指南

明式家具的雕刻技法

精美的雕刻是明式家具中主要的装饰手法，其技法包括圆雕、浮雕、透雕及半浮雕半透雕等。圆雕，多用在家具的搭脑上。浮雕，有高浅之分，高浮雕纹面凸起，多层交叠；浅浮雕以刀代笔，如同线描。透雕，是把图案以外的部分剔除镂空，造成虚实相间、玲珑剔透的美感，它有一面雕和两面雕之别。两面雕在平面上追求类似于圆雕的效果。透雕多用于隔扇、屏风、架子床、衣架及镜台上。半浮雕半透雕，主要用在桌案的牙板与牙头上，展示出一种扑朔迷离的美感。

清·花梨木雕草龙小榻

古典家具所用木材多产自热带，可分为硬木和非硬木两类。紫檀木、黄花梨、花梨木、鸡翅木、铁梨木、红木和乌木等生长期长、分量重的木料，属硬木；而楠木、榉木、樟木、黄杨木、榆木和松木等为非硬木。紫檀木、黄花梨、鸡翅木和铁梨木家具多为明和清前期的，清中期以后，这四种硬木逐渐稀缺，代之以红木和新黄花梨。但因受社会环境、生活习惯及材料来源等影响，明清两代家具所用木材还是各有侧重，如明式家具曾普遍应用了鸡翅木、乌木、铁梨（又名铁力）木或黄花梨等优质木材。这其中，黄花梨的使用又是最为普遍的。黄花梨纹理自然、清晰，略带香味，色泽秀润鲜美，质感特别好，用其制成的家具文雅纯美，书卷气十足，明式家具也因此而被视为古典家具中的大雅珍品。紫檀这种名贵的木材，是中国古代做工考究的家具经常使用的木材，从明代一直使用到清代中前期。清中期以后，由于紫檀日渐匮乏，故很少再采用紫擅大料制作家具了。清代中叶以后，由于优质木材的来源日益枯竭，一种从南洋地区进口的新的木材品种——红木开始出现了。红木家具在中国古典家具中出现得最晚，从传世的家具及档案记载看，乾隆以前绝对不可能有红木家具，红木是在紫檀、花梨木基本告罄后，作为替代品由南洋进口的。

古典家具在选料时，通常比较注意木材的纹理。凡纹理清晰、美观的“美材”，总是被放在家具的显著部位，并常呈对称状，显得格外隽永耐看。“美材”中有一种长有细密旋转纹理的“影木”，如楠木影、紫檀影等，都是十分难觅的佳品，常被用作高档家具的面心材料。

黄花梨

黄花梨又称“老花梨”，属于豆科蝶形花亚科黄檀属植物，广东一带多称此木为“香枝”，其学名为“海南降香黄檀”。颜色由浅黄到紫赤，色彩鲜美，纹理清晰，有香味。

明代比较考究的家具多用黄花梨制成。黄花梨所具备的这些特点，在制作家具时多被匠师们加以利用和发挥，一般使其通体光素，不加雕饰，从而突出了木质纹理的自然美，给人以文静、柔和的感受。目前市场上流通的所谓“黄花梨”绝大多数为越南花梨、老挝花梨、缅甸花梨或柬埔寨花梨等，其色彩、纹理与古家具中的黄花梨接近，唯丝纹极粗，木质不硬，色彩也不如海南黄花梨鲜艳。通过对木样标本进行比较，在众多花梨品类中，首推海南降香黄檀。据传用其木屑泡水饮用，可治疗高血压病，当地人则称其为“降压木”。海南降香黄檀主要生长在海南岛的西部崇山峻岭间，木质坚重，肌理细腻，色纹并美。而海南东部海拔低，土地肥沃，海南降香黄檀生长较快，其树木质既白且轻，与山谷自生者几无相同之处。

▲降香黄檀（一）

▲降香黄檀（二）

▲降香黄檀（三）

▲明·黄花梨四出头官帽椅

●**尺　　寸**：53厘米×50厘米×93厘米

●**鉴赏要点**：这是官帽椅的基本样式，通体光素，造型隽永大方，结构虽简单，但韵味十足。此椅在当时制作即比通常椅子略矮。古代王公贵胄为家中幼子定做较为矮小的椅子，此当为一例。

明式·黄花梨矮靠背扶手椅

●尺　　寸：56.2 厘米 × 45.5 厘米 × 97.2 厘米

●**鉴赏要点**：搭脑、扶手皆为曲线形，且为烟袋锅式榫卯结构。在搭脑两端的内角处，有随形的角牙。后背板横向组装，系由一块整板锼、雕而成。在绦环内，镂空双螭纹及云纹，下边做成壶门式牙子。座面四角攒边框裁口镶席心，冰盘边沿。面下为壶门式牙子。腿下装步步高赶枨，前枨下卷口素牙板。腿子下端较上部阔出许多，带有明显的侧脚收分。

辨识黄花梨

黄花梨家具木质的辨识困难往往出于三个方面，一是与红木不分，二是与草花梨木不分，三是与新黄花梨木不分。了解黄花梨的特性，对辨识其材质十分重要。比如黄花梨有很强的韧性，不像红木那样脆。木匠在施工中辨识黄花梨和红木十分容易，在刨刃口很薄的情况下，只有黄花梨可以出现类似弹簧外形一样长长的刨花，而红木只出碎如片状的刨屑。以上是辨识黄花梨的初级阶段。判断一件家具是否为黄花梨木质，主要应从造型上入手。黄花梨家具盛行的17世纪、18世纪，造型虽千变万化，但文人化的本质却非常统一。从本质上理解黄金时代的中国明式家具，再加上对黄花梨物理性的了解，辨识黄花梨就会变得十分简单。很长一段时间里，人们对黄花梨家具的认识进入误区，以为明式黄花梨家具大都是明代生产的。而事实上恰恰相反，黄花梨家具生产的黄金时代是清前期至乾隆这100多年间，嘉庆以后就几乎不再生产。

明·黄花梨嵌影木酒桌

●尺　　寸：94 厘米 × 58 厘米 × 83 厘米

●**鉴赏要点**：此桌为黄花梨木制。桌面四面打槽攒边装板，板心为影子木，素牙条、牙头，圆腿直足，两腿之间有两根圆横枨。此桌影子心板美丽大方，是典型的明式家具风格。

明·黄花梨雕双螭纹方台

●尺　　寸：140 厘米 × 48.5 厘米 × 48.5 厘米

明式·黄花梨隔扇（六扇）

●尺　寸：330 厘米 × 336 厘米

●**鉴赏要点**：此隔扇用黄花梨木制成。现有六扇，如此高大的尺寸，实属难得。隔扇常常被左右成对地排列，无论是结构或是所显现的内容，均趋于一致。此隔扇其中五扇，结构完全相同，上有楣板，下有裙板，中部为龙骨架及绦环板。两边腿子直下，亮脚上有壶门式牙子。

清·黄花梨圈椅（一对）

●尺　寸：60 厘米 × 46 厘米 × 102 厘米

●**鉴赏要点**：靠背板分四段，一三层开光，二层透雕卷草龙纹，下锼亮脚。椅圈为不出头式，椅盘下配罗锅枨加矮佬。具有很高的收藏价值。

▲清·黄花梨雕携琴访友图挂屏

●尺　　寸：高 76.3 厘米

◀清·黄花梨方角柜加座

●尺　　寸：87 厘米 × 49 厘米 × 168 厘米

●**鉴赏要点**：此柜为黄花梨木制。柜子外形简洁明快，无雕饰花纹，侧脚收分明显，白铜面叶、合页及拉环衬托出此柜的典雅。下面底座，上部有两只抽屉，抽屉下的绦环板上细雕卷草纹，内翻马蹄。

▼明·黄花梨雕花翘头条案

●尺　　寸：198 厘米 × 43 厘米 × 84.5 厘米

酸枝木

酸枝木有多种，为豆科植物中蝶形花亚科黄檀属植物。在黄檀属植物中，除海南降香黄檀被称为“香枝”（俗称黄花梨）外，其余尽属酸枝类。

酸枝木大体分为三种：黑酸枝、红酸枝和白酸枝。它们的共同特性是在加工过程中发出一股食用醋的味道，由于树种不同，有的味道浓厚，有的则很淡，故名酸枝。酸枝之名在广东一带行用较广，长江以北多称此木为“红木”。严格说来，红木之名既无科学性，也无学术性，它是一些人对各种木材认识不清的情况下形成的笼统名称，属于外行语言。在三种酸枝木中，以黑酸枝木为最好。其颜色由紫红至紫褐或紫黑，木质坚硬，抛光效果好。有的与紫檀木极接近，常被人们误认为是紫檀，唯大多纹理较粗，不难辨认。红酸枝纹理较黑酸枝更为明显，纹理顺直，颜色大多为枣红色。白酸枝颜色较红酸枝颜色要浅得多，色彩接近草花梨，有时极易与草花梨相混淆。

白酸枝

红酸枝

黑酸枝

清式·红木宝座

- 尺　　寸：130厘米×50厘米×90厘米
- 鉴赏要点：攒框式靠背，打槽镶落堂踩鼓板，板心绦线内，雕饰龙纹。搭脑凸起，两侧至扶手呈阶梯状，依次递减。座面前大边缩进呈凹状，面下束腰、牙板，也随之缩进。方腿直下，内翻马蹄。

清晚期·红木三开梳妆盒

- 尺　　寸：40厘米×29厘米×22厘米
- 鉴赏要点：此盒为红木（酸枝木）制。从外形装饰的云蝠纹看，应属清晚期作品。

设计精巧的明式家具

明代家具是在宋元家具的基础上发展成熟的，形成了最有代表性的民族风格——“明式”。明式家具多用花梨木、紫檀木、鸡翅木或铁梨木等硬木，也采用楠木、樟木、胡桃木、榆木及其他硬杂木，其中以黄花梨效果最好。这些硬木色泽柔和、纹理清晰，木质坚硬而又富有弹性。这种材料对家具造型结构、艺术效果有很大的影响。明式家具制作工艺精细合理，全部以精密巧妙的榫卯结合部件，大平板则以攒边方法嵌入边框槽内，坚实牢固。高低宽狭的比例或以适用美观为出发点，或有助于纠正不合礼仪的身姿坐态。装饰以素面为主，局部饰以小面积漆雕或透雕，精美而不繁缛。通体轮廓及装饰部件的轮廓讲求方中有圆、圆中有方及用线的一气贯通而又有小的曲折变化。家具线条雄劲而流畅。家具整体的长、宽和高，整体与局部，局部与局部的比例都非常得当。

▲清式·红木半桌

●尺　寸：92 厘米 × 46 厘米 × 83 厘米

●**鉴赏要点**：半桌也称接桌，通体为红木质地。它的长度比宽度多出一倍，即两个半桌接起来，就是一个正方形的桌子。此桌无束腰，冰盘沿与做出拱肩的横枨相连，状似束腰。四腿直下，内翻回纹马蹄。腿之间有镂空的券形拐子纹花牙。

▼近现代·红木三连台座

●**鉴赏要点**：通体为红木质地，由三座组成一凸字形轮廓。面为边镶板心，沿有拦水线。束腰下洼堂式牙板。腿为方材曲形，下雕如意云纹。三座托泥连成一体，托泥成曲形，与洼堂肚式牙板遥相呼应，托泥下有托台座。

◀清·红木被格

●尺　寸：140 厘米 × 40 厘米 × 42 厘米

●**鉴赏要点**：被格是置于床上用于存放被褥及衣服的家具。其长度大约与床或炕的宽度相等。此柜分上下两层，上层平设抽屉五具，辅以铜质拉环及暗锁。下层两侧镶板，落堂踩鼓。中间四扇小门两折两活。打开柜门即可将活扇门拉向中间或取下。设计巧妙，制作不俗。

紫檀木

紫檀是世界上珍贵的木料品种之一（指优质紫檀），由于数量稀少，见者不多，遂为世人所珍重。据史料记载，紫檀木主要产于南洋群岛的热带地区，其次为东南亚地区。中国广东、广西也产紫檀木，但数量不多，大批材料主要靠进口。

紫檀为常绿亚乔木，高五六丈，叶为复叶，花蝶形，果实有翼，木质甚坚色赤，入水即沉。据《中国树木分类学》介绍："紫檀属豆科植物，约有 15 种，产于中国的有两种，一为紫檀，一为蔷薇木。"按现代植物学界的认识，蔷薇木实际上就是印度所产的大果紫檀木，它与传统意义上的紫檀木差别甚大，人们不会把蔷薇木当作紫檀木。在 15 种紫檀属的木材中，被植物学界公认的紫檀只有一种，即"檀香紫檀"，俗称"小叶檀"，其真正的产地为印度南部，主要在迈索尔邦。其余各类檀木则被归纳在草花梨木类中。蔷薇木只是草花梨当中的一个品种。无论哪一种草花梨，其色彩、纹理及硬度都与传统认识的紫檀木不同，尽管它属于紫檀属的植物，但无法与紫檀木相比。

▲非洲紫檀

▲印度大叶紫檀

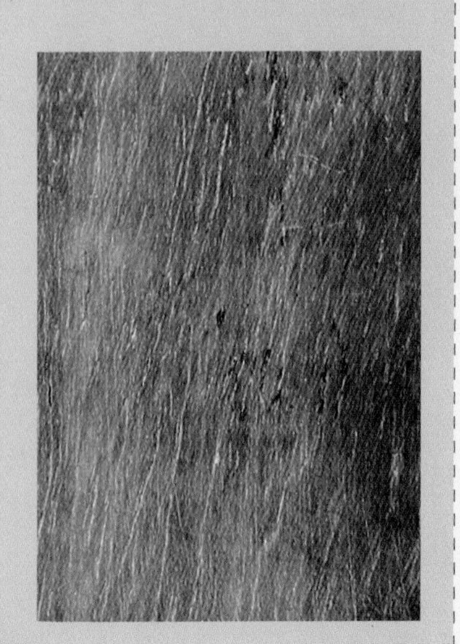

▲安哥拉紫檀

▲清式·紫檀有束腰马蹄足画案

●**尺　　寸**：172.7 厘米 × 67 厘米 × 83.8 厘米

●**鉴赏要点**：光素桌面格角攒框镶板。冰盘沿下束腰有开光。云纹洼堂肚式牙板。腿子上部有一木连作的云纹，状如角牙。方腿内侧起阳线，与牙板交圈，回纹马蹄足。

▲清乾隆·紫檀雕花卉鱼桌

紫檀家具回报丰厚

近几年，紫檀家具因其珍贵和稀少而价格暴涨。1995年在北京京广中心举办的翰海藏品拍卖会上，一件清代紫檀木小方桌底价就在12万元以上。更令人震惊的是一件紫檀条案在海外拍卖价竟高达32.5万美元。紫檀家具经过数百年的沧桑，只有北京故宫博物院、全国部分博物馆和少数收藏家存有。到2000年时，一件清中期的紫檀竹节小桌的市场估价就达到了20万元～30万元。一件清代雍正时期的紫檀书案，在美国的售价为17.5万美元，从中可以看出，国人对于古典家具的兴趣和吸纳力较西方人尚有很大距离。在各种传统收藏品中，如中国书画、陶瓷、文玩等价格高居不下的情况下，紫檀家具仍与国际市场的价格存在着巨大的差额，未来有很大的升值空间，应是颇具潜力的投资项目。即使是新作，由于紫檀木材的昂贵，也仍然有升值的空间。

现代·紫檀隔画小案（清式）

●尺　　寸：98厘米×21.8厘米×79厘米

●**鉴赏要点**：案面为一块独板，四足垂直落地，窄窄的牙条配以精妙的勾云纹牙头，文静且具隽永之美。这种尺寸的小案可放置于悬挂的大幅绘画之前，起到"隔画"的作用，也可用来放置造像、瓷器等陈设。

清末·紫檀雕龙翘头案

●尺　　寸：182厘米×46厘米×84厘米

清乾隆 · 紫檀雕九璧宝盒

●尺　　寸：37.8 厘米 × 33.5 厘米

檀香紫檀

大果紫檀

清 · 紫檀雕云龙长方盒

●尺　　寸：48 厘米 × 28 厘米

清 · 紫檀浮雕长方桌

●尺　　寸：107.5 厘米 × 37 厘米 × 35 厘米

明式 · 紫檀圆包圆罗锅枨画桌

●尺　　寸：125 厘米 × 60 厘米 × 82 厘米

●**鉴赏要点**：画桌用紫檀木制成。长方形光素面，四边以格角榫攒框，框内打槽镶板，混面边沿。四边罗锅枨皆为圆材，绕过圆腿交圈，所谓圆包圆，也称裹腿作。案通体光素、简洁，造型沉稳、大方，尽显明式家具的明快之感。

花梨木

花梨木色彩鲜艳，纹理清晰、美丽。据《博物要览》记载：“花梨产交（即交趾，今越南）广（即广东、广西）溪涧，一名花榈树。叶如梨而无实，木色红紫而肌理细腻，可制作桌、椅、器具、文房诸器。”明代黄省曾《西洋朝贡典录》载：“花梨木有两种，一为花榈木，乔木，产于中国南方各地；一为海南檀，落叶乔木，产于南海诸地。二者均可做高级家具。”书中还指出，海南檀木质比花榈木更坚细，可为雕刻。明《格古要论》说：“花梨木出南番、广东，紫红色，与降真香相似，亦有香。其花有鬼面者可爱，花粗而色淡者低。广人多以做茶酒盏。”

现代植物学研究证明，花梨木并非同一树种，花梨木树种尽归紫檀属树种，而花榈木则属于蝶形花亚科红豆属植物。传统认识中的黄花梨木属于蝶形花亚科黄檀属的植物。紫檀属的各种草花梨主要产于东南亚和中国广东、广西一带。红豆属的花榈木主要产于中国南方各地。黄檀属的降香黄檀（即黄花梨）仅产于中国海南岛，即侯宽昭《广州植物志》所介绍的“海南檀”。海南檀又称海南黄檀，或降香黄檀，为海南岛特产。将三种不同科属不同木质的木材统称为花梨木，显然不科学，理应将它们区分开来。世传花梨木有新、老之分，黄花梨即人们传统认识中的老花梨，木色由浅黄至紫赤，色彩亮丽，纹理清晰，有香味。明代比较考究的家具多为老花梨木制成。新花梨泛指各类草花梨，木色赤黄，纹理及色彩都较老花梨差得多。黄花梨为黄檀属，草花梨为紫檀属，将两者混为一谈，显然是不妥当的。

▲草花梨

▲越南花梨

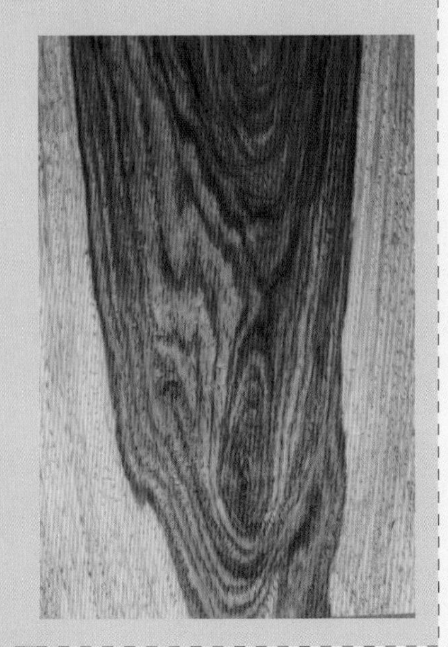

▲越南花梨（带皮）

▲清·花梨木雕草龙小榻

●尺　寸：163厘米×95厘米×103厘米

●**鉴赏要点**：此榻以花梨木制作，形制甚为特别，鼓腿膨牙，高束腰。特别之处为：床面上无任何榫眼，围子为落地式，呈两面围状。围子上部满透雕卷草龙纹，颇具明代遗风。

清·花梨木百宝嵌长方盒

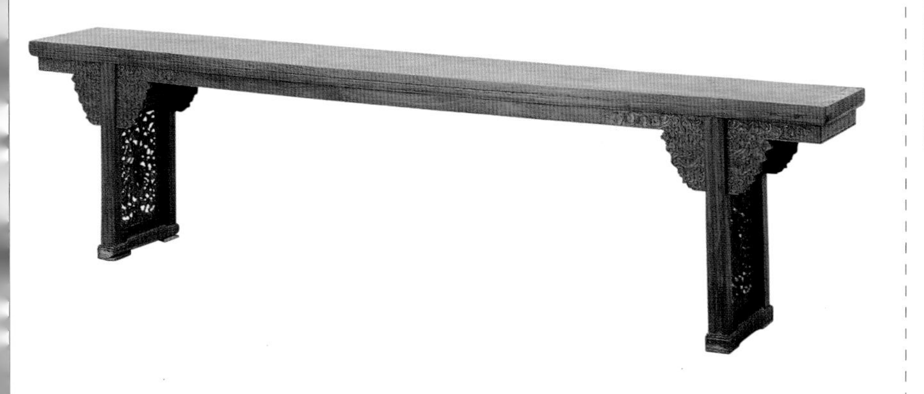

明·花梨木云龙纹长案

- **尺　　寸**：359厘米×48厘米×89.5厘米
- **鉴赏要点**：此长案面平直狭长，腿与案面以夹头榫相接。直牙条，两端雕出云形牙头，上雕云龙纹。两侧腿间安横枨，镶嵌两块环板，上层雕云纹开光，下层透雕云龙纹，方直腿，腿中间起皮条线，足下承托泥。此案体型硕大，雕工精美，为一件难得的大器。

古典家具的价值

专家认为，一件古典家具的价值，大致取决于年代、材质和品相等因素。明清家具的材质，通常的排列是："一黄"（黄花梨）、"二黑"（紫檀）、"三红"（老红木、鸡翅木、铁梨木或花梨木等）、"四白"（楠木、榉木、樟木、松木等）。最具升值潜力的家具，一类是明代和清代早期在文人指点下制作的明式家具，木质一般都是黄花梨；另一类是清代康雍乾三代由皇帝亲自监督、宫廷艺术家指导、挑选中国最好的工匠在紫禁城里制作的清代宫廷家具，木质一般是紫檀。在海外拍卖市场上，一件这样的家具的价格动辄在六七百万元人民币上下，而在20年前可能只卖几百元。这两类家具存世量估计总共不超过10 000件，其珍贵程度可想而知。实际上，一个国家收藏品的价格在很大程度上取决于本国的经济实力，辗转流失到欧美一些国家的中国明清家具，价格往往比国内要高出许多。

花梨木雕草龙小榻（局部）

铁梨木

铁梨木，或作“铁力木”、“铁栗木”。《广西通志》谓铁梨木一名“石盐”、一名“铁棱”。铁梨木产于中国广东、广西，木质坚而沉重。心材淡红色，髓线细美。在热带多用于建筑。广东有用其制作桌、椅等家具的传统，极为经久耐用。《南越笔记》载：“铁梨木理甚坚致，质初黄，用之则黑。黎山中人以为薪，至吴楚间则重价购之。”陈嵘《中国树木分类学》载：“铁梨木为大常绿乔木，树干直立，高可十余丈，直径达丈许……原产东印度。”

在硬木树种中，铁梨木是最高大的一种，因其料大，多用其制作大件器物。常见的明代铁梨木翘头案，成器往往长达三四米，宽约60～70厘米，厚约14～15厘米，竟用一块整木制成。为减轻器身重量，在案面里侧挖出4 ～5厘米深的凹槽。铁梨木材坚质重，色彩、纹理与鸡翅木相差无几，不仔细看很难分辨。有些鸡翅木家具的个别部件损坏后，常用铁梨木修理补充。

▲铁梨木

▲明·铁梨木翘头小香案

●尺　　寸：68厘米×29厘米×91厘米

●**鉴赏要点**：此案为铁梨木制。案面宽厚，牙头、牙条边缘起阳线，牙头有两个小珠子与牙条相交，直腿外呈混面，腿坐在托泥上，两腿之间的横枨下有壶门式牙板。此案通体光素，短小精悍，造型紧凑而不拘谨，用料虽少而皆选精良，控制比例恰到好处，其艺术震撼力不亚于大型条案。

▲清·铁梨木太师椅

●尺　　寸：111厘米×75厘米

明·铁梨木券口靠背玫瑰椅(一对)

- **尺　　寸**：高 89 厘米
- **鉴赏要点**：靠背镶有券口，三面圈子下部有圆枨加矮佬，正面壶门有堂肚，为明式家具基本形式。

明式·铁梨木大翘头案

- **尺　　寸**：298 厘米 × 42 厘米 × 91 厘米
- **鉴赏要点**：铁梨木质地。在光素的案面下沿起阳线。案面两端翘头，向外微微翻卷，并封堵截面。牙条与牙头一木连作，并贯穿两腿，中间雕二螭相对，云纹牙头上雕二螭相背及回纹。腿上打槽，夹牙头与案面相交，为夹头榫结构。腿子上雕回纹、螭纹。两侧腿间有一大一小双螭纹档板，寓意“教子升天”。底枨下装壶门牙，足外微微撇出，称作香炉腿。

现代·铁梨木小桌椅（明式）

- **尺　　寸**：79.5 厘米 × 59 厘米 × 28.5 厘米（桌），57 厘米 × 47 厘米 × 93.5 厘米（椅）

鸡翅木

▲鸡翅木

鸡翅木为崖豆属和铁梨木属树种。分布较广，非洲的刚果、扎伊尔，南亚，东南亚及中国的广东、广西、云南和福建等地区均产此木。大体可分非洲崖豆木、白花崖豆木和铁梨木三种。

鸡翅木又作“杞梓木”，因其木质纹理酷似鸡的翅膀，故名。屈大均《广东新语》把鸡翅木称为“海南文木”。其中讲到有的白质黑章，有的色分黄紫，斜锯木纹呈细花云。子为红豆，又称“相思子”，可做首饰。因之又有“相思木”和“红豆木”之称。唐诗“红豆生南国，春来发几枝。愿君多采撷，此物最相思”，即是描绘的这种树。《格古要论》介绍：“鸡翅木出西番，其木一半纯黑色，如乌木。有距者价高，西番做骆驼鼻中绞子，不染肥腻。常见有做刀靶，不见其大者。”但从传世实物看，并非如此。北京故宫博物院藏有清一色的鸡翅木条案和成堂的扶手椅。如果说鸡翅木较紫檀、黄花梨更为奇缺，倒是事实；若说鸡翅木无大料，显然不妥。

鸡翅木也有新、老的说法，据北京家具界老师傅们讲，新者木质粗糙，紫黑相间，纹理浑浊不清，僵直呆板，木丝容易翘裂起茬儿；老者肌理细腻，有紫褐色深浅相间的蟹爪纹，细看酷似鸡的翅膀，尤其是纵切面，木纹纤细浮动，变化无穷，自然形成各种山水、人物或风景图案。与花梨、紫檀等木的色彩纹理相比较，鸡翅木又独具特色。实际情况是新、老鸡翅木属红豆属植物的不同品种。据陈嵘《中国树木分类学》介绍，鸡翅木属红豆属，计约40种。侯宽昭《广州植物志》则称共有60种以上，中国产26种。有的色深，有的色淡，有的纹美，有的纹差，品种不同而已。

▲白花崖豆木

▲明式·鸡翅木炕柜（一对）

●尺　寸：50.6厘米×26.5厘米×62.9厘米

●鉴赏要点：此柜与圆角柜如出一辙，由于体积较小，适置于炕上使用，因此称之为炕柜。柜顶四角为软角。四腿上端缩进，下端的跨度大于柜顶的长度，因此，随形的门子也是上窄下宽。两扇门子对开，不用合页，而是将两侧的大边高于抹头，使之为轴，在柜顶及柜门下的枨子上凿眼，眼位须与腿子齐平，使门子开启的角度可大小随意，这就需要柜顶及枨子高于腿子表面，这种结构称为户枢。在边框安装铜制面条及拉手。横枨下装券形牙子。四腿外圆内方，侧脚收分尤为明显。

明·鸡翅木两屉桌

●尺　　寸：157.5厘米×69厘米×82厘米

清早期·鸡翅木翘头案

●尺　　寸：长170厘米

●鉴赏要点：此案通体为鸡翅木质地。光素桌面两端安装翘头。面下四腿，以夹头榫各夹一雕有卷云的牙子，与案面连接，牙板之间互不相连，唯以出榫或用胶与案面粘连。

清·鸡翅木六仙桌

●尺　　寸：82厘米×82厘米×80厘米

●鉴赏要点：此桌为鸡翅木制，造型简洁大方。桌面四边打槽攒边装板，无束腰，横枨与桌面有两根立柱。横枨与立柱外面呈双混面，直腿和桌面外缘呈单混面。

鉴藏指南

辨识仿古家具

辨识仿古家具需从以下几种制作方式入手，以便进行更准确的鉴定。第一类，老料新作。这类最常被误作原件。虽然原作损坏颇多，但用于修补损坏部分，例如座面、背板等的，都是同质的老材料，看来几乎与原作一样。第二类，零件拼合。用不同老家具的零残配件，拼凑成一个新形态的家具。例如方桌面上加上另一张椅子的四条腿，再加上某一半桌的面板拼成一张桌子，虽然看来都是老材料，但因为是拼凑而成，可能比例不对，已失去古家具的基本形态，本质上就是仿古。第三类，新料新作。这类家具从形体或木料上都不难辨别，其价位可高可低，可视为具有古意的新家具。这类做法有两种情形，一是参考明式家具的图录，依书上的图形制作仿品；另一种则是不讲尺寸，不论比例，极具现代韵味，但造型古典。

黄鸡翅木

影木与乌木

影木，又称“瘿木”，泛指树木的根部和树干所生的瘿瘤，或泛指这类木材的纹理特征，并非专指某一树种。影木有多种，有楠木影、桦木影、花梨木影和榆木影等。

《博物要览》卷十载：“影木产西川溪涧，树身及枝叶如楠，年历久远者可合抱。木理多节，缩蹙成山水人物鸟兽之纹。”按《博物要览》所说影（瘿）木的产地、树身、枝叶及纹理特征与骰柏楠相符，估计两者为同一树种，即楠木影。影木的取材，有的取自树干，有的取自树根。至今还时常听到木工老师傅们把这种影木称为桦木根、楠木根等。大块影木多取自根部，取自树干部位的当属少数。树木生瘤本是树木生病所致，故数量稀少，大材更难得。所以大都用为面料，四周用其他木料包边，世人所见影木家具，大致如此。影木又分南影北影，南方多枫树影，北方多榆树影。南影多蟠曲秀雅，北影则大而多节。《格古要论・异木论》载：“影木出辽东，山西，树之影有桦树影，花细可爱，少有大者；柏树影，花大而粗。盖树之生瘤者也。国北有影子木，多是杨柳木，有纹而坚硬，好作马鞍鞒子。”

乌木属柿科植物，又作“巫木”。晋代崔豹《古今注》载：“乌木出交州，色黑有纹，亦谓之‘乌文木’。”《诸番志》卷下称为“乌樠木”。乌木并非一种，《南越笔记》载：“乌木，琼州诸岛所产，土人折为箸，行用甚广。志称出海南，一名‘角乌’。色纯黑，甚脆。有曰茶乌者，自做番泊来，质甚坚，置水则沉。其他类乌木者甚多，皆可作几杖。置水不沉则非也。”明末方以智《通雅》称乌木为“焦木”：“焦木，今乌木也。”注曰：“木生水中黑而光。其坚若铁。”可见乌木可分数种，木质也不一样，有沉水与不沉水之别。

▲清中期・乌木七屏风式扶手椅

- **尺　　寸：**高 81.5 厘米
- **鉴赏要点：**此对扶手椅是典型的苏作家具，靠背、扶手仿窗棂做法，各种部件相交处均为圆做。

▲影木

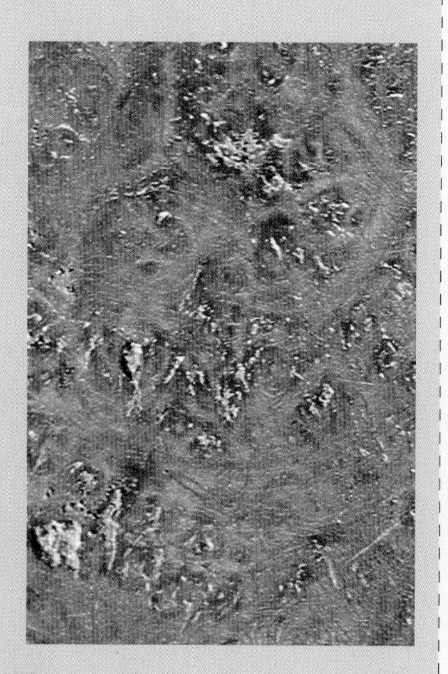

▲黄花梨木影

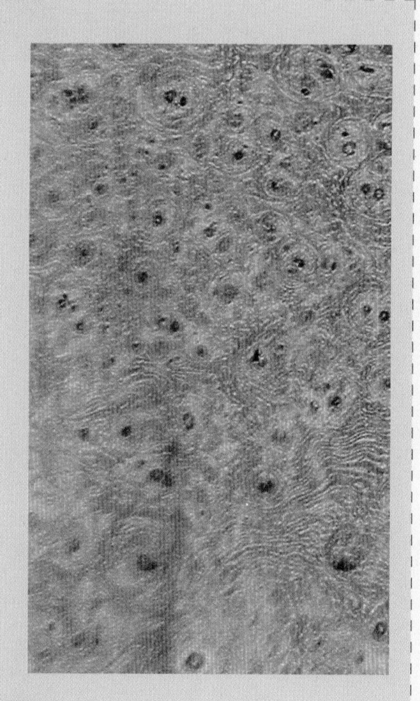

▲榆木影

明·黄花梨影木独板平头案

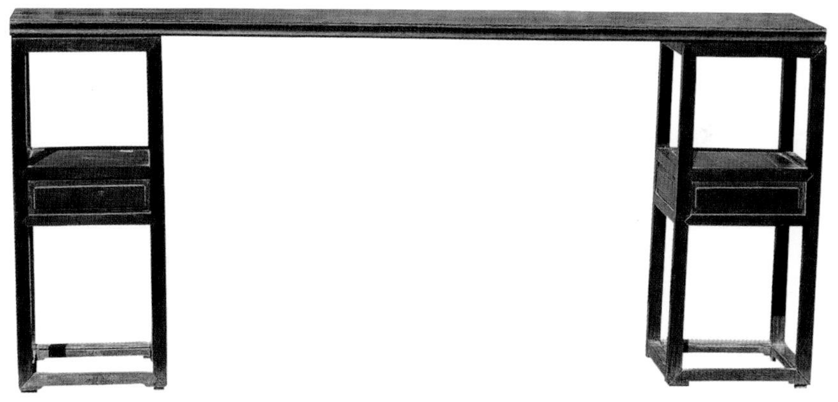

明·乌木架几书案

●尺　　寸：208.5 厘米 × 37 厘米 × 92 厘米

●**鉴赏要点**：这张架几书案当为明代较早之物，简朴单纯，淳洁清雅。其以架几为腿，几中段有格，既起加固作用，又在视觉上增加稳重的效果。案则为四平之“板”而已。这种架几案寻常人家不用，用途其实有二，其一为读书人架书，其二则为香案。

鉴藏指南

解析古董家具

古董家具的材质可分为“软木”和“硬木”两类。硬木密度较高、纹理较细、质量也较重，故比软木更为贵重。其中的紫檀、黄花梨价格十分昂贵。软木则有楠木、榉木、榆木、柏木、楸木、杉木、白木及樟木等。古董家具的价值定位主要以年代、材质、稀有性、完整性及造型品相为主要依据。硬木中的紫檀、黄花梨家具可以卖到天价，故初涉古董家具收藏之道的人，不妨参考紫檀、黄花梨家具的样式，而挑选软木材质的家具入门。小处着眼的加工整理，是古董家具重获新生的必要过程，加工的精密程度可从以下几方面看出：抽屉底板的整理、磨光是否细致、上漆是否均匀、木纹是否完整、橱柜背板披麻布是否完好等，都是需要注意的地方。对古董家具的保养要细心。例如无论天气冷热，杯子下都要加垫布，有水渍需立即拭去。通常只要正常使用，就不用过分担心。在冬季使用暖气的过于干燥的房间中，最好同时使用加湿器，以防家具干裂。

乌木（一）

乌木（二）

黄杨木与楠木

黄杨木为常绿灌木，枝叶攒簇向上，叶初生似槐牙而丰厚，不花不实，四时不凋，生长缓慢。传说每年只长一寸，遇闰年反缩一寸。《博物要览》提到有人曾做过试验，并非缩减，只是不长而已。《花镜》卷三介绍黄杨木说："黄杨木树小而肌极坚细，枝丛而叶繁，四季常青，每年只长一寸，不溢分毫，至闰年反缩一寸。"昔东坡有诗云："园中草木春无数，惟有黄杨厄闰年。"黄杨木木质坚致，因其难长故无大料。通常用以制作木梳及刻印之用，用于家具则多作镶嵌或雕刻等装饰材料。未见有整件黄杨木家具。黄杨木色彩艳丽，佳者色如蛋黄，尤其镶嵌在紫檀等深色木器上，形成强烈色彩对比反差，互相映衬，异常美观。

楠木，又写作"柟木"、"枏木"，产于中国四川、云南、广西、湖南及湖北等地。据《博物要览》记载："楠木有三种，一曰香楠，二曰金丝楠，三曰水楠。南方多香楠，木微紫而清香，纹美。金丝楠出川涧中，木纹有金丝，向明视之，闪烁可爱。楠木之至美者，向阳处或结成人物山水之纹。水楠色清而木质甚松，如水杨，惟可做桌、凳之类。"明代宫殿及重要建筑，其栋梁必用楠木，因其材大质坚且不易糟朽。清代康熙初年，朝廷曾派官员往浙江、福建、广东、广西、湖北、湖南和四川等地采办过楠木，由于耗资过多，康熙皇帝以此举太奢，劳民伤财，无裨国事，遂改用满洲黄松，故而如今北京的古建筑中楠木与黄松大体参半。世俗都取楠木为美观，有于杂木之外另包一层楠木的。至于日用家具，楠木占少数，原因是其外观终究不如其他硬木华丽。

▲黄杨木（一）

▲黄杨木（二）

▲黄杨木（带皮）

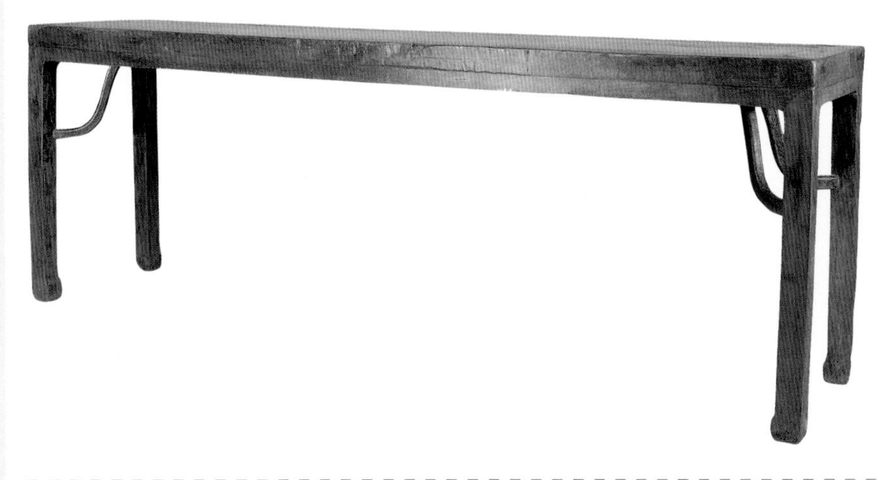

▲明·楠木霸王枨条案

●尺　　寸：260.5 厘米 × 54.5 厘米 × 88.5 厘米

●鉴赏要点：此案为楠木制，又称平桌，俗称"四面平"。直腿内翻马蹄，其结构依赖案腿与面的榫卯支撑，不够坚固，故而加霸王枨，使其稳固，从视觉上给人以简约的感觉。

清初·黄杨木影心小方桌

清·楠木雕荷莲茶罐

●尺　　寸：高10厘米

楠木

金丝楠

针楠果

榉木与樟木

榉木，也可写作“椐木”或“椇木”，明代方以智《通雅》又名“灵寿木”，中国江苏、浙江产此木。榉木属榆科，落叶乔木，高数丈，树皮坚硬，灰褐色，有粗皱纹和小突起，其老木树皮似鳞片而剥落。叶互生，为广披针形或长卵形而尖。有锯齿，叶质稍薄。春日开淡黄色小花，单性，雌雄同株。花后结小果实，稍呈三角形。木材纹理直，材质坚致耐久。花纹美丽而有光泽，为珍贵木材，可供建筑及器物用材。

据《中国树木分类学》载，榉木产于江浙者为大叶榉，别名“榉榆”或“大叶榆”。其老龄而木材带赤色者，特名为“血榉”。有的榉木有天然美丽的大花纹。色彩酷似花梨木。榉木之名多见于南方，北方无此木种，而称此木为“南榆”。它虽算不上硬木类，但在明清两代传统家具中使用极广，至今仍有大量实物传世。这类榉木家具多为明式风格，其造型及制作手法与黄花梨等硬木基本相同。具有一定的艺术价值和历史价值。

樟木产于中国豫章（今江西南昌）西南，处处山谷有之。木高丈余，小叶似楠而尖，背有黄毛、赤毛。四时不凋，夏开花结子。树皮黄褐色略暗灰，心材红褐色，边材灰褐色。木大者数抱，肌理细而错综有纹。切面光滑有光泽，油漆后色泽美丽，干燥后不易变形，耐久性强，胶接后性能良好，可以染色处理，宜于雕刻。其木气甚芬烈，可驱避蚊虫。多用于制作家具表面装饰材料和制作箱、匣及柜子等存贮用具。

▲榉木

▲樟木

▲清中期·榉木玫瑰椅（一对）

●尺　寸：64 厘米 × 44 厘米 × 87 厘米

●鉴赏要点：直背板锼空成圆状，镶以红木，与椅面联结处锼成牙板状。椅身光素，联帮棍雕成瓶形，取“岁岁平安”之意。

鉴藏指南

老家具业的行话（一）

开门，成语“开门见山”的腰斩，用来评价一件无可争议的真货。也有呼作“大开门”的，那就更富江湖气了。爬山头，原来用于评价修补过的老字画，过去旧货行的人将没有落款或小名头的老画挖去一部分，然后补上名家的题款，冒充名人真品。而在老家具行业，“爬山头”特指修补过的老家具。叉帮车，就是将几件不完整的家具拼装成一件。此举难度较大，需用同样材质的家具拼凑，而且还要照顾到家具的风格，否则内行一眼就能看破。生辣，指老家具所具有的较好的成色。包浆，老家具表面因长久使用而留下的痕迹，因为有汗渍渗透和手掌的不断抚摸，木质表面会泛起一层温润的光泽。皮壳，特指老家具原有的漆皮。家具在长期使用过程中，木材、漆面与空气、水分等自然环境亲密接触，被慢慢风化，原有的漆面产生了温润如玉的包浆，还有漆面皲裂的效果。

明 · 榉木绿石插屏

●**尺　　寸**：60 厘米 × 28 厘米 × 77 厘米

●**鉴赏要点**：屏风边座用榉木制成。泥鳅背式边框，大边与抹头相交的部位，全部使用格肩榫。屏心的绿石纹理，显示了山峦起伏的壮观景象。屏心下绦环板做梭子形开光，其中雕有灵芝、山石及兰草纹等。屏扇下为券形的披水牙。屏座不用屏柱，而是以前后的站牙，抵住屏扇，使之牢固。

民国 · 榉木四屉书桌（明式）

●**尺　　寸**：164.5 厘米 × 60 厘米 × 82 厘米

●**鉴赏要点**：书桌用榉木制成。桌面光素，冰盘沿边。四腿外圆内方，腿间有横枨，以三个矮佬界出四格，装抽屉四具。抽屉脸上安装铜制拉手。矮佬与枨做混面，俗称“泥鳅背”。枨下有云头的托角牙子。此桌也称四连桌。

榆木

榆木属落叶乔木，生长于寒地。中国华北及东北广大地区均有生产。树高者达十丈，皮色深褐有扁平之裂目，常为鳞状而剥脱。叶椭圆形，缘有锐锯齿，厚而硬，甚粗糙。三四月间开细花，多数攒簇，色淡而带紫。果实扁圆，有膜质之翅，谓之“榆荚”，亦云“榆钱”，可食。其木纹理直，结构粗。材质略坚重，适宜用于制作各式家具。凡榆木家具均在北方制作和流行。

▲清早期·榆木书架

•尺　　寸：113 厘米 × 47 厘米 × 214 厘米

▲榆木

▲明·榆木无束腰方桌

•尺　　寸：94 厘米 × 94 厘米 × 86 厘米

•**鉴赏要点**：圆腿，直牙板，起线牙头翻花，内有小霸王枨。造型简单，实用性强。

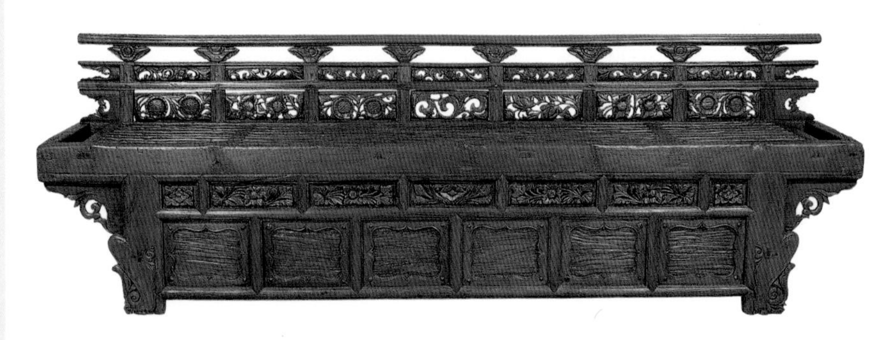

▲明·榆木长排椅

•尺　　寸：268 厘米 × 53 厘米 × 90 厘米

•**鉴赏要点**：此长排椅为榆木制，靠背透雕各式花纹，椅面为直棂式，椅下部横枨上有六个矮佬，矮佬之间有透雕绦环板，横枨下有六个壶门圈口，透雕卷草纹角牙，直腿雕卷草纹。这种排椅又称座椅，从唐代开始流行。此椅为晋作家具。

清·榆木雕龙官帽椅配八仙桌（一套）

●**鉴赏要点**：此对官帽椅为榆木质地。背板分三段，上雕圆形开光龙纹，中段雕方形开光龙纹，下锼拐子花亮脚。搭脑、扶手做挖烟袋锅式榫，有明显向外的曲线，中间配以鼠尾式联帮棍。椅盘下配卷草纹壶门口，步步高脚枨。另配一腿三牙方桌一张，牙板起线，罗锅枨顶牙条，唯罗锅枨四个曲点处带工，与其他者略见不同。四腿八叉使整张桌子显得稳重大方。此套桌椅，保存完好，成套流传不易，很有收藏价值。

老家具业的行话（二）

作旧，用新木材或老料做成仿古家具，同时在新家具上做出使用过的痕迹，鱼目混珠。年纪，指老家具的年份。吃药，指买进假货。掉五门，这是苏作木匠对家具制作精细程度的赞美之语。比如椅子或凳子，在做完之后，将同样的几只置于地面上顺序移动，其脚印的大小、腿与腿之间的距离，不差分毫。这种尺寸大小相同、只只脚印相合的情况，就叫“掉五门”。后加彩，指在漆面严重褪色的老家具上重新描金绘彩，一般多用于描金柜。蚂蟥工，特指家具表面的浅浮雕，因浅浮雕的凸出部分呈半圆状，形似蚂蟥爬行在木器表面，故得此名。玉器工，特指家具表面的浅浮雕参照了汉代玉器的纹饰和工艺，在硬木家具上比较多见。坑子货，指做得不好或材质有问题的家具，有时也指新仿的家具和收进后好几年也脱不了手的货色。叫行，同行间的生意，也称敲榔头。洋庄，做外国人的生意。本庄，做国内人的生意。

清早期·榆木石面酒桌

●**尺　　寸**：92 厘米 × 61 厘米 × 87 厘米

●**鉴赏要点**：此桌为石面，冰盘沿，下配起线牙条，腿部横枨皆打洼起线。保存完好。

清·榆木雕花闷橱

清中期·榆木开光罗汉床

●尺　　寸：215厘米×128厘米×78厘米

清早期·榆木玫瑰椅（一对）

●尺　　寸：55 厘米 × 43 厘米 × 86 厘米

●**鉴赏要点**：此椅风格简约，靠背上部做壶门状，另在靠背下部和扶手内，于椅盘上五分之二处做横枨，枨下加矮佬。椅盘下做壶门口牙子，下配步步高脚枨，管脚枨下带素牙条。通体打洼起线，工艺精美细腻，尽显简练、朴素之美。

清中期·榆木平头画案

●尺　　寸：207 厘米 × 48 厘米 × 88 厘米

核桃木

核桃木很容易与楠木混淆，只是其木材表面纹理较粗些。与楠木的橄榄褐色相比，核桃木色泽趋于金褐色或红褐色。

中国有几种适合做优质家具的核桃木品种。华北和西北地区一般种植“真核桃树”。这是一种落叶乔木，可生长到20米高，结核桃果实，可食用。它的边材色浅，心材呈红褐色或栗褐色，有时甚至带紫色。核桃木干得很慢，但此后木性稳定。由于“真核桃树”一般是用来食其果而不是当作木材，所以“满洲核桃树”常被用来代替它。“满洲核桃树”在华北和东北都有，它色泽较浅。在华中和华东地区以及云南还有“野核桃树”。

▲核桃木

▲清中期·核桃木人物二门中号柜

●尺　寸：80厘米×55厘米×128厘米

●**鉴赏要点**：此柜做工传统，唯门面板有特别之处。此柜门面板为方形开光上雕刻巨幅人物，生动逼真，形神皆备，是不多见的清中期中号圆角柜中的精品。

▲核桃木

清早期·核桃木书架

●尺　　寸：149 厘米 × 51 厘米 × 173 厘米

●**鉴赏要点**：此书架中间用立柱将其虚隔为两部分，左右皆分三层。上二层皆以卷草心壶门券口下配横枨加攒心图案制，下一层只余卷草心壶门券口，两侧亦同，架下有素牙条。

清早期·核桃木圆腿平头条案

●尺　　寸：201 厘米 × 43 厘米 × 88 厘米

●**鉴赏要点**：案面攒边装板，冰盘沿圆包圆枨，加矮佬。其下有角牙相托。形制大方，气势磅礴。

清中期·核桃木拐子龙下卷

●尺　　寸：155 厘米 × 44 厘米 × 36 厘米

●**鉴赏要点**：此件下卷较一般之下卷要更长且矮，应为炕上用器，典型的北方做工，风格粗犷，线条浑圆有力，但又一丝不苟，非常工整。正面牙板两侧起阳线雕拐子龙相对，中间雕“寿”字。另下卷两侧板雕阴线图案，与正面牙板起阳线工艺对称。使整件器物显得厚重中不失精巧，是一件不可多得的作品。

▲清·核桃木扶手椅（四件）

●**尺　　寸**：尺寸不一

●**鉴赏要点**：扶手椅背板圆形开光，雕龙纹，搭脑下两边各有一牙头相托，挖烟袋锅式榫，座面藤席年久已不存，现换上新藤。椅盘下为壶门式券口，步步高脚枨。四把一堂，保存完好，实为不易。

楸木与柏木

楸木为大戟科落叶乔木，干高三丈许，叶大圆形或广卵形，先端尖，有三尖或五尖者，嫩叶及叶柄皆呈赤色。夏日枝梢开穗状黄绿色细花，花单性，雌雄同株。花后结实，多软刺。熟则三裂，木材细致。供制器具之用。楸木又名櫃木、榎木、椅木或梓木等。《辞海》："櫃，或作榎，楸也。"《尔雅·释木》："槐小叶曰榎"。注："槐当为楸。楸细叶者为榎。"《说文》："櫃，楸也，櫃与榎同。楸、櫃，同物异名。"晚明谢在杭《五杂俎·物部》说："梓也、櫃也、椅也、楸也、豫章也，一木而数名者也。"

柏木是中国分布最广的树种之一，柏木材质坚韧细密，纹理美观，芳香四溢，耐腐耐久，是建筑、造船和制作家具的良材。柏木有多种，以黄柏为上，其他次之。黄柏色泽温润，木质细腻，抚之如幼童肌肤，做成家具别有风韵。柏木节子较多，以早先观念论，是缺陷，故有些柏木上漆，以饰缺陷。而近些年观念发生了变化，崇尚自然，柏木家具以节子多为美，满身是节反而难得。节子大小不一，布局随意自然，于人工所不能企及，正是柏木家具备受人崇的原因。

▲明·柏木面条柜

●尺　　寸：93厘米×55厘米×174厘米

●鉴赏要点：此柜外部木纹极美，内部构造特别，分三层，层层有两抽屉。下部配卷云纹牙条，具有极高的收藏价值。

▲柏木

▲清中期·楸木描金夔凤纹多宝格

●尺　　寸：96厘米×32厘米×95.5厘米

●鉴赏要点：此格为齐头立方式。正面及两侧透敞，正面开大小相错的孔洞，描金折枝花纹边框，镶夔龙纹、云纹坐牙或托角牙。格右上角有对开两扇门，开光描金绘夔凤纹。门下及格底部抽屉屉面镂空，饰团螭纹卡子花拉手。格底有攒框式落曲齿枨。

▲清早期·柏木曲线大柜

●**尺　　寸**：110 厘米 × 64 厘米 × 200 厘米

●**鉴赏要点**：圆角柜形制，唯板面特别。门分五段，各用横枨分隔，中间做木曲线工，甚为特别，现代感十足。

专题

明清家具材质对比鉴定

木材	辨识特点	产地	备注	科属
檀香紫檀	木质坚硬，鬃眼细密，纹理纤细浮动，色彩呈犀牛角色，暴露在空气中久则变成紫黑色。其年轮纹大多为绞丝状，尽管也有直丝的地方，但细看总有绞丝纹。	产于南洋群岛的热带地区以及东南亚地区。	紫檀是世界上非常贵重的木料品种之一，（指优质紫檀）由于数量稀少，见者不多，遂为世人所珍重。制作紫檀家具时多利用其自然特点，采用光素手法，少加雕饰。	豆科紫檀属檀香木类
花梨木	色彩鲜艳，纹理清晰、美丽。	产于越南及中国广东、广西等地。	叶如梨而无实，木色红紫而肌理细腻，可做桌、椅、柜以及文房诸器。	豆科紫檀属花梨木类
乌木	木坚实如铁，略似紫檀，光亮如漆，但产量极少。	产于中国海南、广东及云南等地。	一种黑色木材，还有“角乌”、“茶乌”之名，其色纯黑，甚脆，质坚实，入水则沉。	柿属乌木类
条纹乌木	黑或栗褐色带深色条纹。	产于印度尼西亚、菲律宾、斯里兰卡及中国台湾。	用来做家具者极少。	柿属条纹乌木类

木材	辨识特点	产地	备注	科属
鸡翅木	有的色深，有的色浅；有的纹美，有的纹差。	非洲的刚果、扎伊尔，南亚、东南亚及中国的广东、广西、云南和福建等地区。	鸡翅木有数种，有的木质粗糙，紫黑相间，纹理浑浊不清，木丝容易翘裂起茬儿。有的肌理细腻，有紫褐色深浅相间的蟹爪纹，细看酷似鸡的翅膀。尤其是纵切面，木纹纤细浮动，变化无穷，自然形成各种山水、人物及风景图案。	崖豆属鸡翅木类
铁刀木	木质坚硬而沉重，有的色深，有的色浅。	产于南亚及东南亚，中国云南、福建、广东及广西。	纹理接近鸡翅木。	豆科铁刀木属铁刀木类
铁梨木	木质坚硬而沉重，心材为淡红色，髓线细美。	产于中国广东、广西。	在硬木树种中，铁梨木是最高大的一种。因其料大，多用于制作大件器物，常见的有翘头案。	藤黄科铁梨木属铁梨木类

木材	辨识特点	产地	备注	科属
降香黄檀	木质坚重，肌理细腻，色纹美丽。	仅产于中国海南岛。	在制作家具时，一般采用通体光素，不加雕饰。从而突出了木质纹理的自然美，给人以文静、柔和的感受。	豆科黄檀属香枝木类
黑酸枝	颜色由紫红至紫褐或紫黑，木质坚硬，抛光效果好。唯大多纹理较粗，不难辨认。	产于中国、缅甸、印度和越南等地。	适于制作各式家具。有的近似紫松木。	豆科黄檀属黑酸枝类
红酸枝	纹理较粗、顺直，颜色大多为枣红色。	中国及南亚次大陆。	清代后期至民国使用较多。	豆科黄檀属红酸枝类
榆木	纹理直，结构粗，材质略为坚重。	中国华北及东北广大地区。	适于制作各式家具。凡榆木家具均在北方制作和流行。	榆木

木材	辨识特点	产地	备注	科属
楠木	楠木有多种，主要有香楠、金丝楠和水楠等。香楠，木微紫而清香，纹美。金丝楠，木纹有金丝。水楠色清而木质甚松。	产于中国四川、云南、广西、湖南和湖北等地。	明代宫殿及重要建筑，其栋梁必采用楠木。因其材大质坚且不易糟朽。	楠木
黄杨木	木质坚致，色彩艳丽，佳者色如蛋黄。	产于中国南方各地，北方的部分地区也有。	因黄杨木难长故无大料，通常用以制作木梳及刻印之用。用于家具则多作镶嵌或雕刻等装饰材料，尤其镶嵌在紫檀等深色木器上，形成强烈色彩对比反差，互相映衬，异常美观。	黄杨木
樟木	心材为红褐色，边材为灰褐色，肌理细而错综有纹，切面光滑有光泽，油漆后色泽美丽，干燥后不易变形。耐久性强，胶接后性能良好。可以染色处理。宜于雕刻。	产于中国江西。	其木气甚芬烈，可驱避蚊、虫。多用于制作家具表面装饰材料和制作箱、匣、柜子等存贮用具。	樟木

专题

古典家具作伪手法

名称	作伪手法
以次充好	此伪造方法即以易得、价低、质差的木材伪造成古代家具，或冒充高档家具及其造型、结构和装饰等，但色泽纹理是人为的，而不是天然的；或选色泽纹理与某一种珍贵木材近似而质较差、价较低、也较易得的木材伪造成古代家具；或用同名称但不同树种冒充质优的木材，如用新花梨木冒充黄花梨木，用新红木冒充老红木等。
拼凑改制	一些人专门到乡下收购古旧家具残件，经过移花接木，拼凑改制攒成各式家具。也有的古代家具因保存不善，构件残缺严重，造假者也采取移植非同类品种的残余构件，凑成一件材质混杂、不伦不类的古代家具。
常见品改为罕见品	“罕见”是古代家具价值的重要体现。因此，不少家具商把传世较多且不太值钱的半桌、大方桌及小方桌等，纷纷改制成较为罕见的抽屉桌、条桌或围棋桌等。而且，投机者对古代家具的改制，因器而异，手法多样，如果不进行细致研究，一般很难明鉴。
调包计	采用“调包计”，软屉改成硬屉。软屉，是椅、凳、床和榻等类传世硬木家具上一种由木、藤、棕、丝线等组合而成的弹性结构体，多施于椅凳面、床榻面及靠边处，明式家具上较为多见。与硬屉相比，软屉具有舒适柔软的优点，但较易损坏。传世久远的珍贵家具，有软屉者十之八九已损毁。由于制作软屉的匠师（细藤工），近几十年来日臻减少，所以，古代珍贵家具上的软屉很多被改成硬屉。硬屉（攒边装板有硬性构件），原是广式家具和徽式家具的传统做法，有较好的工艺基础。若利用明式家具的软屉框架，选用与原器材质相同的木料，以精工改制成硬屉，很容易令人上当受骗，误以为修复之器为结构完整、保存良好的原物。改高为低以适应现代生活的起居方式，把高型家具改为低型家具。家具是实用器物，其造型与人们的起居方式密切相关。进入现代社会后，沙发型椅凳、床榻大量进入寻常百姓家。
改高为低	为了迎合坐具、卧具高度下降的需要，许多传世的椅子和桌案被改矮，以便在椅子上放软垫，沙发前作沙发桌等。不少人往往在购入经改制的低型古代家具时，还误以为是古人流传给今人的“天成之器”。
更改装饰	为了提高家具的身价，投机者有时任意更改原有结构和装饰，把一些珍贵传世家具上的装饰故意除去，以冒充年代较早的家具。这种作伪行为，同样也是一种破坏。
化整为零	利用完整的古代家具，拆改成多件，以牟取高额利润。具体做法是，将一件古代家具拆散后，依构件原样仿制成一件或多件，然后把新旧部件混合，组装成各含部分旧构件的两件或更多件原式家具。最常见的实例是把一把椅子改成一对椅子，甚至拼凑出四件，诡称都是旧物修复。这种作伪手法最为恶劣，不仅有极大的欺骗性，也严重地破坏了珍贵的古代文物。在鉴定中如发现有半数以上构件是后配，应考虑是否属于这种情况。
贴皮子	在普通木材制成的家具表面“贴皮子”（即包镶家具），伪装成硬木家具，高价出售。包镶家具的拼缝处，往往以上色和填嵌来修饰，有的把拼缝处理在棱角处。做工精细者，外观几可乱真。不仔细观察，很难看出破绽。需要说明的是，有些家具出于功能需要或是其他原因，不得不采用包镶法以求统一，不属于作伪之列。

专题

古典家具保养与修复

	注意事项
一	湿布是古家具的天敌。因为湿布中的水分和灰尘混合后，会形成颗粒状，一经摩擦家具表面，就容易对其造成一定的损害，而人们通常又意识不到其危害性，习惯用湿布擦家具。湿度的变化会引起纤维的胀缩，导致家具变形甚至损坏，而且还会滋生霉菌虫害，因此这一点尤其值得人们注意。那么古家具上积了灰尘，该如何清洁呢？最好用质地细、软的毛刷将灰尘轻轻拂去，再用棉麻布料的干布缓缓擦拭。若家具沾上了污渍，可以沾取少量水溶性或油性清洁剂擦拭。一定不要用汽油、苯及丙酮等有机溶剂清洁家具表面。
二	古家具因为材质的原因，一般应放置在阴凉通气的地方，过度的阳光照射会损害其材质，造成木材龟裂或酥脆易折。古家具也不能放在过于干燥的地方，以防木料干裂变形。如果遇到空气特别干燥时，可在室内置放适量的盆景、鱼缸等，调节空气相对湿度。收藏明清家具适宜的环境条件是温度15～25℃，相对湿度55%～75%，在这种条件下，木材的伸缩性低，油漆的耐久性高，家具不易变形。也不要将家具放在十分潮湿的地方，以免木材遇湿膨胀，久之霉烂，抽屉也会拉不开。同时也不要在大衣柜等家具顶上压重物，以免柜门凸出，导致关不严的后果；柜内衣物亦忌堆放过多，导致柜门变形。
三	搬运古家具的时候，一定要将其抬离地面，轻抬轻放，绝对不能在地面上拖拉，以避免对它造成不必要的伤害，如脱漆、刮伤、磨损等。放置时应放平放稳，若地面不平，要将腿垫实，以防损坏榫眼结构。
四	用水冲洗或用湿抹布擦胶合板制作的家具，切忌用碱水，防止夹板散胶或脱胶。
五	古家具要经常上蜡保养。上蜡时要在完全清除灰尘之后进行，否则会形成蜡斑，或造成磨损，产生刮痕。蜡的选择也很重要，一般的喷蜡、水蜡、亮光蜡都可以。上蜡时，要掌握由浅入深、由点及面的原则，循序渐进，均匀涂抹。当然最理想的还是到专业厂家去烫蜡。忌用碱水或开水洗刷家具或在桌面上放置高浓度的酒精、香蕉水和刚煮沸的开水等滚烫的东西，以防损坏漆面。
六	家具是木制品，容易燃烧，因此室内要注意防火、防光。不要把家具放到阳光能直接晒着的地方，避免过强的红外线使家具表面温度升高、湿度下降而造成翘曲和脆裂。阳光中的紫外线对家具的危害更大，外层的漆膜受到紫外线照射后，会褪色，甚至造成家具的表层剥脱。如果家具的木纤维结构被破坏后，即使停止了光照，把家具转移到暗处，紫外线的损伤效用也会继续起破坏作用。
七	漆木家具的修复，应注意以下几点。首先，对于漆皮已完全或大部分脱尽的柴木家具，因年代久远、风雨摧残，常常会出现一些糙筋，除了进行必要的结构修补外，修理者还可以因势利导，强化其风雨沧桑之态，提升其所蕴含的时空之美。其次，对于在正常使用下的漆皮尚好的擦漆罩油家具因其实用性强，其漆木相间的斑驳之旧，有了一定的人文价值，对此切不可脱漆打磨。可在清洁其污垢，修整其结构的同时，用适宜的方法对其年久失光的漆色进行封护润泽，以再现民间家具亲切实用的朴素美。最后，对于披麻挂灰、描金彩绘的大漆家具，其价值全在漆艺绘画，为照顾其整体观感的完整性，可对其残损较大的漆皮进行补漆补色，但对于已失金褪色的漆画则原则上不应去描补，以保持它们的古朴性。

专题

明清家具定级标准评分表

项目		评分标准	得分
年代		元代以前者可记30分	
		明代以前者可记25分	
		清中期以前者可记20分	
		清中期以后者可记15分	
		民国以后者可记10分	
材质	紫檀 黄花梨 乌木	1.5米以上者可记30分	
		1米以上者可记25分	
		1米以下者可记20分	
	黑酸枝 红酸枝 白酸枝	1.5米以上者可记25分	
		1米以上者可记23分	
		1米以下者可记20分	
	铁梨木 鸡翅木 草花梨	1.5米以上者可记25分	
		1米以上者可记20分	
		1米以下者可记15分	
	楠木 榉木 榆木 樟木	长1.5米以上者可记20分，短材酌减	
各色漆		视漆面情况，满分记30分。质次者酌减	
造型		造型优美者满分记8分	
结构		结构比列协调者满分记7分	
做工		做工视难易程度满分记10分	
存世量		罕见者记10分	
		不多见者记8分	
		常见者记6分	
保存状况		完整无损者记10分 主体构件伤缺或修配者，每一构件减1分 修配效果较好者酌加0.5分	
年款		有确切年款者可酌加10分	
总评		90分以上者为一级	
		75分以上者为二级	
		60分以上者为三级	
		不满60分者为四级	

专题

高档木材分类表

材质		木种	特点	产地
紫檀木	紫檀木类	檀香紫檀	新切面为橘红色，久则变为深紫色或黑紫色	印度麦索尔邦
	花梨木类	越柬紫檀	红褐色至紫红褐色，带黑色条纹	东南亚
		安达曼紫檀	红褐色至紫红褐色，带黑色条纹	安达曼岛
		刺猬紫檀	红褐色至紫红褐色，带黑色条纹	热带非洲
		印度紫檀	红褐或金黄色常带深浅相间的深色条纹	东南亚，中国台湾、云南及广东
		大果紫檀	橘红或紫红色，常带深色条纹	东南亚
		囊状紫檀	金黄、浅黄、紫红色或褐色带条纹	印度、斯里兰卡
		鸟足紫檀	红褐或紫红褐色带深色条纹	东南亚
		变色紫檀	新切面为浅黄、黄红或红褐色，久则变成粉红色	扎伊尔、坦桑尼亚、刚果
柿属	乌木类	乌木	全部乌黑、浅色条纹罕见	斯里兰卡及印度南部
		厚瓣乌木	全部乌黑	热带西非
		毛药乌木	全部乌黑	菲律宾
		蓬塞乌木	全部乌黑	菲律宾
	条纹乌木类	苏拉威西乌木	黑或栗褐色带深色条纹	印度尼西亚
		菲律宾乌木	黑、乌黑或栗褐色，带黑色及栗褐色条纹	菲律宾、斯里兰卡、中国台湾
崖豆木属	鸡翅木类	非洲崖豆木	黑褐色，常带黑色条纹	刚果、扎伊尔
		白花崖豆木	黑褐或栗褐色，带黑色条纹	缅甸及泰国
铁刀木属	铁刀木类	铁刀木	栗褐或呈褐色，常带黑色条纹	南亚及东南亚，中国云南、福建、广东及广西
黄檀属	香枝木类	降香黄檀	新切面紫红褐或深红褐色，常带黑色条纹	中国海南岛
	黑酸木类	刀状黑黄檀	新切面紫黑或紫红褐色，带深褐或栗褐色条纹	缅甸、印度
		黑黄檀	新切面紫、黑或栗褐色带紫或黑褐色窄条纹	中国、缅甸、印度、越南
		阔叶黄檀	浅金褐、黑褐、紫褐或深紫红色，有黑色条纹	印度及印度尼西亚
		卢氏黑黄檀	新切面橘红色，久转为深紫	马达加斯加
		东非黑黄檀	黑褐至黑紫褐色，有黑色条纹	东非
		巴西黑黄檀	黑褐至紫褐色，有明显黑色窄条纹	南美洲，特别是巴西
		亚马孙黄檀	红褐、深紫灰褐色，带细线深色条纹	南美亚马孙河流域
		伯利兹黄檀	浅红褐、黑褐或紫褐色，有黑色条纹	中美洲伯利兹
	红酸木类	巴里黄檀	新切面为紫红褐或暗红褐色，带黑褐或栗褐色细条纹	南亚地区
		塞州黄檀	粉红褐、深紫褐或金黄色，带紫褐或黑褐色细条纹	热带南美洲，特别是巴西
		交趾黄檀	新切面为紫红褐或暗红褐色，带紫褐或黑褐色细条纹	中国及南亚次大陆
		绒毛黄檀	微红、紫红色，带深红褐或橙红褐色深条纹	南美洲巴西等地
		中美洲黄檀	新切面为暗红褐、橘红褐至深红褐色，带黑褐色条纹	南美洲及墨西哥
		奥氏黄檀	新切面为柠檬红、红褐至深红褐，带明显黑色条纹	中国及南亚次大陆
		微凹黄檀	新切面为暗红褐、橘红褐至深红褐色，带黑褐色条纹	南美及中美洲

GUDIANJIAJU